Or
Why Things
Don't
Fall Down

STRUCTURES

結構之書

從自然物到人造物，
萬物成形與屹立不搖的永恆祕密

James Edward Gordon
詹姆斯・愛德華・戈登

王年愷 譯

藝術叢書 FI1060

結構之書：從自然物到人造物，萬物成形與屹立不搖的永恆祕密
Structures: Or Why Things Don't Fall Down

作　　者　詹姆斯・愛德華・戈登（James Edward Gordon）
譯　　者　王年愷
責任編輯　陳雨柔
設計統籌　廖韡
行銷企劃　陳彩玉、陳紫晴

發 行 人　凃玉雲
總 經 理　陳逸瑛
編輯總監　劉麗真
出　　版　臉譜出版
城邦文化事業股份有限公司
台北市中山區民生東路二段141號5樓
電話：886-2-25007696 傳真：886-2-25001952

發　　行　英屬蓋曼群島商家庭傳媒股份有限公司城邦分公司
台北市中山區民生東路二段141號11樓
客服專線：886-2-25007718；2500-7719
24小時傳真專線：886-2-25001990；25001991
服務時間：週一至週五上午09:30-12:00；下午13:30-17:00
劃撥帳號：19863813　戶名：書虫股份有限公司
讀者服務信箱：service@readingclub.com.tw
城邦網址：http://www.cite.com.tw

香港發行所　城邦（香港）出版集團有限公司
香港灣仔駱克道193號東超商業中心1樓
電話：（852）2508-6231 傳真：（852）2578-9337

新馬發行所　城邦（新、馬）出版集團Cite (M) Sdn Bhd.
【Cite（M）Sdn.Bhd.（458372U）】
41-3, Jalan Radin Anum, Bandar Baru Sri Petaling,
57000 Kuala Lumpur, Malaysia.
電話：+6(03) 90563833　傳真：+6(03) 90576622
讀者服務信箱：services@cite.my

一版一刷　2022年11月
一版三刷　2024年2月

城邦讀書花園
www.cite.com.tw

ISBN 978-626-315-204-5
售價　NT$ 499

國家圖書館出版品預行編目資料

結構之書：從自然物到人造物，萬物成形與屹立不搖的永恆祕密／詹姆斯・愛德華・戈登(James Edward Gordon)著；王年愷譯. -- 一版. -- 臺北市：臉譜出版，城邦文化事業股份有限公司出版：英屬蓋曼群島商家庭傳媒股份有限公司城邦分公司發行, 2022.11
面；公分.（藝術叢書；FI1060）
譯自：Structures : or why things don't fall down
ISBN 978-626-315-204-5（平裝）
1. CST：結構工程
441.21　　111014850

獻給我的孫子，

提摩西（Timothy）和亞歷山大（Alexander）

充斥在人性自大之際，有無數讓人無地自容之事，其中或許包括我們對最常見的事物之無知，而且每當我們增添更多日常事物，就更感受到我們的無知。不懂事的人會把「熟悉」與「通曉」混為一談，當別人告知他們這些事物的樣貌、用法為何，他們會自以為早已完全知情；而抱著懷疑的人不以膚淺的看法為滿，充滿好奇窮盡無謂的觀測，探究愈深卻只知自己所知愈少。

山繆・詹森（Samuel Johnson），《閒散者》（*The Idler*），

一七五八年十一月二十五日

contents

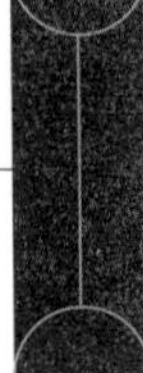

第三部分：

壓力和
撓曲結構

第四部分：

結果如下……

照片列表

前言

我深知，要寫一本書來談論結構，又要寫得淺顯易懂，實在是一件欠缺深思熟慮的事。事實上，要等到我們把結構學裡面的數學全部拿掉，才開始理解哪些結構相關的概念算「淺顯易懂」，將它們列舉和說明出來有多麼困難；所謂「淺顯易懂」，我想意思大概是「根本的」或「基礎的」。有些地方會將一些事情略去或過度簡化，有一部分是刻意如此，但有一部分必然出自我個人的無知、對主題不夠熟稔。

這本書大致上算是《高強度材料新論》的續集，但也可以看成一本自成一格的書。因此，開頭幾章必然會重複一些前作的內容。

我在此需要感謝許多人提供資訊、建議，以及發人深思的討論（有時甚至變成爭論）。在還在世的人當中，我在瑞丁大學的同事不吝提供協助，其中包括W．D．畢格斯教授（建築技術教授）、李察．卓別林博士（Richard Chaplin）、喬吉歐．傑洛尼米迪斯（Giorgio Jeronimidis）博士、朱利安．文森博士（Julian Vincent），和亨利．布萊斯博士（Henry Blyth）；哲學系的安東尼．佛魯（Anthony Flew）教授也對最後一章提出寶貴的建議。我也感謝布魯克綜合醫院（Brook General Hospital）的神經外科顧問約翰．巴特雷特（John Bartlett）先生。針對火箭和許多其他主題，西印度群島大學（University of the

West Indies）的T・P・休斯（T. P. Hughes）教授提供諸多寶貴的資訊。我的祕書吉恩・柯林斯（Jean Collins）女士在諸多困境中幫了大忙。關於服裝裁縫的種種細節，有賴《Vogue》雜誌的奈瑟柯特女士（Mrs Nethercot）之指導。企鵝出版社的傑洛德・李奇（Gerald Leach）先生和多位編輯人員在工作上秉持著一貫的耐心和用心。

在已經離開我們的人當中，我要大力感謝以前在劍橋大學三一學院（Trinity College, Cambridge）的馬克・普萊爾（Mark Pryor）博士，特別是我們談論生物力學將近三十年。最後，想當然爾，我必須謙卑地向古代哈利卡那索斯（Harlicarnassus）城的公民希羅多德（Herodotus）致敬。

謝辭

在此感謝以下各方允許本書引述著作。英人道格拉斯的詩作，感謝Punch Publications Ltd.授權；韋斯頓・馬特爾的《南海水手》，感謝William Blackwood and Sons, Ltd.授權；魯德亞德・吉卜林的《自我發現的船》，感謝A. P. Watt & Son、Mrs Bambridge的遺囑執行人，和倫敦與貝辛斯托克（Basingstoke）的Macmillan出版社。另外也需要感謝H・L・寇克斯允許引述其著作《最輕量結構的設計》。新英文聖經（New English Bible, Second Edition © 1970）由牛津與劍橋大學出版社授權引用。

在此也需要感謝提供照片，並授權複印的各方，名單如照片列表所述。

本書援引之著作與插圖皆有賴多方大力協助，若因疏漏未表達謝意，謹在此致歉。

第1章

我們生活中的結構

（或稱：怎麼和工程師溝通）

他們向東遷移的時候，在示拿地找到一片平原，就住在那裡。他們彼此商量說：「來，讓我們來做磚，把磚燒透了。」他們就拿磚當石頭，又拿柏油當泥漿。他們說：「來，讓我們建造一座城和一座塔，塔頂通天。我們要為自己立名，免得我們分散在全地面上。」耶和華降臨，要看世人所建造的城和塔。耶和華說：「看哪，他們成了同一個民族，都有一樣的語言。這只是他們開始做的事，現在他們想要做的任何事，就沒有什麼可攔阻他們了。來，我們下去，在那裡變亂他們的語言，使他們彼此語言不通。」於是耶和華使他們從那裡分散在全地面上；他們就停止建造那城了。因為耶和華在那裡變亂了全地的語言，把人從那裡分散在全地面上，所以那城名叫巴別。

〈創世紀〉第十一章，第二—九節（聖經和合本修訂版）

「結構」一詞，有人定義為「任何以承載為目標的材料組合」；結構相關的研究是傳統的科學學門之一。工程結構假如損壞，可能會有人因此而死，所以工程師會竭盡所能，謹慎地研究各種結構的反應。但是，工程師和其他人談到他們的研究主題時，問題就大了，因為他們使用的語言十分怪異，導致有些人深信一件事：結構相關的研究，以及結構會怎麼承載，都是無法理解、無關緊要，又無趣至極的事。

不過，結構處處和我們的生活相關，實在不容我們忽視；畢竟，所有的動植物，以及幾乎所有的人造物，多多少少都需要承受一定程度的力（mechanical force）而不損壞，也因此幾乎所有的東西都是一種結構。談到結構，我們問的問題不只有建築和橋梁為什麼會倒，或是機械和飛機為什麼有時候會解體而已；我們還要問：蚯蚓為什麼會長成那個形狀？蝙蝠怎麼有辦法飛進一叢玫瑰裡，翅膀卻不會被撕裂？我們的肌腱是怎麼運作的？我們為什麼會腰痛？翼手龍的重量怎麼會那麼輕？鳥類為什麼會有羽毛？我們的動脈是怎麼運作的？我們能怎麼幫助身障兒童？帆船的帆為什麼會做成那樣？奧德修斯（Odysseus）的弓為什麼會那麼難裝弦？古人為什麼到了晚上會把戰車的輪子拆下來？古希臘的投石機是怎麼運作的？蘆葦為什麼會隨風飄逸？雅典的帕德嫩神廟（Parthenon）為什麼那麼美？工程師能不能從自然結構獲得靈感？醫生、生物學家、藝術家和考古學家又能從工程師身上獲得什麼靈感？

事實上，我們一直試著追根究柢去理解各種結構的運作原理，和東西為什麼會解體損壞，但這個過程比預期艱困得多，也耗時得多。我們一直到最近才有辦法補足知識上的空缺，讓我們能回答一些這方面的問題，而且答得有用、有智慧。拼圖組得愈完整，整體的樣貌當然也愈清楚：這漸漸從專家才會研究的狹窄學門，轉變成一般人也會覺得有收穫，還能廣泛應用到各種領域的研究主題。

這本書談論的是自然、科技和日常生活裡的結構。我們會探討這些生物和設備（包括人類）是怎麼演進的，讓它們強韌到足以承受一定的荷載。

活的結構

早在人造結構出現之前，生物結構就已經存在。在地球出現生命之前，世界上沒有任何具有特地目的的結構，只有高山和成堆的砂土岩石。生命就算再怎麼簡單、原始，都是一種恰好平衡又能自我延續的化學反應，必須和無生命之物區隔開來並受到保護。大自然創造出生命（和個體性）之後，就必須要創造出某種保存生命的容器。在力學上，這種膜衣至少需要一定的強度，一面將生物體包覆在內，一面讓生物體受到一定的保護。

最早的生命形式可能是漂在水中的滴狀形體；假如是這個樣子，這樣的生命體只需要非常單薄、簡單的屏障即可，光是不同液體界面（interface）的表面張力可能就夠了。生物愈來愈多之後，彼此之間的競爭也愈來愈強，單薄、球狀、無法行動的動物便處於劣勢。動物因此漸漸有了更強韌的表皮，也演化出各種不同的行動方式。大型多細胞動物出現了，牠們除了會咬其他東西外，還能快速游動。生存之道看的是誰被誰追、誰被誰吃。亞里士多德稱此為「互噬」（allelophagia），達爾文則稱之為「天擇」。無論如何，更強韌的生物材料，和更巧妙的活體結構出現之後，演化才得以進展。

早期比較原始的動物大多柔軟，因為柔軟的身形讓生物體更容易用各種方式蠕動和拉伸，而且柔軟的組織通常有韌性（以下會再詳述），但骨頭等堅固的組織卻常常易碎。另外，動物如果用堅固的生物材料來構成，成長和繁殖會有各種困難之處。女人都會知道，分娩的過程需要極大的應變（strain）和大幅的撓度（deflection）。不過，脊椎動物的胚胎從受精以後的發展和大多數的自然結構一樣，某方面來說是由柔軟到堅硬，而且嬰兒出生之後，變堅硬的過程還會持續。

我們可能會因此覺得，大自然是不情不願地採用堅硬的材料；但是，當動物變得愈來愈大，又從水裡跑到陸地上後，牠們大多發展出堅固的骨骼和牙齒，有些還發展出角和甲冑，而且懂得利用這些堅固的材料。不過，動物並沒有變成以堅固的材料為主，這一點和大多數現代機械不同：骨骼通常只占動物整體的一小部分，而且如下文所述，柔軟的部位常常巧妙地降低骨骼的負荷，藉此保護骨骼不會因為易碎的特性而破壞。

大多數動物的身體採用有彈性的材料，但植物就不一定如此。比較原始的小型植物通常相當柔軟，但植物無法追逐獵物，也不可能逃離獵捕者。不過，植物長得高大後，多少可以自保，因為這樣有可能替自己爭取到更多的陽光和雨水。樹更是格外懂得怎麼向外伸展，去收集分散又陰晴不定的陽光能量，同時又能抵擋強風吹打——而且還以最經濟的方式達到這些事。樹最高可以生長到大約一百一十公尺，遠比任何其他活生生的結構來得高大又堅固。但植物即使只長到這個高度的十分之一，主要結構也必須輕盈又堅固；接下來我們會看到，這一點可以給工程師帶來許多重要啟示。

我們可能會覺得像強度、柔度、韌性這樣的問題，在動物學和植物學裡一定是重要的議題，但長久以來醫生和植物學家一直全心全力抗拒這些問題，而且還抗拒得相當成功。當然，這有一部分是脾氣的問題，一部分是語言修辭的問題，但也有可能是因為他們討厭和害怕工程師所帶來的數學觀念。生物學家在進行研究時，往往不願意認真思考研究主題當中與結構相關的議題；但是，我們既然覺得大自然會採用各種無比精巧的化學和控制機制，當然更沒有理由覺得大自然只會採用粗糙的結構。

科技的結構

神奇的事物不少，但沒有一種比人類更狂妄——
人類使喚冬風來承載他，
穿過高聳的浪濤，
橫跨灰濛的大海；
因為人類，那不疲不死之軀——
大地，諸神之長老——也勞累，年復一年
他的犁來來去去。
無憂無慮的鳥群，
野獸，海洋的族裔，
全被他的網捕獲。
此精妙之至。

索福克里斯（Sophocles），《安蒂岡妮》（*Antigone*；公元前四四〇年作）

富蘭克林（Benjamin Franklin，一七〇六—一七九〇）將人類定義為「製造工具的動物」。其實，許多其他動物也會製造和使用相當原始的工具；當然，他們製造出來的房子往往比許多未開化的人類更好。人類的科技到了什麼時候，才明顯超越過去的動物呢？這可能難以定論，也許這發生的比我們想的晚，假如早期的人類是住在樹上的話就更是如此。

最早先人類只會使用木棒和石頭，跟高等動物使用的工具比起來實在相去不遠，但石器時代晚期已經出現精美的人造物品。無論如何，這個變化除了歷時甚久之外，在科技上更是顯著的成就。一直到最近，偏遠地區都還有未曾使用金屬的文明，而且這類地區製造的器具，有許多在博物館裡供人欣賞。在沒有金屬的情況下，若要製造出堅強的結構，必須直覺知道各種應力（stress）的分布和方向。即使是現代的工程師也不一定具備這種直覺，因為金屬既堅韌又均勻，但我們在工程中利用金屬這方面的便利性之時，連帶少了幾分直覺與思考。自從我們發明玻璃纖維和其他人造複合材料後，我們會回過頭來使用非金屬的纖維結構，這和玻里尼西亞人及愛斯基摩人發展出來的結構一樣。正因如此，我們更注意到自己不擅長一眼就看懂應力系統，而且也許還會對原始的科技多幾分敬意。

事實上，古代文明最初在科技中使用金屬時（大約在公元前兩千年至一千年間開始），人造結構並沒有大幅改變，或馬上就發生變化，因為金屬在當時相當稀少、昂貴，又難以塑形。在製作裁剪工具和武器方面（盔甲多少也有），金屬發揮了一些效果，但絕大多數承載的物件仍然採用石、木、皮、繩和織品。

古代的磨坊工匠、馬車工匠、造船工匠和帆船索具員都需要極精湛的技術，但他們當然有盲點，而且由於沒接受過正式的分析式思考訓練，自然也會犯下我們可預期的錯誤。整體來說，蒸汽機和機械發明了之後，工人就不需要再具備那麼精湛的技術了，而且「先進科技」能採用的材料也受限，從當時泛用的各種材料縮減成少數幾種標準化又堅固的材料，像是鋼和混凝土。

早期一些蒸汽機的內部壓力只比人類的血壓高一點，但由於皮革等材料無法承受高溫的水蒸汽，當時的工程師不可能只用皮囊、腸衣、軟管等材料來設計出蒸汽機。他必須採用金屬，並藉由機械原理來產生運動，但動物若要進行相同的動作，方法可能更簡單，而且重量可能還更輕。*工程師要達到這些效果，必須使用輪子、彈簧、連桿和在氣缸裡滑動的活塞。

材料的限制導致工程師必須使用這種笨拙的裝置。不過工程界漸漸認為，只有這樣的科技才算是真正的「科技」。一旦工程師習慣了金屬製的齒輪和大梁，他的想法就很難改變，而且他對材料和科技的看法也多多少少影響了一般人。不久之前，一位美國科學家的美麗妻子才在雞尾酒會上跟我說：「你說，以前的人會做**木製飛機**？用**木頭**做**飛機**？我才不相信，你一定在騙我吧。」

這種觀念客觀來看到底有多合理？又有多少只是基於偏見，和大家不顧一切只想走在時代尖端？這是本書會討論的問題之一。我們需要好好衡量一下。傳統用磚、石、混凝土，以及鋼、鋁打造的工程結構都相當成功，也值得我們重視它們本身，以及它們在更大的脈絡底下教會我們的。打個比方：我們也許會記得，充氣輪胎改變了陸上運輸的樣貌，因此可能是比內燃機更重要的發明。然而，我們不太讓工程學生學習輪胎，工學院甚至傾向直接無視「柔性結構」。當我們放大角度來看，可能會發現，從實質量化理由（for solid quantative reasons），我們確實有理由重建部分的傳統工程學，而且重建時所依循的模型很可能有一部分以生物為靈感。

不論我們對這些事情的看法如何，我們不可能避開這個事實：不論是哪一門科技，多多少少一定會牽涉到強度與撓度相關的議題。倘若我們在這方面只犯了一些擾人或增加成本的錯誤，不會讓人傷殘殞命，我們只是運氣好而已。工作與電有關的人要記得，電氣和電子方面的故障，有一大半是因為機械故障所致。

結構有可能會破壞，也確實會破壞，而且破壞可能十分重要，有時還十分戲劇化。但在傳統科技裡，某個結構在破壞之前的剛度（rigidity）和撓度很可能在實務上比較重要。我們不可能接受會搖晃的房屋、地板或桌子；另外，打個比方，像顯微鏡或相機這樣的光學設備，重要的不只有鏡片的品質，還有鏡片安裝時的精準度和剛度。這一方面的失誤實在太常見了。

結構與美學

若我有寸土與天堂獨處，
我會傾訴：天堂是我心所歸。
林中莫不綻放如楝樹，
炫目如白面子樹，搖曳如蘆葦。
如楝樹在十月綻放緋紅；
如蘆葦在西南風擺曳似旌；
如白面子樹浮光掠影乍現；
它們無不知曉，何事只允天聽。

喬治・梅瑞狄斯（George Meredith），〈谷中情〉（*Love in the Valley*）

---

* 比較活塞與風箱。

編按：全書標*字註解為作者註，標阿拉伯數字為譯者註。

不論我們是否想要如此，我們現今都只能採用某一種形式的先進科技，也必須讓這樣的科技實行起來安全、有效。這會牽涉到許多事情，其中包括睿智地應用結構理論。但是，人類的生命不光只有安全、有效而已，我們需要面對一件事實——從視覺來看，這個世界愈來愈鬱悶。我們大概可以說，這倒不盡然是「刻意製造的醜陋」，而是乏味、平庸四處氾濫。看到現代人類的作品，我們鮮少感到歡愉心動。

但是，如果去看大多數十八世紀的人造物品，即使是平凡無奇的物品，許多人起碼會覺得賞心悅目，有時甚至會覺得美麗無比。就這一方面來看，十八世紀的人（而且是所有活在十八世紀的人）的生命比我們更豐富。古屋和古董在現今的售價便反映了這一點。一個更有創意、更有自信的社會，不會那麼懷念曾祖父輩的建築和日常用品。

繁複，甚或有爭議的應用藝術理論不應該在這本書或類似的書裡談論，不過我們也不能全然忽略這個問題。如前文所述，幾乎所有的人造物品都具有某一種結構；雖然大多數人造物品的主要目的不是為了達到情感或美感上的效果，但我們必須意識到，「情感中立」的陳述是不可能存在的，無論陳述的媒介是口語、書寫、繪畫或科技設計皆然。不論我們是否有意，我們設計與製造的每一樣物品除了有明白、合理的用途之外，還會帶來某種主觀的影響，可能是好的，也可能是壞的。

我認為，我們又碰到了另一個溝通的問題。大多數的工程師完全沒接受過美感教育，工學院更往往認為這是不正經的議題，再說學院裡滿滿的課程也塞不下這些。現代的建築師明明白白跟我說，他們有堂堂正正的社會使命，根本無暇兼顧像建築強度這等瑣事，更顧不了什麼美感，反正他們的客戶八成也對此不重視。同理，家具設計師在訓練過程中，竟然不會學習怎麼計算一個平凡的書架裝滿書後的撓度。也難怪他們設計出產品後，對於產品結構的樣貌好像完全沒有概念。

彈性力學，或稱：東西為什麼會破壞？

> 從前西羅亞樓倒塌，壓死了十八個人，你們以為那些人比一切住在耶路撒冷的人更有罪嗎？
>
> 〈路加福音〉第十三章，第四節（《聖經》和合本修訂版）

許多人，特別是英國人，討厭理論，通常也不太喜歡理論學家；強度與彈性力學相關的議題更是如此。比方說許多不敢談論化學或醫藥的人，卻認為自己有能力製造出攸關別人性命的結構，而且像這樣的人出乎意料地多。如果追問下去，他們也許會承認他們可能不太有能力製造一座大橋或一架飛機，但生活中常見的結構難道都只是芝蔴蒜皮的小事？

這並不是說我們要鑽研好幾年才能打造一個平凡的木棚，但對不謹慎的人來說，這一門學問確實處處有陷阱，許多事情往往不像表面看起來那麼簡單。工程師身為專業人士，有如律師與禮儀師一般，往往要等「務實」的人做完以後，才被叫來挽救這些人的「成果」。

雖然如此，千百年以來，這些務實的人還是有辦法只靠自己——至少在某些方面的建築會如此。假如去看一座大教堂，你也許會想哪件事讓你留下更深刻的印象：是這些人蓋教堂的技術呢？還是這些人蓋教堂的信念？這些建築不僅巨大又高大，有些甚至讓人覺得它們超越了建材的單調與笨重，昇華成為如詩如歌的藝術。

表面看來，我們也許會覺得中世紀的石匠顯然熟知教堂要怎麼蓋，而且當然常常成果斐然，技法又高超。可是，假如你真的有辦法向主要石匠請教他的手法，和為什麼建築不會倒，我想他大概會說：「只要我們遵守我們這一行的行規和祕法，上帝就會用祂的手扶起建築。」

當然，我們現在能欣賞到的建築，都是有留存下來的建築：中世紀的石匠就算有「祕法」、技能和經驗，他們當然有時候會失敗。假如他們做一些比較大膽的嘗試，這些大半在完工後不久就倒塌了，甚至在施工時就倒塌。不過，他們除了認為這是技術缺失的結果，多半也會認為這些災難是上帝的諭旨，藉此懲惡和教人懺悔——所以才會有西羅亞樓那一段話。*

古代的建造工人、木匠、造船工匠等等可能太在意工藝的道德意義，因此似乎不曾用科學的方式去思考，為什麼某個結構有辦法承載。雅克・埃曼（Jacques Heyman）教授已明確證實，教堂的石匠沒有採用現代的思考或設計方法。中世紀工匠固然有輝煌的成就，但他們「行規」和「祕法」的知識基礎大概和食譜差不多。他們在工作時，只想著要做出和以前非常相似的東西。

如第九章所述，石造建築算是一個特例，因此有時候可以光憑經驗和傳統的比例，直接將建造小型教堂的方法放大，來興建宏偉的大教堂，而且這種作法既務實又安全。但這樣的作法不適用於其他種類的結構，而且還相當不安全。這就是為什麼建築愈蓋愈大，但長年以來最大的船都差不多大。只要無法用科學方法預測科技結構的安全性，大膽嘗試新的建造方法通常只會以災難作收。

正因如此，世人一代接著一代，不願採用理性的方法分析強度。但是，如果你祕密的心知道有個問題極其重要，卻習慣將它隱匿起來，你在心裡會覺得不好受。結果不出所料：這整個學門最後充斥各種殘暴和迷信。名媛捧香檳替新船命名，胖嘟嘟的市長替新工程立下奠基石，這些儀式的淵源其實都是一些非常血腥的獻祭。

教會在中世紀的時候雖然終止了大多數的獻祭，但並沒有鼓勵世人採用任何科學方法。若要擺脫這樣的心態，或者認知神的諭旨可能透過科學原理來彰顯，當時的人需要全面改變想法，我們現今幾乎無法體會這在認知上需要下多大的工夫。科學語彙當時幾乎不存在，但要進行這樣的思想改變，一定需要出乎意料地結合想像力和學術知識。

但古代的工匠從未接受這樣的挑戰。有趣的是，世人會開始認真鑽研結構的學問，可以說是因為宗教裁判所（Inquisition）的迫害與愚民行為所致。在一六三三年，伽利略（Galileo Galilei，一五六四—一六四二）革命性的天文發現得罪了教會，因為這些發現被認為會威脅到宗教與民政權威的基礎。他被嚴格禁止從事天文研究，教會要求他放棄他的天文理論成為著名的歷史事件。**在此之後，他被准許回到佛羅倫斯近郊阿切特雷（Arcetri）的莊園，能這樣退隱可謂幸運。他幾乎被軟禁在莊園裡，此時他開始研究各種材料的強度，也許是因為這是他想得到最安全無害的研究主題。

其實，伽利略本人對材料強度的研究貢獻不算特別突出，但畢竟他開始做這方面的研究時已經年近古稀，命運多舛，而且算是身陷囹圄。不過，他還能和歐洲各地的學者通信，而且由於他個人聲望顯赫，他研究的主題都會受到他人的重視，也廣為人知。

* 關於這方面，吉伯特．莫瑞（Gilbert Murray）的《希臘宗教五階段》（*Five Stages of Greek Religion*，O. U. P., 1930）一書探討異教的觀點，耐人尋味。泛靈信仰與結構之間的關聯值得深入研究。

** 他被迫否認地球繞太陽運轉。焦爾達諾．布魯諾（Giordano Bruno）在一六〇〇年因為這個異端邪說遭到火刑。

在他眾多留存至今的書信裡，有數封談論到結構，他和馬林．梅森（Marin Mersenne，一五八八—一六四八）的討論成果特別豐碩。梅森是在法國任職的耶穌會神父，但看起來沒人反對他研究金屬線的強度。比梅森年輕許多的愛德姆．馬略特（Edmé Mariotte，一六二〇—一六八四）也是一位神父，在法國迪戎（Dijon）附近波內的聖馬丁教堂（Saint-Martin-sous-Beaune）擔任副院長。他一生大多鑽研地體力學，與棍棒在承受張力與撓曲時的強度。路易十四世在位期間，他共同創立了法國科學院（French Academy of Sciences；法文：Académie des sciences），而他本人與教會和國家政府都有良好關係。這裡需要注意一件事：這些人都不是專業的建造工人或造船工匠。

到了馬略特那時，關於各種材料與結構在承載狀態下的研究，已經開始有人稱為「彈性力學」（下一章可以看出為什麼會這樣稱呼），本書會一再使用這個名詞。從大約一百五十年前開始，這個主題在數學界開始盛行；不幸的是，自此以後有許多讀不了、讀不懂的彈性力學專書問世，導致一代接著一代的學生在材料與結構相關的課堂上覺得無聊又痛苦不堪。依我所見，如此故弄玄虛實在做過頭了。沒錯，進階的彈性力學理論確實需要艱深的數學，但這一類的理論大概只有相當成功的工程師兼設計師會偶爾採用而已。任何有頭腦的人只要願意研究，大多數一般狀況所需的知識都能輕易理解。

市井小民或工坊工人會認為自己不需要知道什麼理論。工程學霸常常會裝模作樣，認為不用高等數學不可能得到什麼成果，而且就算真的能成功，這樣做大概也是不道德的事。但我覺得，像你我這般凡人只需要知道一些中階的知識——而且我希望這樣的知識比較有趣——就會覺得出乎意料受用。

雖然如此，我們不可能完全避開數學。據說，數學源自古代巴比倫，也許就是巴別塔那個時候。對科學家和工程師來說，數學是個工具，對專業數學家來說則是宗教，但對一般人來說是個絆腳石。事實上，每個人在生活的每一刻都在用數學。我們在打網球或走下樓梯時，其實是在用頭腦裡的類比計算機，計算一頁又一頁的微分方程式，而且計算飛快、不費力又完全不自覺。我們覺得數學會那麼難，是因為一板一眼、虐待狂，又愛鬼畫符的教師，用各種公式和符號呈現這一門學問。

在這本書裡，碰到非得用「數學」討論的時候，我會盡可能用最簡單易懂的圖表。但我們還是會需要一點算術，以及一點非常基礎的代數；數學家可能會覺得我們這樣太無禮，但無論如何，代數是一種簡單、強大又便利的思考方法。假如你天生對代數過敏（或自認先天對代數過敏），請不用害怕；假如你真的非得跳過不可，你還是可以理解本書的論述，不會錯過太多內容。

還有一點：結構由各種材料製造而成，因此結構和材料都是本書會探討的內容。但事實上，材料和結構之間並沒有明確的分界。鋼當然是一種材料，蘇格蘭著名的福斯橋（**Forth Bridge**）[1]當然是一種結構，但鋼筋混凝土、木頭、人的肉體等相當複雜的組成，都可以既看作材料，也當作結構。我們恐怕要像《愛麗絲鏡中奇遇》的矮胖蛋頭人（**Humpty-Dumpty**）一樣，在本書看到「材料」一詞，我們想當作是什麼意思，它就是什麼意思。別人看到「材料」兩個字，想的可能和我們想的不一樣，我在另一次雞尾酒會和另一位女士的交談就能印證這一點：

「你的工作是什麼呢？」

1 英文諺語「painting the Forth Bridge」為「永遠做不完」之意。有人誤以為這座橋每次上完漆後，就要馬上重新開始上漆。

「我是材料教授。」

「天天玩布料一定超有趣！」

第一部

彈性力學艱辛的誕生

Part One

The difficult birth of the science of elasticity

1

第2章 結構為何能承載

（或稱：固體有彈性）

我們先從牛頓開始：牛頓說，作用力與反作用力的大小相等、方向相反。這表示，所有的推力一定會有大小相等的反向推力與之抗衡。這與推力的生成方式無關，舉例來說，它有可能是「靜載重」（dead load），也就是某種不動的重量。假如我體重是九十公斤，我站在地上時，我的腳底會對地板向下施以九十公斤的推力，這是從雙腳來看的情況。在此同時，地板也會對我的腳底向上施以九十公斤的推力，這是從地板來看的情況。假如地板腐爛，沒辦法施出九十公斤的推力，我就會從地板掉下去。假如奇蹟發生，地板產生的推力竟然比我腳底施加的推力還多——比方說，地板產生了九十一公斤的推力——結果會更嚇人，因為這樣我當然就會浮在空中。

《高強度材料新論：或稱：你為什麼不會從地板掉下去》（*The New Science of Strong Materials-or Why you don't fall through the floor*），第二章

我們或許可以從這個問題開始：鋼、石、木、塑膠等不動的固體，怎麼有辦法抵抗力，或甚至怎麼有辦法承受自身的重量？究其根本其實問的是這個問題：「你為什麼不會從地板掉下去？」但答案絕非

顯而易見。這個問題是結構學之根本，而且極難思考和探討。伽利略最終也被考倒，要等到羅伯特・虎克（Robert Hooke，一六三五—一七〇二）這個脾氣古怪的科學家，我們才真的有一些實質的認知。

第一，虎克發現，某個材料或結構若要能承載，它必須用大小相等、方向相反的力量推回去。假如你的雙腳向下推地板，地板就一定會向上推你的雙腳。假如大教堂向下推它的基礎，基礎就一定會向上推大教堂。牛頓第三運動定律就是指這件事：假如還記得的話，這個定律說作用力與反作用力大小相等、方向相反。

換言之，力不可能迷失方向。不論發生什麼事，結構當中每一個點的每一個作用力一定都會有大小相等、方向相反的反作用力來抗衡。不論是單純的小型結構，或複雜的大型結構，任何結構都必然如此。除了地板和大教堂會如此以外，還有橋梁、飛機、氣球、家具、獅子、老虎、高麗菜和蚯蚓。

如果這個條件不能實現，換言之，如果各個作用力沒有平衡或相互抗衡，那麼結構就會破壞，或者整個東西就會像火箭一樣升起，最後跑到外太空去。工程系學生的考試答案往往會在不知不覺中出現後者。

我們先來看看最單純的一種結構。假設我們在某個支架上懸吊某個重物，像是在樹枝上用一條繩子吊一個磚塊（圖一）。磚塊之所以有重量，和牛頓那顆蘋果之所以有重量的原因相同，都是因為地球的重力場對它的質量造成作用，不停將它往下拉。假如磚塊不會掉到地上，必須有一股大小相等、方向相反的作用力或拉力，才能讓磚塊懸在半空中。假如繩子的強度不夠，無法產生出與磚塊重量相等又向上的作用力，那麼繩子會斷掉，磚塊會像牛頓的蘋果一樣掉到地上。

不過，假如這條繩子的強度不只夠讓我們吊起一個磚塊，甚至還能吊起兩個磚塊，繩子此時就必須產生兩倍的向上作用力。換言之，它必須能支承兩個磚塊，其他承載的變化也是同理。另外，承載也不一定指像磚塊這樣的「靜載重」，任何其他的作用力像是風力，都需要有相同的反作用力來對抗。

以懸吊在樹上的磚塊為例，繩子的張力承受了這股重量。換言之，繩子拉住磚塊。許多像是建築的其他結構會用壓力也就是用推力來承受重量。兩者的大原則都一樣。因此，結構系統若要能正常運作——換言之，承載的方式適當，沒什麼事情因而發生——它必須產生出一股大小相等、方向相反的推力或拉力，來對抗施加在它身上的作用力。不管它可能會面對什麼樣的推力或拉力，它都必須用等大小來反推或反拉回去。

這一切都不難理解，我們通常也不難看出為什麼結構會承受某個載重的推力或拉力。比較難以理解的地方是，結構為什麼要反推或反拉回去。其實，小孩子有時候好像會意識到這個問題。

「親愛的，不要一直拉貓咪的尾巴。」

「媽咪，不是我在拉，是貓咪在拉。」

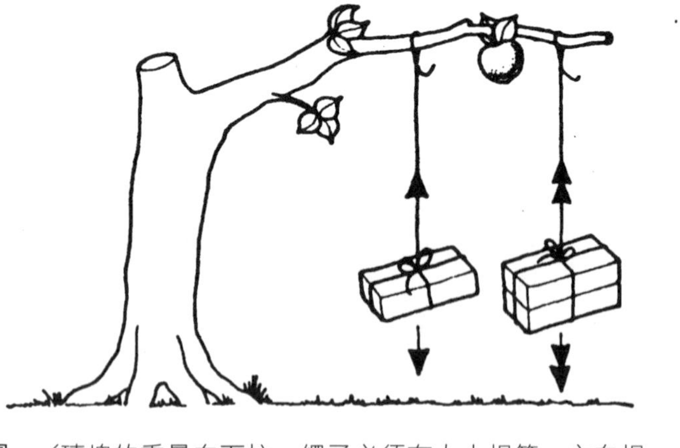

圖一／磚塊的重量向下拉，繩子必須有大小相等、方向相反，即向上的拉力或張力才能撐住。

以此例而言，反作用力是貓的肌力在對抗小孩子的肌力，但這種活的肌肉主動造成的反作用力，並不常見也不一定有需要。

假如貓尾巴的另一端剛好不是一隻貓，而是一個靜止不動的東西，像是一面牆，這樣負責反「拉」回去的是這一面牆。不論對抗小孩拉扯的東西是一隻主動的貓或一面被動的牆，這對尾巴或小孩子來說都沒有差別（圖二和三）。

一面牆、一條繩子，或者，一根骨頭、一根鋼梁，或一間大教堂，這些靜止、被動的物體，又怎麼能產生出它們所需的強大反作用力呢？

圖二／
「親愛的，不要一直拉貓咪的尾巴。」
「媽咪，不是我在拉，是貓咪在拉。」

圖三／貓有沒有在拉，其實都沒差。

虎克定律

任何彈簧的能量都與它承受的張力成比例。換言之，若有一股力量讓它在一處拉伸或彎曲一單位，兩股力量就會讓它拉伸或彎曲兩單位，三股力量則造成三單位變形，以此類推。這是自然的定律或法則，所有回復或彈性的運動都會依此進行。

羅伯特・虎克

到了大約一六七六年，虎克明白了一件事：固體承載或承受其他力學負荷的時候，不只會反推回去，還會有以下兩個特性：

一、每一種固體受力時，都會**變形**——可能是拉伸，也可能是收縮。

二、固體之所以能反推回去，就是因為它會這樣改變自身的形狀。

因此，當我們將磚塊用繩子掛起來時，繩子就會變長；由於繩子會拉伸，它就能對磚塊施加向上的拉力，防止磚塊掉落。**所有**的材料和結構在承重時都會產生變位，只是變位的程度有非常大的差異。

任何結構在承重時，會產生變位是完全正常的事，這件事情相當重要。除非變位的幅度超過該結構能承受的範圍，這樣的變位就不是「缺陷」，反而是必要的特性，如果沒有這個特性的話，結構就無法發揮功能。彈性力學研究的是各種材料和結構裡作用力和變位的關係。

雖然每一種固體在承重或受力時多多少少都會變形，但實際上會發生的變位相差甚多。如果是一棵植物或一塊橡膠，變位的幅度往往非常大，也能輕易看見，但如果我們在金屬、混凝土、骨頭等堅硬的表面上施加一般的重物，變位的幅度有時非常小。這些變化很可能小到無法用肉眼看見，但仍然確實會發生，也真的會發生，只是我們可能會需要用特殊的儀器才有辦法測量。當你爬上大教堂的尖塔時，你對它施加的重量會導致它變矮，但變矮的幅度極其微小，不過確確實實會變矮。事實上，石造建築的彈性比你想的還要大，這只需要看看索爾茲伯里大教堂（Salisbury Cathedral）尖塔的四根主要支柱就知道了：它們彎曲的程度都十分明顯（照片一）。

虎克的論述還有一個重要的步驟，至今還會有人覺得不太容易理解。他發現，當結構承重產生前文描述的變位時，該結構所使用的材料本身也會在內部各處有相應的拉伸或收縮，直

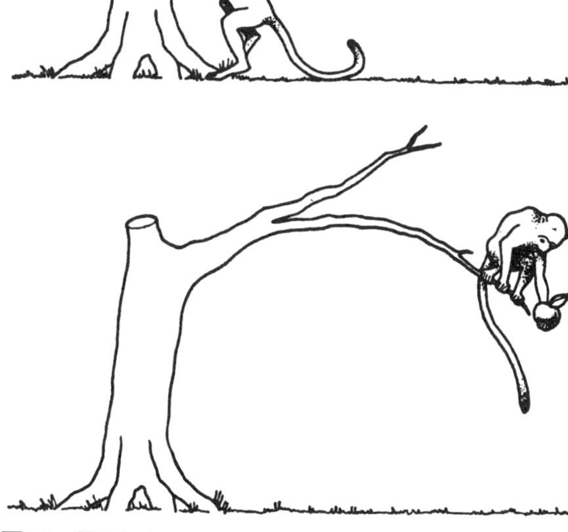

圖四 · 圖五／
所有的材料和結構在承載時都會產生變位，只是變位的程度有非常大的差異。彈性力學研究的是各種材料和結構裡作用力和變位怎麼互動。猴子的重量在樹枝上，因此樹枝上面的材料會被拉伸，下面的材料會被擠壓或收縮。

達極其細微的層次——我們現在知道，這會到達分子結構的層次。我們將一根棍子或一個鋼製彈簧變形像是彎撓時，整個材料會拉伸或收縮，材料裡的原子或分子也必須加大或縮小彼此之間的間距。

我們現在也知道化學鍵（chemical bond）將原子相連，也因此讓固體維持形狀，而且這些化學鍵非常強韌堅固。若要拉伸或收縮整個材料，必須拉伸或收縮好幾百萬個強韌的化學鍵，但即使變形的程度極其微小，它們都會頑強抵抗。因此，它們便產生出大量、相應的反作用力（圖六）。

虎克雖然不清楚化學鍵，對原子和分子的認知也不多，他十分清楚材料內部會發生這樣的細微結構變化，於是開始研究固體內部作用力與變位之間的宏觀關係。

他測試了許多不同的物體，這些物體分別以各種不同的材料製成，也有各種不同的形狀，像是彈簧、細線，和梁。他用這些物體懸吊一系列的重物，並測量這些重物對物體造成的變位，最後發現任何結構內的變位程度通常和荷載成正比。換言之，兩百公斤荷載造成的變位，是一百公斤荷載的兩倍，「以此類推」。

虎克測量的精準度不太高，但至少就他的測量而言，在卸除造成變位的荷載之後，大多數的物體都會恢復原本的形狀。事實上，他通常在這些結構上不停反覆放置和移除重物，但結構的形狀不會有任何永久的變化。這樣的特性叫作「彈性」，而且十分常見。「彈性」一詞常常用來形容橡皮圈和內衣褲，但同樣可以拿來形容鋼鐵、石頭、磚塊，和木頭、骨頭、肌腱等生物材料。工程師使用這個詞彙時，通常採用的是這個廣義的定義。附帶一提，以蚊子會嗡嗡作響為例，是因為有彈性極高的節肢彈性蛋白（resilin）彈簧結構，來驅動牠的翅膀。

但是，有一些固體和半固體像是灰泥和塑泥在卸除荷載之後，不會完全恢復原本的形狀，會產生永久變形。這樣的特性叫作「可塑性」。這個詞彙不會只用來描述常用於菸灰缸的材料而已，也會用來描述黏土和軟金屬。假如逐漸提高可塑性，最後就會得到像奶油、粥或糖蜜一般的材料。另外，虎克認為具有「彈性」的材料，若以現代更精準的方式來測量，會發現它們其實沒那麼有彈性。

不過整體來說，虎克提出的觀察沒有錯，而且至今仍然是彈性力學的基礎。各種材料和結構（除了機械、橋梁、建築之外，還有樹木、動物、石頭、山，甚至還有整個地球本身）的作用方式都有如彈簧，以我們現在的後見之明來看，可能會覺得這個道理再簡單不過，甚至不證自明，但我們可以從虎克的日記看到，這一件事讓他心力交瘁、疑慮不斷。這可能是史上重大的學術成就之一。

虎克和克里斯多佛·雷恩爵士（**Sir Christopher Wren**）私下論證他的想法之後，在一六七九年發表一篇論文名為〈論彈簧〉（*Lectures De Potentia Restitutiva, or of Spring*），當中有一句名言：「ut tensio sic vis」（「力如伸長」）。三百年以來，這個原則被稱作「虎克定律」。

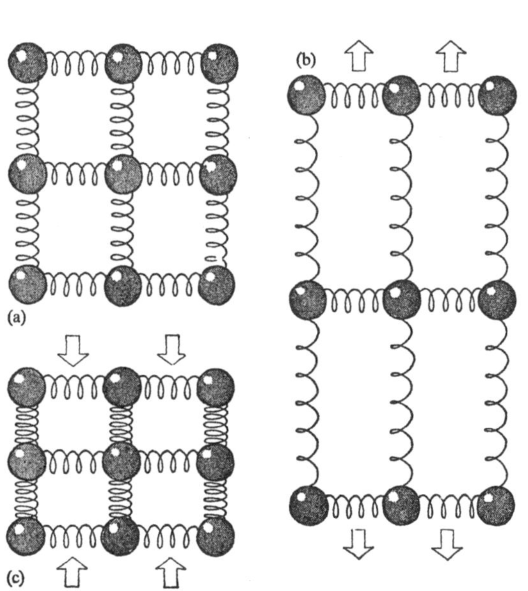

圖六／原子間鍵結（interatomic bond）受力應變變形概圖。

(a) 中性、鬆弛，或無張力的狀態。

(b) 材料受張力而應變，原子相距更遠，材料拉長。

(c) 材料受壓縮而應變，原子相距更近，材料縮短。

彈性力學何以卡住

與牛頓為敵，是致命的錯誤，因為不論牛頓是對是錯，都不會善罷甘休。

瑪格麗特・艾斯平納斯（Margaret 'Espinasse），

《虎克傳》（*Robert Hooke*, Heinemann, 1956）

現代工程師會覺得虎克定律非常有用，但若以虎克當初陳述的方式來看，這個定律不太有實際的用處。虎克其實談論的是在承載狀態下，整個結構像是一根彈簧，一座橋，或一棵樹的變位。

倘若思考片刻，我們會明顯發現影響結構變位的因素，**既有**結構本身的大小和幾何形狀，**也有**結構本身的材料。材料不同，材料本身的勁度（stiffness）也會相差甚多。橡膠、肌肉等物體只需要我們用指尖般的小力量，就能輕易變位，但木頭、骨頭、石頭和大部分的金屬，勁度明顯比較高。另外，雖然沒有任何材料是絕對「堅硬」的，但像藍寶石、鑽石等少數的固體確實勁度非常高。

同樣大小及形狀的物體，像是普通的水管墊圈，既可以用鋼來製作，也可以用橡膠製作。當然，鋼製墊圈明顯比橡膠墊圈堅硬（事實上，鋼製墊圈的剛性比橡膠墊圈高大約三萬倍）。同理，如果我們用相同的材料像是鋼，製作一根細長的螺旋狀彈簧，和一根粗重的大梁，彈簧當然遠比大梁有彈性。我們必須將這些效應分開和量化。工程學和生物學一樣，無時無刻都受這些變數的影響，我們需要有可靠的方法來釐清這一切才行。

即使有這樣好的開頭，科學界要等到虎克過世後一百二十年，才找到方法來處理這個難題——實在有些令人感到意外。事實上，與彈性力學有關的研究在整個十八世紀竟然幾乎沒有進展。背後的原因當然十分複雜，不過整體來說，十七世紀的科學家認為科學與科技的進展相互交織——以這種實用的觀點看待科學，幾乎可說史上空前——但十八世紀許多科學家卻認為自己有如哲學家，處理的議題遠比生產製造、商業貿易等俗務高尚。這當然是回到古希臘人的科學觀。虎克定律用宏觀的哲學方法，闡釋了一些平常的現象，對於不想關注技術細節的高貴紳仕哲學家來說，這些就夠了。

不過，我們不能忽略牛頓（一六四二—一七二七）個人的影響，或是牛頓與虎克敵對所帶來的影響。虎克的學術能力很可能與牛頓不分軒輊，而且虎克絕對比牛頓更易怒及自負，但兩人在其他方面的個性與興趣完全不同。基本上，兩人都沒有特別顯赫的家世，但是牛頓非常勢利眼，而虎克雖然與英國國王查理二世有私交，卻不會趨炎附勢。

與牛頓不同的是，虎克是個純樸、務實的人，而且研究了許多非常實際的議題，像是彈性力學、彈簧、時鐘、建築、顯微鏡，和跳蚤的生理結構。虎克還有一些至今仍然常用的發明，像是汽車變速箱裡使用的萬向接頭，和大多數相機裡使用的可變光圈。虎克發明的馬車燈將蠟燭架在彈簧上，當蠟燭愈燒愈短，燭光還會維持在燈座的中間。這種燈一直到一九二〇年代才被淘汰，而且至今還可以在一些住家的門口外看到。另外，虎克的私生活比他的好友山繆．皮普斯（Samuel Pepys）更放縱，不但所有的女傭都是他調戲的對象，他還和他漂亮的姪女「完全徹底親密」*同居多年。

* 這是虎克自己說的，她的名字是葛蕾絲（Grace）。

牛頓的宇宙觀可能比虎克的廣，但他的科學觀遠遠不如虎克那麼務實。事實上，牛頓和許多名聲沒那麼響亮的知識分子一樣，科學觀可謂反務實。沒錯，牛頓曾擔任皇家鑄幣廠的廠長，而且十分稱職，可是他接受這個職位似乎不是為了應用科學研究，只是因為這是「政府職位」，在當時比他在劍橋大學三一學院擔任院士享有更高的社會地位，更別說薪水也更高。不過，牛頓大半的時間都沉溺在自己詭異的世界裡，思考各種惱人的神學問題，像是獸名數目（Number of the Beast）。我想，他大概沒時間也沒興趣縱慾。

簡而言之，牛頓有各種理由憎恨虎克的為人，和虎克支持的所有事情，甚至包括彈性力學。不巧的是，虎克過世後，牛頓還活了二十五年，因此他花了不少時間和力氣去詆毀虎克，與批判應用科學的重要性。由於牛頓幾乎被當時的科學界奉為神明，而且他所做的事情又與當時的社會與知識風氣相應，因此結構學等學門受到重挫，即使在牛頓死後多年仍然被冷落。

因此，雖然虎克已經廣義解釋了結構是怎麼運作的，但整個十八世紀鮮少有人補充或利用他的研究，導致這一門學問缺乏進展，無法進行精確、實用的運算。

只要這樣的狀況沒有改善，彈性力學的理論就難以在工程裡運用。十八世紀的法國工程師知道這個情況，但感到相當懊惱；他們盡可能運用他們能用的理論來打造結構，但這些結構常常會破壞。英國工程師也知道這個情況，但他們通常對「理論」無感，因此他們打造工業革命的結構時，採用的是根據經驗、「實務」的方法。這些結構可能也經常破壞，只是沒那麼常而已。

第3章

應力與應變的發明

（或稱：柯西男爵與楊氏模數的解讀過程）

生命若無算術，除了萬般恐怖之外，還會有什麼？

——西德尼．史密斯牧師（Rev. Sydney Smith），
致一位年輕女仕的信，一八三五年七月二十二日

彈性力學之所以卡住那麼久，一方面是因為牛頓和十八世紀的種種偏見，另一方面是因為關注這個學門的少數科學家，在研究的時候像虎克一樣，只去思考整個結構，而不是分析材料**內部任一定點**的受力與伸展。從十八世紀一直到十九世紀，諸如李昂哈德．尤拉（Leonhard Euler，一七〇七—一七八三）、湯瑪士．楊格（Thomas Young，一七七三—一八二九）等聰明絕頂之士，紛紛弄出各種現代工程師會覺得難以置信的歪理，來解決我們現在會覺得再單純不過的問題。

若要探討材料內部任一定點的彈性，就必須了解應力（stress）與應變（strain）的概念。奧古斯丁—路易．柯西（Augustin-Louis Cauchy，一七八九—一八五七）在一八二二年向法國科學院提交的論文，最早提出這些廣義概念。在彈性力學的歷史上，這可能是虎克之後最重要的一篇論文。在此之後，

彈性力學有潛力變成工程師實用的工具，而不是一些古怪哲學家的獵奇樂園。在一幅大約此時繪製的畫像裡，柯西看起來像個小屁孩，但他絕對是卓越的應用數學家。

等到十九世紀的英國工程師讀了柯西的著作，他們發現應力與應變的基本概念相當容易理解，而且一旦理解之後，結構學也大幅簡化了。現今幾乎人人都能理解這些概念*。有些普通老百姓聽到「應力與應變」就會一臉狐疑，甚至怒火中燒，但這樣的心態實在難以理解。我曾經收過一位剛剛拿到動物學文憑的研究生，但應力與應變的概念卻讓她氣結，最後她逃離大學、避而不見。我到現在還是不懂為什麼。

應力——不是應變，切勿混淆

其實，伽利略本人就差一點發現「應力」的概念。他晚年在阿切特雷寫了《兩門新科學》（*Two New Sciences*）一書，當中明白提到在其他條件皆不變時，一根棍棒緊繃時的強度會與截面的面積成正比。換言之，截面面積為二平方公分的棍棒若需要一千公斤的拉力才會斷，那麼截面面積為四平方公分的棍棒就需要兩千公斤的拉力才會斷，以此類推。斷裂時的荷載除以斷裂的表面面積，會得到我們現稱「斷裂應力」（breaking stress）的數值（在此例中為每平方公分五百公斤），而且這個數值適用於所有採用相同材料的棍棒。人類花了將近兩百年才發現可以這樣計算，實在讓人費解。

柯西發現應力的概念不只能用來預測材料何時會斷裂，還能廣泛用來描述固體內部任何一點的狀態。換言之，固體的「應力」有如液體或氣體的「壓力」。應力指的是材料受到外力時，組成材料的原子和分子被擠壓或被拉開的程度。

因此，「這塊鋼鐵內這一個點的應力是每平方公分五百公斤」，有如「我車子輪胎裡的胎壓是每平方公分兩公斤，或每平方英寸二十八磅」一樣，沒什麼難以理解或神祕的。但我們需要謹記雖然「壓力」和「應力」這兩個概念相當接近，但流體內的壓力會在三個維度上作用，固體內的應力往往只有單一方向，或只在一個維度上作用。我們姑且先這樣理解就好。

以數學的方式來說，任一定點上任一方向的應力，是朝那個方向作用的力或荷載，除以這個力所作用的表面積。** 如果任一定點上的應力是 s，那麼

$$\text{應力} = s = \text{荷載}/\text{面積} = P/A$$

其中，P 是荷載或作用力，A 是 P 有作用的面積。

我們回到前一章還吊在樹上的那個磚塊。假如磚塊重五公

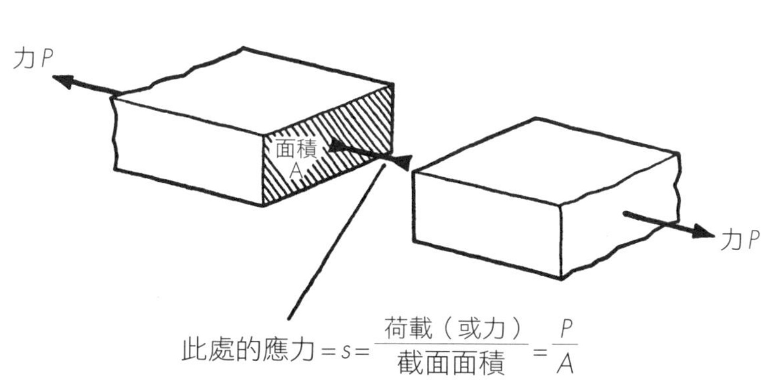

圖一／棍棒受張力時的應力。（壓應力完全同理。）

* 但《牛津字典》顯然是例外。當然，stress和strain這兩個英文字在口語上都會用來描述人的心理狀態，而且這樣用的時候，兩個字指的是一樣的東西。在物理學中，這兩個字的定義有非常明顯的差異。

** 一個「點」怎麼會有「面積」呢？我們不妨用速度來類比。雖然我們將「速度」表示為某一段時間內移動的距離，像是「時速〇〇英里」，但我們通常只會用這個數值來描述某個時間當下（即一段無限小的時間）的速度。

斤，繩子的面積為二平方公厘，那麼磚塊拉繩子的拉力為五公斤，繩子內部的應力為：

s＝荷載／面積＝P／A＝五公斤的力／二平方公厘＝每平方公厘二・五公斤力

或者也可以說每平方公分二五〇公斤力（250 kgf/cm^2）。

應力的單位

這就會牽扯到一個難題：應力的單位。若要表示應力，可以用任何力的單位，除以任何面積的單位——而且往往的確什麼單位都有人用。為了減少誤會，本書會採用以下幾個單位。

百萬牛頓每平方公尺：MN／m^2。這是標準國際單位。[1]

一・〇牛頓＝〇・一〇二公斤力＝〇・二二五磅力（大約是一顆蘋果的重量）

一百萬牛頓（meganewton）＝一百萬個牛頓，幾乎剛好是一百噸力。[2]

磅每平方英寸（力）：psi。這是英語系國家傳統上使用的單位，工程師至今仍然相當常用，特別是在美國。許多圖表和參考書籍也慣用這個單位。

公斤每平方公分（力）：kgf／cm^2。這是歐陸國家（包括共產政權國家）慣用的單位。

1 MN/m² = 10.2 kgf/cm² = 146 psi

1 psi = 0.00685 MN/m² = 0.07 kgf/cm²

1 kgf/cm² = 0.098 MN/m² = 14.2 psi

單位轉換

因此，我們剛剛算出繩子裡的應力為二五〇kgf/cm²，這等於二四．五MN/m²或三六〇〇psi。計算應力通常不需要太精準，因此我們不必太在乎轉換的係數有多精確。

這裡需要再次強調一件事：材料內部的應力，有如流體的壓力，指的是**某一個**點上的狀態，不是指某一塊面積，像某一平方英寸、某一平方公分，或某一平方公尺。

1 大部分的人已經知道，國際單位制（SI；法文Système international d'unités）習慣以「牛頓」當作力的單位。「牛頓」為SI的導出單位（derived unit），即根據SI定義的基本單位（此處為「公尺」與「秒」）推導出來的單位；在此定義下，讓質量一公斤的物體加速度為每秒平方一公尺所需的力為一牛頓（1N = 1 kg m/s²）。

2 此處的「噸」（ton）是指英國慣用的「長噸」（long ton，定義為二二四〇磅，即一〇一六．〇四七四公斤），不是「公噸」（tonne，定義為一千公斤），或美國慣用的「短噸」（short ton，定義為兩千磅，即九〇七．一八四七四公斤）。根據定義：

一百長噸力＝一〇一．六〇四七公噸力＝〇．九九六四〇一七三二二六百萬牛頓

一百公噸力＝〇．九八〇六六五百萬牛頓

一百短噸力＝九〇．七一八四七四公噸力＝〇．八八九六四四三二三〇五百萬牛頓

應變——不是應力，兩者不同

「應力」告訴我們固體內部任一定點的原子**多用力**被拉開——換言之，拉開它們的力有多大。「應變」則告訴我們它們被拉開**多遠**——換言之，原子之間的原子鍵受到拉伸的比例。

因此，如果原長為L的棍棒受力後拉伸，增加的長度為l，棍棒的應變也就是長度受到改變的比例定義為e：

$$e=\frac{l}{L}$$

回到那條綁住磚塊的繩子，假如繩子原始長度為兩公尺（即兩百公分），而磚塊的重量導致它拉伸了一公分，那麼繩子內部的應變為：

$$e=\frac{l}{L}=\frac{1}{200}=0.005\text{或}0.5\%$$

工程當中的應變通常很小，因此工程師常常會以百分比來表示應變，以避免小數點和許多〇造成的

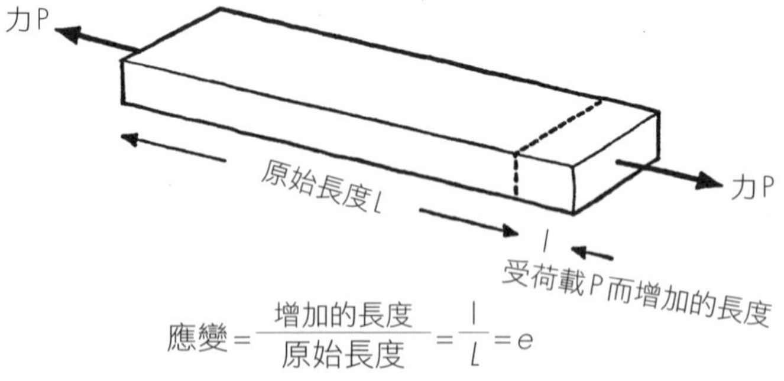

圖二／棍棒受張力時的應變。（壓應變完全同理。）

混亂。

應變與應力一樣，與長度、截面或材料的形狀無關，它表示的也是某個定點的狀態。**另外，由於我們在計算應變的時候，是用一個長度除以另一個長度，換言之，用拉伸增加的長度，除以原始長度，因此應變是一個比例、沒有單位——沒有國際單位、英制單位，或任何其他單位。**當然，壓應變和拉伸應變完全同理。

楊氏模數（Young's modulus）——或者說，這材料有多強勁？

如前文所述，虎克定律原來的形式雖然深具啟迪作用，它的誕生卻有些不光彩，因為當時將材料的特性與結構的性能混為一談。這兩者之所以會混為一談，主要是因為那時並沒有應力與應變的概念，不過我們也得記住以前很難測試材料特性這件事。

現今如果要測試某一種材料有別於測試某一種結構，我們通常會拿這個材料製作一個試片或試件（test piece）。試片的形狀可能千變萬化，但通常會有一個兩邊平行的主幹供測量使用，而且兩段會加厚，以便接上試驗機。一般金屬試片的形狀往往有如圖三。

試驗機的大小與設計方式也有各種變化，但基本上都是力學裝置，對試片施加定量的張力或壓力。

若要知道試片主幹的應力，只需看試驗機每個階段的荷載分別轉到多大，再除以試片主幹的面積即可。若要測量試片荷重時拉伸的幅度——由此可得出材料的應變——通常會使用伸縮儀（extensometer），這是一種極敏銳的儀器，會夾在試片主幹的兩點上。

圖三／常見的抗拉試驗試片。

用這一類的儀器在試片上逐漸增加荷載，通常很容易就能量出某個材料的應力與應變。應力應變圖（**stress-strain diagram**）便是將應力與應變的關係繪成圖表。任何材料都能得出如圖四那樣的應力應變圖，而且曲線的形狀通常與試驗時使用的試片形狀無關。

如果我們畫出金屬和其他幾種常見固體的應力應變圖，我們會發現，在中等的應力下，圖表會呈一直線。在這樣的狀況下，我們會說這種材料「遵循虎克定律」，或有時會說這是一種「虎克材料」（**Hookean material**）。

不過，我們也會發現，不同材料直線的斜率相差甚大（圖五）。我們可以明顯看到，應力應變圖的**斜率**表示出每一種材料受到一定的應力時，彈性會出現多大的彈性應變。換言之，這表示固體的彈性，可看出該材料有多強勁，或有多鬆垮。

如果某個材料遵循虎克定律，圖表的斜率，就是應力與應變的比例會一致不變。因此，以任一材料來說，

應力／應變＝s／e＝楊氏模數

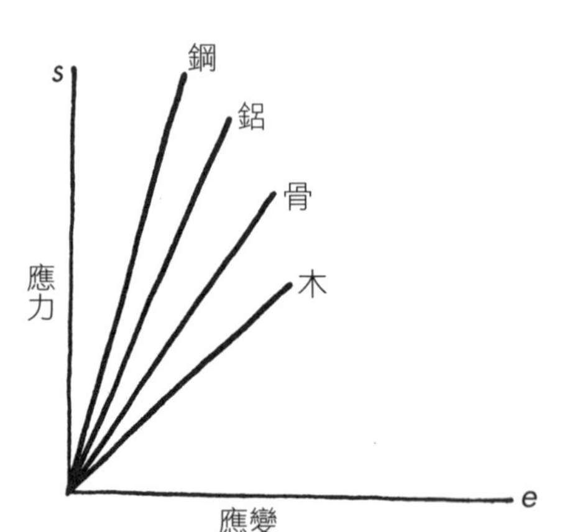

圖五／在應力應變圖裡，不同的物質會有不同的直線斜率，楊氏模數E即代表這個斜率。

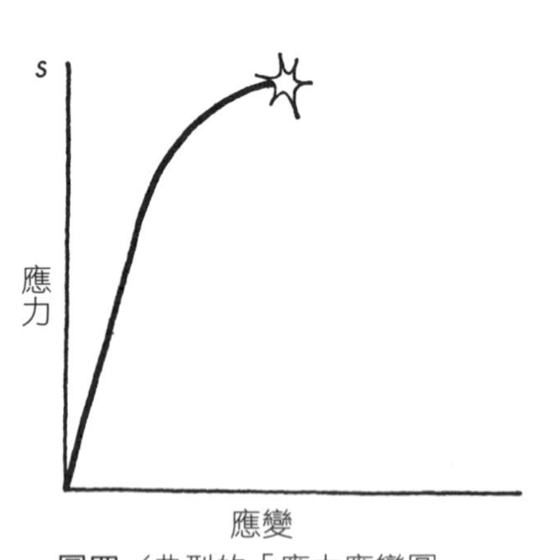

圖四／典型的「應力應變圖」。

以E表示＝在該材料為常數

楊氏模數有時亦稱「彈性模數」或「E」，在一般技術性的對話裡常稱作「勁度」。順帶一提，「模數」的英文「modulus」，在拉丁文的原意為「小量」。

我們還記得，綁磚塊的那條繩子在磚塊的重量之下，應變為百分之〇．五，或〇．〇〇五，磚塊所施加的應力為二四．五MN／m^2，或三六〇〇psi。因此，繩子的楊氏模數為

$$\frac{應力}{應變}=\frac{24.5}{0.005}$$

$$=4{,}900\frac{MN}{m^2}=720{,}000\,psi$$

勁度或楊氏模數的單位

由於我們在計算的時候，是將應力除上一個分數（換言之，就是一個沒有因次〔dimension〕的數字），因此楊氏模數的因次與應力一樣，會用應力的單位來表示，也就是MN／m^2、psi或kgf／cm^2。不過，由於楊氏模數可以視作讓材料拉伸到兩倍長度的應力（也就是應變為百分之百時的應力；當然，前提是

材料在此之前不會先斷裂），因此楊氏模數往往十分巨大，有些人會覺得難以想像。

楊氏模數的實際數值

表一列出數種常見的生物與工程材料之楊氏模數，最低的一端是懷孕的蝗蟲之角質層（以生物材料來說算低，但不算特別低。順帶一提，雄性蝗蟲和未交配的雌性蝗蟲角質層楊氏模數遠比這個高），一直排列到最高的鑽石。表中可以看出，勁度的差異將近六百萬倍。換言之，差異非常大。第八章會談論為什麼會有這麼巨大的差異。

我們可能會發現，表中沒有列出許多常見、柔軟的生物材料。這是因為它們的彈性不遵守虎克定律，就算只想取個大概也無法，因此無法替它們定義出楊氏模數——最起碼，以我們目前談論的狀況來說無法定義。我們會在後面回過頭來看這一類的彈性。

楊氏模數現今被認為是一個基本概念，在工程學與材料科學中處處可見，而且也漸漸在生物學中出現。但是，工程界一直到了十九世紀前半才總算弄懂這個概念。這有一部分純粹是因為工程界的心態保守，也有一部分是因為我們到了近代，才有了應力與應變的概念讓我們運用。

有了應力與應變的概念之後，楊氏模數的概念就實在再簡單、再明顯不過了。但是，沒有應力與應變的概念，這整個會難到無法理解。楊格在當時是絕頂聰明的才子，日後更會成為解讀埃及象形文字的功臣之一，但他在這一方面顯然在頭腦裡一再掙扎。

他在一八〇〇年前後進行研究時，採用的方法和我們所用的大相逕庭。他在思考這個問題時，想的是我們現今所稱的「比模數」（specific modulus）：以某個材料製成的柱子，在自身的重量之下，應該

表一　各種固體約略的楊氏模數

材料	楊氏模數（E） psi	楊氏模數（E） MN/m^2
懷孕蝗蟲的角質層＊	30	0.2
橡膠	1,000	7
蛋殼膜	1,100	8
人類軟骨	3,500	24
人類肌腱	80,000	600
灰泥牆板	200,000	1,400
未強化的塑膠、聚乙烯、尼龍	200,000	1,400
三夾板	1,000,000	7,000
木材（縱剖木紋）	2,000,000	14,000
新鮮的骨頭	3,000,000	21,000
鎂（金屬）	6,000,000	42,000
普通玻璃	10,000,000	70,000
鋁合金	10,000,000	70,000
黃銅與青銅	17,000,000	120,000
鐵與鋼	30,000,000	210,000
氧化鋁（藍寶石）	60,000,000	420,000
鑽石	170,000,000	1,200,000

＊ 本數據由雷丁大學（University of Reading）動物學系教授朱利安·文森博士（Dr. Julian Vincent）提供

會縮短多少？楊格在一八〇七年給自己的模數定義如下：「任一材料的彈性模數，為該材料製成的柱子因其重量對其底部施加之壓力，造成一定程度之壓縮，並依該材料之長度比其縮短之長度。」*

經歷這些以後，埃及象形文字大概簡單多了。

有一位和楊格同時期的人這樣形容他：「他使用的不是一般常用的文字，鋪陳的想法也鮮少和他的言談相同。他絕對是我所認識的人當中，最不擅長傳授知識的人。」雖然如此，我們必須意識到，讓楊格飽受折磨的想法，假如沒有應力與應變的概念幾乎無法表達出來，但應力與應變的概念又要再等十五到二十年後才會出現。楊氏模數現今的定義（E＝應力／應變），是法國工程師克勞德—路易・納維（Claude-Louis Navier，一七八五—一八三六）在一八二六年提出的，三年後楊格便與世長辭。柯西發明了應力與應變的概念，日後被法國政府封為男爵。他也確實該被封爵才對。

強度

這裡必須明確區分結構的強度和材料的強度。結構的強度，單純只是會導致該結構破壞的載重（單位可以是磅力、牛頓，或公斤力）。這個數值稱作「破壞載重」（breaking load），當然只適用於單一、特定的結構。

材料的強度，是讓該材料本身破壞所需的應力（單位可以是psi、MN／m^2，或kgf／cm^2）。只要是同一

---

* 英國海軍部致楊格的信：「眾位大臣十分推崇科學，您的論文也相當受到賞識，但內容恐怕太過艱澀……簡單來說，它無法理解。」

表二　各種固體約略的抗拉強度

材料	抗拉強度 psi	抗拉強度 MN/m^2
非金屬		
肌肉組織（剛死不久）	15	0.1
膀胱壁（剛死不久）	34	0.2
胃壁（剛死不久）	62	0.4
腸（剛死不久）	70	0.5
動脈壁（剛死不久）	240	1.7
軟骨（剛死不久）	430	3.0
水泥與混凝土	600	4.1
一般磚塊	800	5.5
新鮮皮膚	1,500	10.3
皮革	6,000	41.1
新鮮肌腱	12,000	82
蔴繩	12,000	82
木材（風乾）：纖維方向	15,000	103
垂直纖維方向	500	3.5
新鮮骨頭	16,000	110
一般玻璃	5,000–25,000	35-175
人類頭髮	28,000	192
蜘蛛網	35,000	240
高品質陶器	5,000–50,000	35–350
絲	50,000	350
棉花纖維	50,000	350

材料	抗拉強度	
	psi	MN/m^2
羊腸	50,000	350
亞麻	100,000	700
玻璃纖維塑料	50,000–150,000	350–1,050
碳纖維塑料	50,000–150,000	350–1,050
尼龍線	150,000	1,050
鋼		
鋼製鋼琴絃（極脆）	450,000	3,100
高張力工程鋼	225,000	1,550
市售軟鋼	60,000	400
鍛鐵		
傳統鍛鐵	15,000–40,000	100–300
鑄鐵		
傳統鑄鐵（極脆）	10,000–20,000	70–140
現代鑄鐵	20,000–40,000	140–300
其他金屬		
鋁：鑄造	10,000	70
鍛造合金	20,000–80,000	140–600
銅	20,000	140
黃銅	18,000–60,000	120–400
青銅	15,000–80,000	100–600
鎂合金	30,000–40,000	200–300
鈦合金	100,000–200,000	700–1,400

個固體材料，不管是什麼物品，這個數值通常都一樣。我們最常使用的數值是材料的抗拉強度（tensile strength），有時亦稱作「極限拉應力」（ultimate tensile stress）或U.T.S.。若要得到這個數值，通常要在試驗機裡弄斷一些小試片。當然，我們之所以要計算強度，往往是因為已知某個材料的強度，再由此預測採用該材料製造的結構的強度。

表二列出許多材料的抗拉強度。和勁度相同的是，不論是生物或工程用的固體材料，強度的變異範圍都非常大。舉例來說，肌肉的抗拉強度很弱，但肌腱的抗拉強度很高，也因此如果分別看截面，可以看出肌肉和相對應的肌腱有明顯的差別。小腿上厚到可能會高高隆起的肌肉，會將它們的張力傳到腳跟的骨頭，讓我們能走能跳；但負責傳送張力的阿基里斯腱（又稱跟腱）雖然細如鉛筆，卻仍然足以勝任這個工作。另外，我們也看得出為什麼工程師不會輕易讓混凝土承受張力，除非有強度高的鋼筋幫忙強化這種脆性的材料。

整體來說，高強度的金屬會比高強度的非金屬更強。不過，幾乎所有金屬的密度都遠高於大部分的生物材料（鋼的比重為七．八，大部分動物組織的比重為一．一）。因此，若一併考量強度和重量，金屬和動、植物相比其實不算太出眾。

以下歸納本章的重點：

應力＝荷載／面積

應力表示的是固體受力時，內部任一定點的原子**多用力**被拉開或被擠壓。

應變＝荷載時的拉伸／原始長度

應變表示的是固體內部任一定點的原子被拉開或擠壓**多遠**。

應力與應變是不同的東西。

強度。如果我們講某個材料的**強度**，通常指的是讓這個材料破壞的應力。

楊氏模數＝應力／應變＝E

楊氏模數表示的是材料有多強勁，或有多鬆垮。

強度與勁度是不同的東西。

引述《高強度材料新論》：「餅乾的勁度高，強度低；鋼的勁度高，強度高；尼龍有彈性（E值低），強度高；樹莓果醬有彈性（E值低），強度低。你覺得兩個數字能描述一個固體到什麼樣的地步，這兩項特性合起來差不多就到那個地步。」

若你覺得這一方面讓你感到疑惑或混亂，也許以下這件事能讓你欣慰：不久以前，我在劍橋花了一整晚，向兩位名聲響亮到驚天動地的科學家說明應力、應變、強度與勁度的差異，而且這還攸關一項極其昂貴、預計由他們擔任政府顧問的計畫。我至今還是不知道我是否有成功。

第4章

為安全著想的設計

（或稱：計算出來的強度數值真的能相信嗎？）

在廣大悠遠的歌聲裡
將那明宮在空中一舉肇造
日光的穹窿，冰鎮的地窖！
凡聽聞者皆親眼目擊，
並且大聲呼號：看啊看啊——

——撒繆耳．泰勒．柯律治（Samuel Taylor Colderidge），〈忽必烈汗〉（Kubla Khan）（中譯：《英詩漢譯集》，楊牧編譯）

所有與應力與應變有關的事當然都只是手段而已，真正的目的是要讓我們設計出更安全有效的結構和設備，並且更明白各種東西怎麼運作。

大自然顯然才不管這一切。地上的百合花不會費力勞動或計算，但它們的結構很可能非常精良，一般來說大自然比起人類是較好的工程師。一方面大自然比人類更有耐性，另一方面，大自然在設計時，採用的過程也和人類不太一樣。

生物體成長時，RNA－DNA機制（也就是威爾金斯〔Maurice Wilkins〕、克里克〔Francis Crick〕和沃森〔James Watson〕著名的「雙螺旋」）會控制各個部位大致的組合方式。*不過，一旦大致的組合方式確定後，每個動物或植物個體的細部結構都有不少的變化空間。每個會荷重的構件要有多厚、要怎麼組成，都要看它會被用來做什麼，以及生物體一生當中需要對抗哪些力量。**因此，生物結構通常會根據它的強度達到最佳比例。大自然的設計似乎是以實用為導向，不是用數學來決定。不管怎麼說，如果某個設計不佳，總有個設計精良的東西會吃掉它。

可惜的是，人類工程師目前還無法採用這些設計方法。他們只好用猜測或計算，更常見的是猜測與計算並用。不論是為安全著想或有效率的考量，如果有辦法預測工程結構的各個部位會怎麼分擔荷載，藉此確定每個部位應該要多厚或多細，這樣當然最理想。一般來說，我們會想要知道結構荷載時會怎麼變位，假如結構太柔性，就像強度不足一樣，是件壞事。

重理論的法國人，重實用的英國人

強度和勁度兩個基本概念被描述出來、被大家理解之後，不少數學家便設法發展出方法來分析二維和三維空間內的彈性系統，並開始用這些方法來檢視各種不同形狀的結構荷載時會發生什麼事。不知為

* 參見：*The Double Helix*, by James D. Watson, Weidenfeld & Nicolson, 1968。

** 反之亦然：太空人在太空經歷一陣子無重力狀態後，骨骼會因為鈣質流失而變脆弱。

何，在十九世紀前半時，這些理論彈性力學家多半是法國人。也許「彈性力學」這個概念剛剛好跟法國人的個性不謀而合，*但實際上，直接或間接促成這方面研究的動力，可能來自拿破崙一世，和一七九四年成立的巴黎綜合理工學院（École Polytechnique）。

由於這大半是抽象的數學研究，到了大約一八五〇年，實務工作的工程師才開始理解和接受，在英國和美國更是如此——因為大家認為務實的男人遠比「空談理論的泛泛之輩」來得高尚。更何況，一個英國人本來就會勝過三個法國人。蘇格蘭工程師湯瑪士．泰爾福德（Thomas Telford，一七五七—一八三四）建造的橋梁至今仍然備受推崇。以下的文字是關於他的描述：

> 他格外憎恨數學，也從來沒有研讀過基本的幾何學；他對這方面的厭惡十分強烈，甚至有次我們推薦一位朋友到他辦公室工作，他發現這位年輕新人的數學能力出眾後，竟然直接說他認為這樣的能力沒有用處，反而是一件失格的事。

不過，泰爾福德確實是一位偉人，而且和著名海軍統帥納爾遜（Horatio Nelson）一樣，迷人之處是自信滿滿又不忘謙卑：梅奈吊橋（Menai Suspension Bridge）粗重的索鏈在群眾歡呼之下成功吊起時，有人在遠離人群處發現泰爾福德跪在地上感謝上蒼。**

但不是所有的工程師都和泰爾福德一樣內心謙遜，盎格魯撒克遜民族此時的心態往往既不願增進學識又驕矜狂妄。雖然如此，計算出來的強度數據究竟可不可信，存疑的人也確實有理。我們需要明白一件事：泰爾福德等人並不是反對採用數學——他們跟任何人一樣，會想要知道他們使用的材料有哪些受力——而是反對得到這些數值的方法。他們覺得理論學家往往太注重讓理論優雅，因而沒注意到這些理論建立在什麼樣的假設上，所以答案雖然對，問的問題卻錯了。換句話說，他們擔憂數學家的狂妄比實用主義者的狂妄更危險，畢竟實用主義者更有可能曾經被實務經驗挫傷銳氣。

和所有成功的工程師一樣，北英格蘭精明能幹的顧問工程師發現，當我們用數學進行分析時，其實是替我們想要檢視的東西做出一個人造的工作模型。我們會希望這個用代數建立的模型運作起來和實物夠相似，好讓我們理解更透徹，也讓我們的預測有用。

在物理、天文等吸引眾人目光的領域裡，理論模型和現實幾乎吻合，因此有人會覺得大自然是神界的數學家。凡界數學家也許會覺得這種觀點非常美妙，但在某些情況下，數學模型確實要謹慎使用才對。翱翔天際的老鷹，岩地上爬行的蛇，航行海洋的船，或男女之間的行為舉止，都難用分析的方法去預測。我們有時難免會懷疑，數學家怎麼會有辦法找到結婚的對象。所羅門王打造他的聖殿後，八成還補上了一句：海上的船、天上的老鷹，最起碼和荷載的結構有不少相似之處。

這些東西有個問題是很多現實生活中會發生的情況太複雜，無法以單一數學模型表示。以結構來說，可能破壞的方式往往會有好幾種。哪一種方式最脆弱，結構自然就會用這種方式破壞——而且這往

* 索菲・熱爾曼（Sophie Germain，一七七六－一八三一）差不多是唯一一位在彈性力學領域有成就的女性，她也是法國人。英國在這個時期學識最高、最重視理論的工程師是馬克・布魯內爾爵士（Sir Marc Brunel，一七六九－一八四九）和伊桑巴德・金德姆・布魯內爾（Isambard Kingdom Brunel，一八〇六－一八五九）父子，兩人有法國血統，很可能也跟這個有關。

** 有些著名工程師將英國完全不管數學的傳統延續到二十世紀，其中一位是亨利・萊斯爵士（Sir Henry Royce），不過他畢竟創造出「世界上最好的汽車」。

往是最沒有人想到的，連想都沒想到的話，更別說計算相關數值了。

工程師最珍貴的能力之一是對於材料及結構直覺地欣賞與執著，像納維等巴黎綜合理工學院出身的工程師，採用最「現代」的理論設計出來的橋梁，有些還是會倒塌。就我所知，泰爾福德在漫長的職業生涯裡建造了數百座橋梁和其他工程，但沒有任何一項出了嚴重的問題。因此，在法國結構理論當道之時，來自英格蘭和蘇格蘭的工程師蓋了歐陸大半的鐵路和橋梁。這些工程師堅忍、頑固、木訥，又對數學計算嗤之以鼻。

安全係數（factors of safety）與無知係數（factors of ignorance）

雖然如此，到了大約一八五〇年後，連英國和美國的工程師也開始計算像是大型橋梁重要結構的強度。他們用當時的方法計算出拉應力可能的最大值，卻發現這樣算出來的數值低於材料正式發布的「抗拉強度」。為了確保他們的計算無誤，他們用簡單、平滑、主幹兩邊平行的試件，將之拉斷以測出材料的強度，然後把計算出來的工作應力降低，使它遠低於試驗出來的材料強度，可能比材料強度低了三、四倍，甚至七、八倍。*這被稱作「採用安全係數」。假如為了減輕重量或降低成本，而降低安全係數，災難幾乎一定降臨。

意外很可能會被歸咎為「材料瑕疵」，而且有些意外八成真的是這個原因造成的。不同的金屬試片，強度當然可能會有差，任何結構也多少有材料品質欠佳的風險。不過，鋼與鐵的強度變異範圍通常低於百分之十，很少會差到三、四倍這麼多，更遑論七、八倍。實際上，理論強度與實際強度如果有這麼大的落差，一定有其他原因。結構裡一定有某個地方實際承受的應力遠高於計算出來的數值，只是不知道是在結構內的哪個地方，因此「安全係數」有時也稱作「無知係數」。

十九世紀的工程師經常會用鍛鐵或軟鋼製造鍋爐、大梁、船舶等會承受拉應力的物品。這一類的材料被認為是「安全」的，而且就某種程度來說也確實安全。只要在計算強度時採用很大的無知係數，這樣的結構往往表現不差，但事實上意外仍然頻傳。

在船舶方面，這方面的問題愈來愈常見。為了讓船速增快，同時又要減輕重量，英國海軍部和造船廠吃了不少苦頭。因為即使計算出來的拉應力看起來安全無虞，船在海上還是經常斷成兩截。舉例來說，使用渦輪發動機的眼鏡蛇號（H.M.S. Cobra）驅逐艦，在當時航行速度名列世界前茅，但一九〇一年時，這艘新船突然在北海斷成兩截。意外發生時的天氣並不惡劣，但總共有三十六人喪生。後來的軍事法庭和海軍部調查委員會，都沒有找出是哪些技術問題導致這場災難。

因此，海軍部在一九〇三年用結構相似的狼號（H.M.S. Wolf）驅逐艦，在惡劣的天氣中在海上進行實驗。他們實測船身得到應變的數值，由此推得應力的大小，但設計造船時計算出來的應力其實還比實測的應力高了一些。就當時所知，船身採用的鋼材之「強度」遠遠高過這兩個應力數值，安全係數為五至六倍，所以這些實驗並沒有增進太多新知。

應力集中，或稱：裂縫是怎麼開始的

釐清這類問題的第一步，並不是靠花費極高的全尺寸結構試驗，而是用理論分析達成的。查爾斯．

＊即使到了一九一〇年，還有人在設計蒸汽火車頭的連桿時，採用高達十八倍的安全係數。

艾德華·英格里斯（Charles Edward Inglis）日後成為劍橋大學工程學教授，而且完全不是一位「孤僻沒效用的教書匠」；一九一三年時，他在《造船師學會學報》（*Transactions of the Institution of Naval Architects*）發表了一篇論文，但論文的影響力和應用範圍遠遠超出船身的強度。

英格里斯對彈性力學家的批評，據稱和索爾茲伯里男爵（Lord Robert Cecil, 3rd Marquess of Salisbury）對政客的批評一樣：只用小型的圖表是天大的錯誤。將近一百年以來，彈性力學家一直用廣義、拿破崙時代的方式來計算應力的分布，而且不覺得這有什麼問題。英格里斯證實，只有在材料與結構的表面平滑，形狀沒有突然改變時，這種作法才適用。

孔洞、裂縫、稜角等幾何不規則形狀以前被人忽略，但它們有可能導致局部應力增加，影響範圍雖然非常小，但增加的幅度卻是非常劇烈。因此，如果材料出現孔洞或凹痕，即使附近整體承受的應力不高，緊鄰孔洞或凹痕的應力可能會遠遠高過材料的斷裂應力，但如果用整體來計算，結構卻會看起來安全無虞。

當然，這件事早就有人略懂，去問負責在整片巧克力上刻紋的人，或是在郵票或其他紙張打上齒孔的人就知道了。裁縫師如果要撕下一塊布，會先在布邊剪一道再沿著撕下來。但正經的工程師認為這種破裂現象不屬於「真正的」工程學，所以沒有認真當一回事看待。

平整的固體裡一旦出現孔洞或裂縫，應力會局部增加，這是一個非常容易解釋的現象。（圖一 a）表示一個平整的棍棒或一片材料，並承受著均勻的拉應力 s。貫穿材料的直線代表應力軌跡（stress trajectory），也就是分子之間轉移應力的常見軌跡，此例當然是間隔均勻的平行直線。

假如我們在材料裡弄出一道刻痕、裂縫或孔洞，這些軌跡所代表的作用力就必須設法因應。接下來

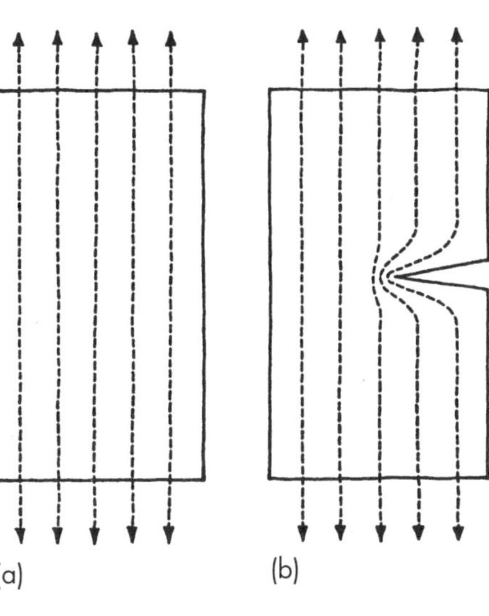

(a)　(b)

發生的事大致不出所料：作用力必須繞道避開縫隙，此時應力軌跡也會聚在一起，聚集的程度取決於孔洞的形狀（圖一b）。舉例來說，如果裂縫非常深，裂縫末端的應力軌跡很可能會非常集中，因此這裡每單位面積所承受的作用力更高，局部的應力也會很高（照片二）。

英格里斯算出遵守虎克定律的固體若出現橢圓形的洞，洞的頂端會增加多少的應力。*雖然嚴格來說，他的計算只能用在橢圓形的洞，但用來計算其他形狀的洞也還算準確。因此，這不僅能用來計算船和飛機等結構上的舷窗、門和艙口，也能用在各種其他材料和物體的裂縫、刻痕和孔洞，像是補牙的填充物等等。

若用簡單的代數來表示英格里斯的發現，如果某材料承受遠方外加的應力 s，我們在該材料上弄出一個凹痕、孔洞、裂縫，或任何其他形式的凹陷，其深度或長度為 L，凹陷頂端的半徑為 r，那麼凹陷頂端和緊鄰處的應力就不再只是 s，而是變成：

$$s\left(1+2\sqrt{\frac{L}{r}}\right)$$

＊事實上，德國的恩斯特．古斯塔夫．基爾施（Ernst Gustav Kirsch，一八四一－一九〇一）已經在一八九八年計算出圓形的洞對受拉的面板造成的影響，俄國的古里．柯羅索夫（Gury Kolosov，一八六七－一九三六）也在一九一〇年推導出橢圓形洞的算式，但就我所知，英國造船界對這些研究結果幾乎毫不知情。

如果孔洞為圓形或近似圓形（即$\sqrt{\frac{L}{r}}$），應力為3s。但門框、艙口等開口經常會有銳角，此時r會很小，L會很大，因此角落處的應力可能會很大——大到足以讓船斷成兩截。

在狼號驅逐艦的實驗裡，船身各處都裝了測量應變的伸縮儀和應變計，因此可以測量船身鋼板的伸長或彈性變形。由量測的應變，可輕易算得應力。但是，艙口或其他開口附近都沒有放置伸縮儀。如果這些地方有裝設伸縮儀，這艘船在英國南方波特蘭島（Isle of Portland）外海衝進急潮的頂頭浪時，一定會出現非常駭人的數據。

如果我們看的不是艙口，而是裂縫，情況只會更糟。裂縫雖然會有數公分長，甚至數公尺長，但頂端的半徑可能小到只有幾個分子的長度——小於百萬分之一公分，因此會非常大，導致裂縫頂端的應力是材料其他地方的幾百倍，甚至上千倍。

假如直接看英格里斯算出的數值，我們好像不可能做出安全的拉力結構。事實上，像金屬、木材、繩索、玻璃纖維、紡織品，和大多數生物材料等真正會承受拉力的材料，都相當「強韌」。如下一章所述，這表示它們多多少少有些精細的機制，可以對抗應力集中的效應。但即使是最強韌的材料都只有相對的保護力，任何拉力結構都多多少少會受到影響。

不過，科技使用的是「脆性固體」（brittle solid），像玻璃、石材、混凝土等，這些材料就缺乏保護機制了。換句話說，英格里斯在計算時所採取的假設和這些材料十分吻合。另外，若要讓這些材料變弱，我們不需要再刻上會增加應力的凹痕，因為大自然已經做這件事了。就算我們還沒開始用它們來製造結構，真正的固體幾乎一定都會有各式各樣的孔洞、裂縫和刮傷。

正因如此，在會承受拉應力的情況下使用脆性固體，是不智之舉。當然，石造建築、道路等結構會廣泛使用這些材料，因為它們在這些情況下理論上會受到壓縮。在無法完全避免拉力的情況下，像是玻璃窗，我們必須謹慎確保將拉力減到最小，並且使用非常高的安全係數。

在談論應力集中時，我們還需要留意一件事：材料會變弱，不一定是孔洞、裂縫等瑕疵造成的。有時增加材料導致勁度突然局部增加，這樣也會造成應力集中。因此，如果我們在一件舊衣服上縫了一塊補丁，或是在戰艦船身最薄處補上一片厚重的裝甲，這樣不會有好下場。*

這是因為不只是應變太高的地方像孔洞，會導致應力軌跡改變，應變太低的地方像勁度太高的補丁也會。簡而言之，結構內任何彈性與其他地方相差太大之處，都會造成應力集中，因此可能會有危險。

假如我們是為了「強化」而進行補強，就必須要小心，免得適得其反。在我個人的經驗裡，保險公司和政府機構雇用的稽查員常常會堅持要用角板和腹板，來「強化」壓力容器和其他結構，但這些東西非但無法防止意外，有時甚至就是釀成意外的原因。

一般來說，大自然還算擅長預防這一類的應力集中。不過，我們可能會覺得骨科手術特別要注重應力集中的狀況，特別是在相對有彈性的骨頭裝上高勁度的金屬關節時。

附註：在英格里斯的公式裡，L 指的是裂縫從表面向內延伸的長度，也就是材料內部裂縫長度的一半。

*「局部加強導致整體變弱。」——羅伯特・塞平斯爵士（Sir Robert Seppings，一七六七—一八四〇），一八一三至一八三二年間擔任英國海軍驗船師。

第5章

應變能和現代的破壞力學

——兼論弓、投石機和袋鼠

畜牲一般的人不曉得，愚昧人也不明白。

〈詩篇〉九十二（《聖經》和合本修訂版）

如上一章所述，十九世紀的數學家找到比較廣義、學院派的方法，來計算應力的分布和大小，這無疑是重大成就。但是，許多實務的工程師才剛剛開始接受這一類的計算，英格里斯又讓他們起疑。英格里斯用彈性力學家的代數計算方法，指出看似安全的結構裡只要出現一點點意料之外的瑕疵，就有可能造成應力局部增加，超出材料可承受的斷裂應力，因而導致結構過早破壞。

事實上，如果我們用英格里斯的公式，會發現只要拿一根一根普通的尖釘，在福斯橋的桁架上稍稍用力一劃，這一劃所造成的應力集中就足以導致整座橋破壞，墜入海中。但是，橋梁很少會因為有人用尖釘刮了一下就垮掉。事實上，機械、船舶、飛機等實際上能運作的結構無不充斥著各種孔洞、裂縫和刻痕造成的應力集中，但這些在現實生活中很少有危險。事實上，它們通常完全無害，不過有時候結構也確實會破壞，這樣就有可能造成嚴重的意外。

五、六十年前的工程師察覺到英格里斯的公式代表的意義後，傾向用「延性」（ductility）來說明他們慣用的金屬，藉此規避這個問題。大多數具有延性的金屬會有像圖九的應力—應變曲線。當時的人常說，裂縫尖端的金屬承受的應力過高時，會直接變成塑性（plastic）流動緩解過高的應力。因此，裂縫尖端的銳角可以視作「圓弧狀」，這樣就能減少應力集中，回復到安全的狀態。

這種說法和許多官方說詞一樣，至少有一部分為真，但其實和事情全貌相去甚遠。在許多狀況下，金屬的延性不能完全緩解應力集中，而且局部的應力的確往往遠高於材料的「破壞應力」。一般廣為接受的斷裂應力值是在實驗室中以樣本測得，再收錄到對照表和參考書籍裡出版。

但長年以來，假如有人提出的揣測足以瓦解大家的信心，讓人開始懷疑常用的結構強度計算方法可能有問題，圈內不會歡迎這樣的臆測。我還是學生時，幾乎沒有人會提英格里斯的名字，有風度的工程師不會談論這方面的疑慮和困境。從實務的觀點來看，這種心態或許合理，畢竟只要謹慎採用安全係數，傳統幾乎完全忽略應力集中的強度計算方法，通常確實可以用來預測大多數傳統金屬結構的強度。事實上，現今的政府和保險公司所採用的安全規範，幾乎全建立在這些傳統計算方法之上。

不過，即使是圈內最頂尖的人也偶爾會碰上醜聞。舉例來說，白星航運（White Star Line）噸位達五萬六千五百五十一噸的輝煌號（RMS *Majestic*）在當時是世界上最大、最華麗的客船。一九二八年為了新增一台載客電梯，好幾層的強力甲板（strength deck）切出長方形的洞口，洞口四角十分銳利。後來在紐約到英國南安普敦（Southampton）的航程途中，某一個甲板切口開始出現一條裂縫，而且一路延伸到船緣，再沿著船緣往下繼續延伸了好幾英尺，最後幸好碰到舷窗才止住。這艘船載了將近三千人，幸好有平安抵達南安普敦，乘客和媒體都沒有被告知這件事。巧合的是，世界第二大的利維坦號

（*SS Leviathan*）剛好在大約相同時間也發生一模一樣的事。這艘美國籍的客船最後也安全抵港，而且也沒人知道船上發生這件事。假如裂縫再擴大一些，導致這兩艘船在海上斷裂，死亡人數很可能非常可怕。

像船舶、橋梁、鑽油井等大型結構發生極慘烈的意外，一直要到第二次世界大戰期間才變得比較常見，而且戰後這些年來還愈來愈頻繁。多年來的死傷和財產損失讓我們發現，虎克、楊格、納維等十九世紀數學家建構出來的彈性力學家雖然相當有用，而且也不應被忽略或摒棄，但光是彈性力學不足以準確預測結構，特別是大型結構是否會破壞。

用「能量」的概念來分析結構

我看見你所作所為，
但不見你本人是誰。
我感受到你也聽見你，
卻完全看不到你自己。

羅伯特．路易斯．史蒂文森（Robert Lewis Stevenson），
《兒童詩園》（*A Child's Garden of Verses*）

一直到最近，課堂上教導彈性力學時都用應力、應變、強度、勁度等概念來探討，簡言之就是力與距離的語彙。本書到目前為止也都是用這方面的語彙，我猜大部分的人會覺得用這種方式思考彈性力學

最容易理解。不過，只要更深入了解大自然和科技，就會更懂得用能量來理解這件事。這種思考方式可以帶來更多啟發，也是現今探討材料力學和結構行為的根基。換言之，現今蔚為風潮的「破壞力學」（fracture mechanics）就是從能量出發的。這種觀點能帶來不少收穫，除了能知道工程結構為何會斷裂，還能知道各種其他的事情——像是更理解歷史上和生物體裡發生的事。

但十分可惜的是，「能量」一詞在口語中的意思，導致許多人弄不清楚這個概念。英文energy一詞和stress和strain一樣，會用來描述人的狀態。以energy而言，常常會指多管閒事、到處騷擾人的傾向。但我們接下來用這個詞的時候，代表的是一種精確、客觀、物理上的數值，和口語中的意思幾乎沒關聯。

「能量」在科學上的正式定義是「做功（work）的能力」，次為「作用力乘以距離」。將一個十磅重的物體舉到五英尺的重物，就必須做五十英尺—磅的功，重物會因此獲得五十英尺—磅的「位能」（potential energy）。位能會暫時鎖在這個系統裡，但只要讓重物掉落下來，位能就可以釋放出來，而釋放出來的能量又能用來做總功為五十英尺—磅的事情，像是驅動時鐘的機構，或是打破湖面上的冰。

能量能以各種不同的形式存在——位能、熱能、化學能、電能等等。在材料的世界裡，所有的事件都是能量從一種形式轉換成另一種形式。以物理學的觀點來看，「事件」就是這個意思。能量轉換時只會依循特定、清楚的規則，最主要的規則是不能無中生有。能量無法創造或消滅，所以任何物理行為前後的總能量不會改變。這個原則稱作「能量守恆」（conservation of energy）。

正因如此，能量可以視作貫通各門科學的概念，我們常常可以用一種像會計記帳的方式，追蹤能量怎麼在各種不同的形式之間轉換，由此得知很多事情。若要這樣做，我們必須使用正確的單位。不出所料，傳統的能量單位十分龐雜又混亂。機械工程師慣用英尺—磅，物理學家愛用耳格（erg）和電子伏特（electron-volt），藥師和營養學家會用卡路里，但我們的瓦斯帳單會用捨姆（therm），電費帳單會用千瓦小時（kilowatt-hour）。[1] 這些單位當然都能彼此互換，不過我們現在有充分的理由採用標準的國際單位，也就是焦耳（joule），其定義為一牛頓作用力經過一公尺所做的功。*

我們雖然有辦法精準測出能量，但許多人覺得這個概念比作用力或距離等概念難理解。正如史蒂文森那段詩的描述，我們若要理解能量，只能透過它所帶來的作用。也許是因為這樣，科學界比較晚才出現能量這個概念，現代的定義最早由楊格在一八〇七年提出。能量守衡的概念要到十九世紀晚期才被廣為接受，而且一直要到愛因斯坦和原子彈之後，世人才真正認知能量的重要性：它是一個統一切的概念，潛藏在現實種種之下。

當然，能量在使用之前有各種不同的儲存方式，包括化學能、電能、熱能等等。如果我們要使用機械方法，我們可以採用上述的概念，也就是重物舉起時具備的位能。不過，這種儲存能量的方式相當粗糙，而且應變能（strain energy），也就是彈簧具備能量的概念事實上比較有用處，在生物學和工程學上也更廣為應用。

彈簧上緊時當然會儲存能量，但如虎克所說，任何固體荷重時都會有這樣的狀態，真正的彈簧只是這種狀態的一個特例而已。因此，所有承受應力的彈性材料都會儲存應變能，至於是拉應力或壓應力，差別並不大。

假如某個材料遵守虎克定律，材料內的應力會從零開始，材料完全拉伸時會達到極大值。應力應變圖（圖一）灰色處是材料內每單位體積的應變能，亦即：

$$\frac{1}{2}\times 應力\times 應變$$
$$=\frac{1}{2}se$$

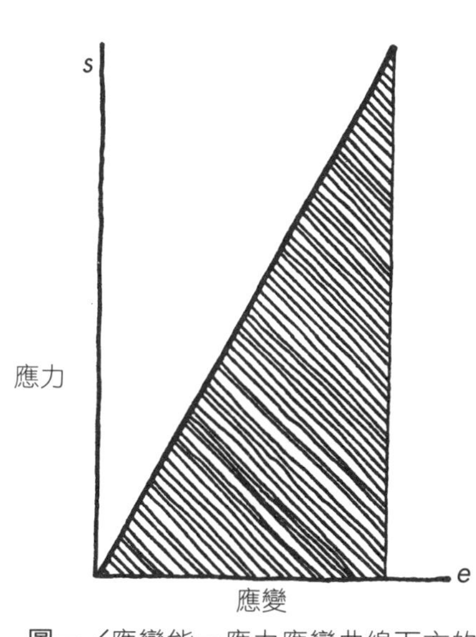

圖一／應變能＝應力應變曲線下方的面積＝½se。

汽車、滑雪選手，和袋鼠

我們都熟知汽車彈簧裡的應變能。假如車子裡沒有彈簧，車輪每次經過路面凸起時，位能和動能（kinetic energy，運動狀態的能量）都會發生劇烈的轉換。這種能量轉換對乘客不好，對車子也不好。很久以前，有個天才發明了彈簧。簡單來說，彈簧只是一個能量儲存庫，當位能改變時可以暫時以應變能的形式儲存起來，讓行車變得平穩，並避免車輛和乘客被震得粉碎。

近年來，工程師耗時耗力改進車輛的懸吊系統，他們在這方面也確實極盡巧思。不過，各種大大小

1 捨姆為舊用的熱能單位，一捨姆等於十萬英熱單位（British thermal unit, BTU）。一千瓦小時即一度電。

*「一焦耳（J）＝十的七次方耳格＝〇．七三四英尺－磅＝〇．二三九卡路里。值得注意的是，一焦耳大約等於一顆普通的蘋果從一般高度的桌面落地時的能量。

小的車輛所行駛的道路，主要的功用就是讓車輛可以在平順的表面上行進。因此，汽車的懸吊系統只需要消除極小或殘存下來的凸起即可。如果車輛必須在崎嶇的地表上極速前進，這樣所需的懸吊系統會很難設計。這種情況會需要非常大且重的鋼製彈簧，才有辦法儲存那麼大的能量，但這種大小的彈簧本身就會增加極大的簧下重量（unsprung weight），因此整個工程很可能無法實現。

我們再來看看滑雪。即使地表都被雪蓋住，滑雪道通常都遠比任何正常路面來得顛簸。就算用防滑材料像是沙覆蓋一般的滑雪道，讓汽車可以在上面行駛而不打滑，如果真的用滑雪選手般大約時速八十公里的高速在上面開車，無疑是自殺，因為懸吊系統完全無法承受衝擊。但是，滑雪選手的身體當然需要承受一模一樣的衝擊。事實上，雙腿的肌腱似乎會吸收大半的衝擊能量，而肌腱的總重量可能不到半公斤。*因此，假如我們要高速滑雪但不受重傷，或是做出其他驚人的體能特技，我們的肌腱需要可靠地儲存和釋放極大的能量。這是肌腱一部分的功用。

表三列出各種材料約略的應變能儲存能力。工程師看到自然材料和金屬的相對效能可能會感到訝異，但看到肌腱和鋼的數值後，多少可以理解滑雪選手和動物的性能表現。表中可看出，以每單位重量而言，肌腱可以儲存的應變能大約比現代彈簧鋼（spring steel）高二十倍。假如把他們當作應變能儲存裝置來看，滑雪選手比大部分的機械更有效率，但即使是受過訓練的選手都比不過一隻攀上山坡的鹿，或是樹上的松鼠或猴子。和人類相比，這些動物的肌腱占牠們體重的比例有多高，值得我們去研究。

袋鼠等動物靠跳躍前進，每次著地時，肌腱必須儲存能量。有一位澳洲人跟我說，袋鼠肌腱的應變能儲存能力出奇地好，但可惜我無法提出任何精確的數值。但我認為，假如有人想要推出效能更好的彈跳棒（pogo stick），彈簧的材料不妨採用袋鼠肌腱，或是任何一種肌腱都好。小型飛機需要在艱困的情況於崎嶇的地面上降落，因此設計往往會以橡膠帶固定起落架，因為橡膠帶儲存應變能的能力遠比鋼製彈簧好，而且也比肌腱好，只是沒那麼耐用。

應變能除了讓汽車、飛機和動物的懸吊系統發揮作用外，也是各種結構的強度和破壞方式之關鍵。但在談論破壞力學之前，我們也許應該花點時間談談應變能的另一種應用方式：弓、投石機等武器。

弓

> 我會拿神聖的奧德修斯的巨弓，誰能輕易用雙手替弓上弦，並射穿全部十二把斧頭，我就會跟隨他離開我連理之地，美好又美滿之家，但願我會在夢中思念它。
>
> 荷馬，《奧德賽》，卷二十一，佩涅洛佩（Penelope）之言

* 由於人體在高山滑雪時消耗的氧氣據稱比任何其他活動高，有一大半的能量勢必需要透過肌肉來消耗。但是，肌肉吸收的能量大部分無法回復，因此能彈性儲存應變能的肌腱自然比較有用。

表三　各種固體儲存應變能的約略能力

材料	工作應變	工作應力		單位面積儲存的應變能	密度	單位質量儲存的能量
	%	psi	MN/m^2	焦耳每立方公尺（$\times 10^6$）	公斤每立方公尺	焦耳每公斤
古代的鐵	0.03	10,000	70	0.01	7,800	1.3
現代彈簧鋼	0.3	100,000	700	1.0	7,800	130
黃銅	0.3	60,000	400	0.6	8,700	70
紫杉木	0.9	18,000	120	0.5	600	900
肌腱	8.0	10,000	70	2.8	1,100	2,500
獸角	4.0	13,000	90	1.8	1,200	1,500
橡膠	300	1,000	7	10.0	1,200	8,000

弓能儲存人類肌肉的能量，並在釋放時用它來驅動投射物，在這方面是個效能極佳的工具。英式長弓（longbow）在克雷西（Crécy，一三四六年）和阿金庫爾（Agincourt，一四一五年）兩場戰役的效果極佳，這種弓幾乎一定用紫杉木製作。由於紫杉木現今沒什麼商業價值，一直到近年以來都沒什麼人對它進行科學研究。不過，我的同事亨利・布萊斯（Henry Blyth）博士研究古代武器。他發現，西洋紫杉（*Taxus baccata*）和其他的木材差別很大，有極其細緻的形態，而且特別演化成能儲存應變能。因此，紫杉木可能真的比其他木材更適合用來做弓。

和一般認知不同的是，英式長弓原則上不是用在英格蘭生長的紫杉製作的，不論這些紫杉生長在教堂的庭院裡或任何其他地方。大多數英式長弓採用西班牙的紫杉木，而且還有法律規定，從西班牙進口紅酒時，每一批貨都必須同時進口西班牙的弓體。事實上，紫杉很容易生長，而且生長的地帶遍及地中海地區，不只有西班牙而已。舉例來說，現今義大利龐貝城（Pompeii）遺跡裡就有野生的紫杉。雖然如此，不論是中世紀或古希臘、古羅馬時期，我們很少看到西班牙或其他地中海國家有人用紫杉木製弓。這種弓幾乎只有英格蘭和法國通用，德國和低地國也多少有人使用。英格蘭人的掠奪通常會在勃艮第（Burgundy）附近止步，幾乎不會到阿爾卑斯山或庇里牛斯山以南。

乍看之下，這些事實可能有些出乎意料，但布萊斯指出，由於紫杉木的結構特殊，當溫度上升時，其機械特性比其他木材更快退化。當溫度高於35℃時，紫杉木弓就不能穩定使用。因此，這種武器差不多只適用於溫帶地區，不適合地中海地區的夏季。正因如此，地中海地區的人雖然會用紫杉木製箭，卻鮮少用來製弓。

因此，這些地區發展出所謂的「複合弓」。這種弓的核心是木材，由於它在弓最厚處的中間，因此只會承受輕微的應力。這個木質核心上，會再黏上一個由乾燥肌腱製成的拉力面層，和由獸角製成的壓力面層。這兩種材料都能比紫杉木儲存更高的能量，而且在炎熱的天氣裡更能保持機械特性。畢竟，動物一般運作時的溫度大約是37℃。實際上，肌腱要到大約55℃才會明顯退化。相對地，乾燥的肌腱在潮濕的天氣裡會鬆垮，表現會打折扣。

這類的複合弓一直到相當近代，在土耳其和其他地方還有人在使用。曾任英國首相的亞伯丁伯爵（George Hamilton-Gordon，4th Earl of Aberdeen）在一八一三年前往維也納會議（Congress of Vienna），提到拿破崙的軍隊逐漸從東歐撤退時，對抗的是看起來使用複合弓的韃靼士兵。有充足的證據顯示複合弓在許多方面勝過英式長弓。不過，長弓基本上是個廉價又容易製造的武器，但複合弓遠比長弓複雜，據此推測應該也比較昂貴。古希臘人的弓是複合弓，奧德修斯的弓可能和菲羅克特提斯（Philoctetes）的弓一樣，是一把特製的武器。[2]

於是，我們回到遭逢百般不幸的佩涅洛佩，和她向眾多追求者下達的挑戰：替奧德修斯的弓上弦。熟悉故事的人都知道，沒有人的力氣足以完成這個挑戰，即使是有技術頭腦的歐里馬克斯（Eurymachus）也做不到：「此時歐里馬克斯拿著弓，在火上先加熱一邊，再加熱另一邊；但即使是他也無法上弦，他在心中高聲哀嚎。」但何必這樣呢？這些追求者——或奧德修斯，或任何其他人——不

2 希臘神話中，大力士赫拉克勒斯（Heracles，即羅馬神話中的海克力士〔Hercules〕）不慎穿上毒衣後全身潰爛、劇痛難耐，因此決定引火自焚，但只有菲羅克特提斯敢替他點燃柴火，因此赫拉克勒斯將自己的弓箭送給菲羅克特提斯。後來希臘人攻打特洛伊時，有預言說必須用赫拉克勒斯的弓箭才能獲勝，因此奧德修斯率領一群人，到菲羅克特提斯被放逐的小島上取走弓箭。希臘人最後用木馬引誘特洛伊人時，菲羅克特提斯便是藏在木馬裡的戰士之一。

是用一條比較長的弦就好了嗎？

這個問題的答案在「科學上有個非常好的理由」，理由如下：一個人能對弓施加多少能量，受限於人體的特性。實際上，一個人在拉弓時，能拉的距離大約是〇・六公尺（二十四英寸），而且即使是大力士，拉弦的力氣也無法超過約三百五十牛頓（八十磅）。由此推算，肌肉可以使用的能量大約是〇・六公尺×三百五十牛頓，亦即大約兩百一十焦耳。可以用的能量最多只有這樣，我們會想要盡可能把這個能量轉成應變能，儲存在弓裡。

假設弓一開始幾乎沒有受到應力，弦一開始幾乎完全鬆垮，那麼弓箭手在拉弦時，一開始的拉力幾乎是零，當弦拉到底時，拉力才會最大。圖二為拉力的示意圖。在這個情況下，施加在弓上的能量是三角形ABC的面積，而這不會超過總共可用的能量的一半，也就是一〇五焦耳。

實際測量時，英式長弓所儲存的能量會比這個數值少一些。不過，荷馬明白指出奧德修斯的弓是**palintonos**（*παλίντονος*）的，也就是「彎曲或向後拉伸」。換言之，這把弓原本是反曲的，彎曲的方向是「錯」的，所以必須花很大的力氣才能上弦。

弓箭手如果要替這樣的弓上弦，初始的應力和應變就不是零了。在計算和構思之後，拉力與拉距的關係圖會像圖四那樣。

在此示意圖中，四邊形ABCD的面積占總共可用能量的比例遠比先前高，甚至可能達到百分之八十。如此一來，弓裡可能可以儲存一百七十焦耳的能量，而不是**palintonos**的弓只能儲存一〇五焦耳。這樣除了有助佩涅洛佩打發追求者外，對弓箭手來說當然也是一大助益。

事實上，所有的弓多多少少都預先承受應力，因此要上弦都得花一點力氣才行。但長弓是「一體弓」（self-bow），也就是它的弓體是用圓木劈下來的一整片木材製成的，因此它的初始應力不大。複合弓更容易弄出最佳的初始形狀，因此這種弓通常有非常典型的形狀，「愛神邱比特之弓」的形狀便由此而來（圖五）。

由於獸角、肌腱等材料儲存應變能的能力比紫杉木好，複合弓可以做得比木弓更短、更輕。正因如此，我們才會稱木弓為「長」弓。複合弓可以小到讓人一邊騎馬一邊射箭，古代的安息

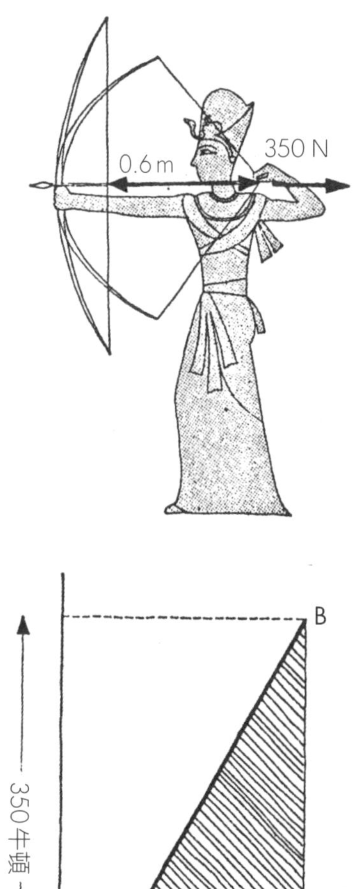

圖二／儲存在弓裡的能量＝$\frac{1}{2}\times 0.6\times 350$ ＝105焦耳＊

圖三／古希臘人替弓上弦（瓶畫）

＊圖二和圖四當然只是示意圖。一般來說，拉力和拉距的關係不會呈一直線，但大原則相同。

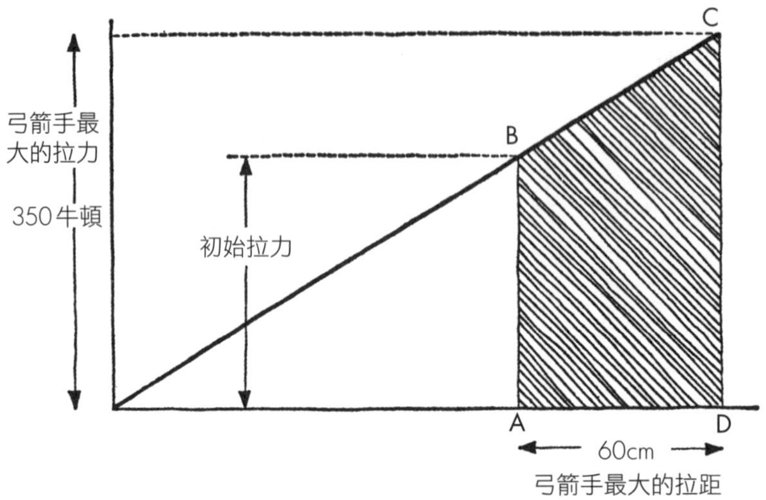

圖四／弓為何要「向後拉伸」或palintonos：儲存在弓裡的能量現在等於四邊形ABCD的面積170焦耳

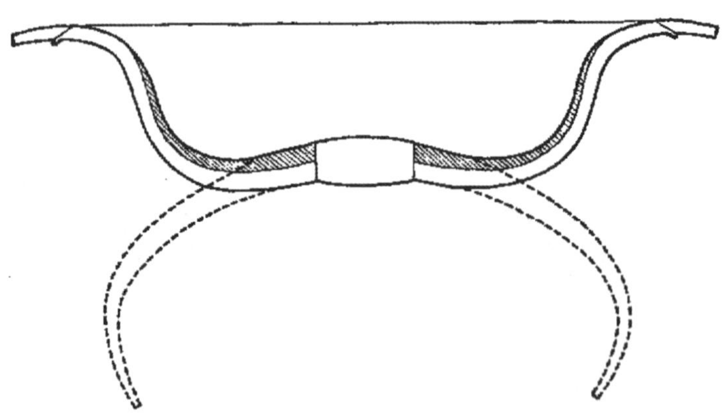

圖五／未上弦和已上弦的複合弓。

帝國（Parthia）和韃靼人便以此出名。安息人的弓甚至好用到騎兵在撤退時，可以向後朝著追逐他們的羅馬軍隊射箭，「安息回馬箭」（Parthian shot）一詞便由此而來。[3]

投石機

雅典在公元前四〇四年被攻陷時，古希臘最輝煌的時期也宣告結束。公元前四世紀時，古希臘的民主政權式微，取而代之的是軍事、政治、經濟可能比較有效的獨裁或「僭主」（tyranny）政權。不論是在陸上或海上，軍武科技正在改變，新的統治者認為他們需要更現代、更機械化的武器。這些獨裁者身為專制君主，統治的地盤日漸富裕，當然付得起相關的開銷。

希臘人殖民的西西里島是最初發展武器的地方。狄奧尼西奧斯一世（Dionysius I）是個奇人，從一位政府小官員，一路爬升成為敘拉古（Syracuse）的僭主。他在位期間為公元前四〇五至三六七年，敘拉古在這段期間成為歐洲強權。他的軍事計畫包括官方的武器研究部門，這可能是世界首創之舉；他為此從古希臘世界各處招攬最傑出的數學家和工匠。

狄奧尼西奧斯一世手下的專家當然以傳統手持複合弓為出發點。假如把弓架在一根把柄上，並用齒輪、槓桿等機械來拉弦，因此弓本身的勁度可以做得更高，能釋放的能量也會因而增加數倍。這樣做就是弩或十字弓。一般來說，只要是戰士有辦法穿得動的任何厚冑甲，還是可以被弩穿破。*弩至今仍有

3 在以訛傳訛之下，現代英文一般誤用為發音相近、字面意思相符的 parting shot。

* 但另一方面，弩的連發速度比不上手持弓。舉例來說，英式長弓每分鐘最多可以射十四箭，大量使用時可以製造出非常可觀的箭雨。據推算，阿金庫爾一場戰役就用了**六百萬**支箭。

人使用，而且演變不大，據說北愛爾蘭現在還有人在用。[4]但奇怪的是，這種武器好像從來沒有扮演過舉足輕重的角色。

另外，弩算是步兵或殺傷性的武器，若要破壞船身或固定的防禦工事，這個武器的破壞力實在不夠。敘拉古人將弩放大成為投石機，並裝在適當的支架上，有如槍砲架在砲座上。但這一方面的發展似乎有些物理限制，弓式的投石機似乎威力一直不夠，無法打穿要塞厚重的石牆。*

因此，發展到下一步就是放棄弓式投石機，將肌腱絞成束狀，**就像一束束驅動模型飛機用的橡皮圈。在這樣的束絞線裡，每一條線亦即整條的肌腱都因為被扭轉而承受拉力，因此整條束絞線可以有效地儲存能量。

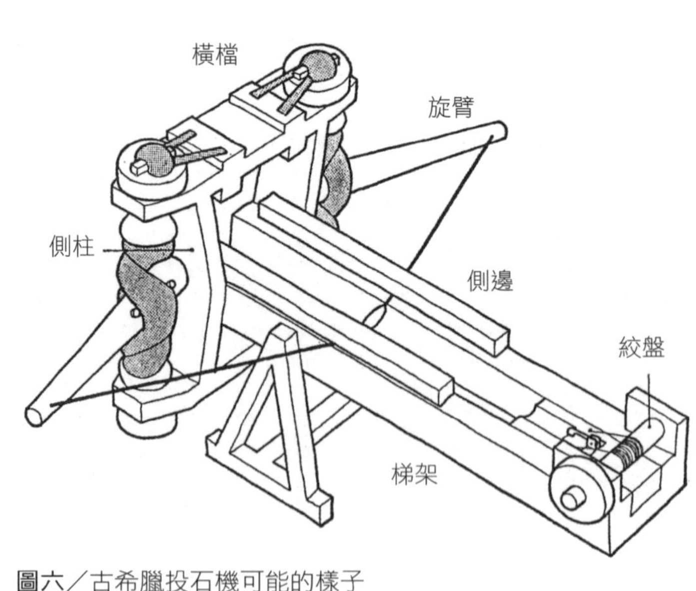

圖六／古希臘投石機可能的樣子

將肌腱絞成束狀的腱繩有諸多軍事應用，但最知名者莫過古希臘人所稱的palintonon，也就是古羅馬人的ballista。這是一種非常致命的砲，內有兩條垂直的腱彈簧，並有像絞盤桿一樣的旋臂或槓桿，分別用來將腱彈簧轉緊。旋臂的兩端用一條粗重的弓弦相連，整個裝置運作起來其實就像一把弓。事實上，希臘文的名字來自兩條旋臂在放鬆時會朝向前方，正如複合弓的雙臂。機械上有一條軌道，末端架了一個絞盤，砲彈通常是一顆石球，會沿著軌道向前推進。整個武器必須用絞盤驅動，因為拉力可能會高達一百噸。

羅馬人模仿了古希臘人的投石機，關於此在凱撒底下擔任砲彈官的維特魯維（Vitruvius）著有一本ballista的操作手冊值得一讀。這種武器有不同的大小，使用的砲彈小至五磅（約兩公斤），大至三百六十磅（約一百六十公斤）。不論大小，有效射程大約是四分之一英里（四百公尺）。羅馬人攻城時，使用的標準ballista應該可以投射九十磅（約四十公斤）的石球。

公元前一四六年，羅馬人包圍迦太基，攻城的最後一戰時將城牆外的潟湖一部分填平，再用投石機打破城牆。考古學家在遺址裡挖出超過六千顆石球，每一顆都有九十磅重（約四十公斤）。

凱撒和羅馬帝國第四任皇帝克勞狄烏斯（Claudius）在攻打不列顛島時，都有用架在船上的投石機，來攻擊海岸上的古

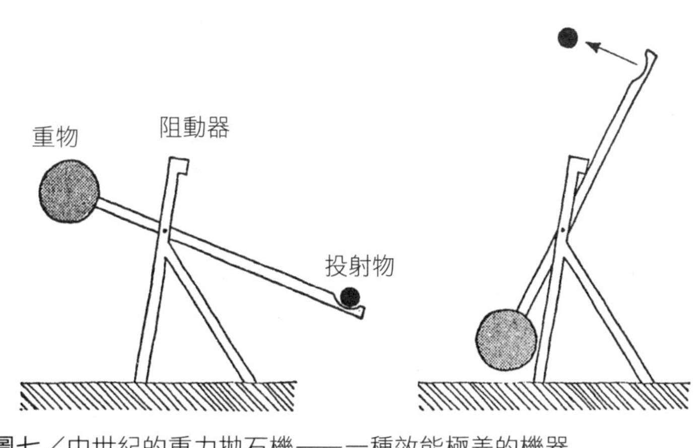

圖七／中世紀的重力拋石機——一種效能極差的機器

4 原書出版時，正值北愛爾蘭衝突之時。作者在此使用Ulster一詞，即反愛爾蘭民族主義者對此一地區常用的稱呼。

* 近年在塞普勒斯島庫克利亞（Kouklia）的考古挖掘，發現了公元前五世紀的軍用投石機，但除此之外，我們對這些機械一無所知。無論如何，狄奧尼西奧斯一世應該是第一個用「科學方法」處理這個問題的人。

** 古船使用「西班牙式絞車」（Spanish windlass），這種作法可能由此衍生而來。見第十一章，頁二〇六。

不列顛人，但投石機從來沒有被當作有效的海戰武器。一台大到可以用一顆砲彈擊沉敵船的ballista，連發的速度可能太慢，不太可能打到會動的船。

投石機有時候會投燒夷彈，但即使目標只是一艘簡易的船，只要船上載滿人就能輕易滅火。公元前一八四年，有一位天才的主帥用易碎的瓶子裝入毒蛇，再對敵人投彈，因此在海戰中獲勝，但這個作法似乎沒人沿用。整體來說，投石機在海戰裡並不成功。

雖然如此，palintonon和ballista在陸戰效果極佳，只是它們的製造和保養過程都極其繁複，古羅馬的砲彈官兵一定非常有能力。羅馬帝國衰亡後，羅馬人的科技也衰敗，這一類的武器便難以繼續使用，於是漸漸被人遺忘。*中世紀的攻城機械只剩下重力拋石機（trebuchet）。

重力拋石機像鐘擺一樣，將一個重物舉起來，利用它的位能。但再大的重力拋石機，最多可能只能將一噸（一萬牛頓）的重物舉起大約十英尺（三公尺），因此儲存的位能不會超過三萬焦耳。如果使用肌腱，大約十到十二公斤就能儲存同樣的應變能。因此，即使是最大的重力拋石機，釋出的能量可能只有palintonon的十分之一。另外，能量轉換的效率似乎也遠比以前低：在最佳情況下，重力拋石機只能把大石頭丟到城牆後面去騷擾敵人而已，無法用來摧毀石造的城牆。

若把弓和palintonon當作能量轉換的機器來看，兩者的運作原理十分相似，只是我們一般不太會去理解其中能量轉換機制的效率有多高。以重力拋石機等粗糙的機器來說，武器發射當下的能量大半都用來讓機械的旋臂加速，而且這種武器一定要有阻動或制動裝置來止住旋臂，阻動或制動時又會導致能量喪失。

如果是弓或palintonon，弓弦剛放開時，儲存起來的應變能有一部分會直接變成投射物的動能，但

(a)
弓弦
旋臂
投射物
弓弦
旋臂
(b)
(c)
(d)

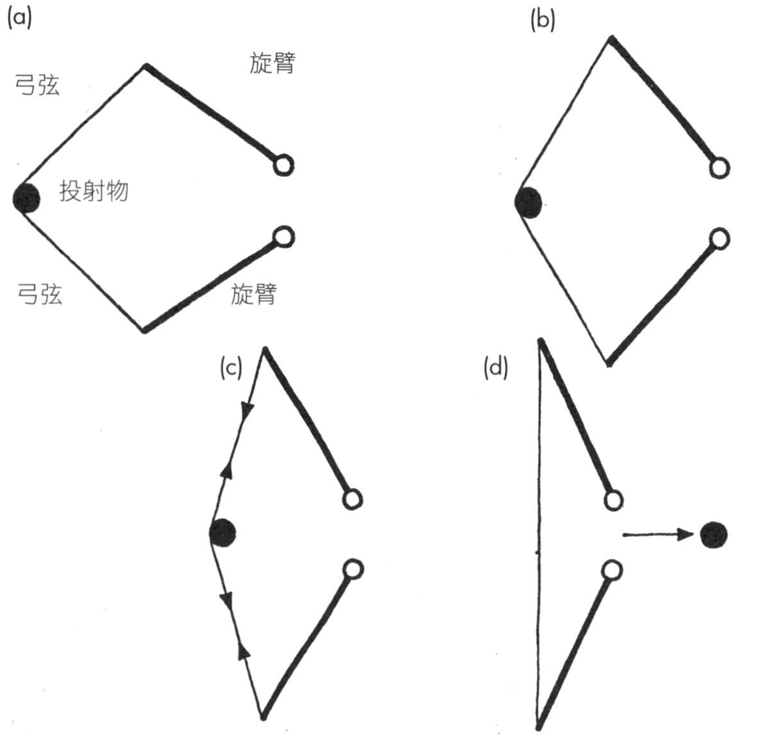

圖八／Palintonon或ballista機制示意圖

(a)準備發射。能量全部儲存在腱彈簧裡。

(b)發射初期。雙臂受到**加速**，吸收彈簧內大部分的能量。

(c)發射末期。弓弦的拉力增加，導致雙臂減速，雙臂內的動能轉移到砲彈。

(d)砲彈射出，整個系統的能量幾乎全部轉移到砲彈裡。

* 德軍在一九四〇年進逼英國時，英國國土防衛軍（Home Guard）仿照古羅馬人，製作了兩種形式的ballista，用意是對德軍的坦克車投擲汽油彈。但這兩種機器的射程只有古代的約四分之一，看來設計這些武器的人沒有好好閱讀維特魯維的著作。

大部分可用的能量會用來讓弓臂或機臂加速，此時會像重力拋石機一樣，在臂中以動能的形式暫存。不過，釋放投射物的機制在運作時，弓臂或機臂會漸漸減速，只是讓它們減速的不是一個阻動器，而是弓弦本身拉直、拉緊的動作。這又會導致弓弦裡的拉力增加，讓它更進一步驅動投射物、增加投射物的速度。因此，弓臂或機臂裡的動能大多不會浪費。

弓和投石機的數學並不容易，即使把運動狀態的算式全都寫下來，也無法用分析法計算出來。不過，我的同事東尼・普瑞特洛夫（Tony Pretlove）博士對此相當有興趣，於是把整個問題丟進電腦去計算。結果出乎意料，理論上能量轉換的過程可以達到百分之百的效率。換言之，儲存在裝置內的應變能，幾乎可以全部轉換成投射物的動能，因此幾乎沒有能量會被浪費掉，或是變成後座力，或對武器本身造成傷害。至少從這一方面來看，弓和投石機其實比槍還要進步。

就我所知，以上這些事實所造成的結果，有一項是弓箭手在實務上熟知的事：假如沒有上箭或裝填適當的投射物，絕對、絕對、絕對不可以讓弓或投石機「發射」，否則儲存起來的應變能無法安全釋放出來，不僅有可能把弓弄斷，弓箭手本人也極有可能受傷。

彈性能（resilience），或稱「反彈」（bounceness）

浸濕的帆布和盪漾的海，
風緊緊跟吹
充滿窸窣作響的白帆
彎曲了蕭灑的船桅。

艾倫・康寧漢（Allan Cunningham），〈浸濕的帆布和盪漾的海〉
（*A Wet Sheet and a Flowing Sea*）

伽利略於一六三三年在阿切特雷開始研究彈性力學，最初自問的問題包括：「一條繩子或一根棍棒被拉的時候，有哪些因素會影響它的強度？舉例來說，強度是否和繩子的長度有關？」從初期的實驗來看，如果作用力或重物一直拉著一條均勻的繩子，讓繩子斷掉所需的力或重量與繩子的長度無關。照常理來判斷，我們大概會覺得本來就該如此，可是即使這麼多年下來，還是有人堅信長的繩子比短的繩子更「強」。

當然，我們不能就這樣說這些人太蠢，因為這要看每個人對「強度」的定義是什麼。如果一直施加拉力，弄斷長繩和短繩所需的力確實一樣，**但是**長繩會拉得更長，因此即使作用力一樣，繩子內的應力也一樣，長繩仍然需要比較多的**能量**才會斷。換個方式說，長繩能彈性伸展開來，藉此緩衝突來的拉扯，短暫的作用力和隨之而來的應力便會減少。換言之，它的作用方式就像車子的懸吊系統。

因此，當荷載不穩定時，長繩的確可能會讓人覺得比短繩更「強」。這就是為什麼十八世紀馬車的車身常常會用很長的皮條固定在底盤上，因為長皮條比短皮條更能緩衝十八世紀顛簸的路面。另外，錨纜和拖纜假如會斷掉，通常不是因為持續荷載，而是因為突然的拉扯，因此一般而言會盡可能愈長愈

* 事實上，錨纜和拖纜的彈性能大半來自它們自身的重量，這個重量會讓它們下垂。這一類的纜繩會採用厚重的鋼索或鏈條，而不是比較輕的有機材料繩索，這一點便是原因之一。

好。如果有在夜間或大浪中，在海上拖過乾塢或鑽油平台，就會知道每一艘拖船牽出來的鋼纜可能將近一英里長，因此整個船隊會占用非常廣闊的海面，不常出海的人看到可能會覺得震驚。*

這樣在荷載狀態下可以彈性緩衝、儲存應變能，稱為「彈性能」，是一種極有價值的結構特徵。彈性能可以定義為「結構在不永久受損的狀態下，可以儲存的應變能」。

當然，如果要有彈性能，不一定非用很長的繩索像是鋼索不可，有時候也可以用更短的構件，像是火車緩衝器上的螺旋彈簧，船上護舷的軟墊，或楊氏模數低的材料，例如用來包裝易碎物的泡綿。若與物體自身的長度相比，這類材料可以延展或壓縮的幅度往往比其他材料高很多，因此每單位體積可以儲存更多應變能。滑雪選手和動物的懸吊系統之所以可以那麼出色，有一部分是因為肌腱和其他組織的楊氏模數相對低，延展性相對高。

低勁度、高延展性有助於吸收能量，因此能讓結構不至於一受到衝擊就斷掉，但從另一方面來看，結構也很有可能因為太鬆垮而無法作用。因此，在設計結構時，彈性能通常會有限制。飛機、建築、工具、武器等物體若要能運作，必須相當堅固才行。從這一方面來看，大多數的結構必須在勁度、強度和彈性能之間取得平衡，至於要如何達到最佳的平衡，就要看設計師多有本事了。

最理想的狀態為何？不同種類的結構會有不同的答案，甚至同一個結構的不同部位也會有差。從這一方面來看，大自然占有優勢，因為各種生物組織的彈性變化範圍非常大。平凡的蜘蛛網便是一個簡單但有趣的例子。蜘蛛網需要承受被蒼蠅衝撞時的衝擊力，蜘蛛絲的彈性能必須足以吸收衝撞的能量。整個結構主要由輻射狀的蜘蛛絲負責荷重，同心圓狀的蜘蛛絲負責捕蒼蠅，輻射部分的勁度比同心圓狀部分高三倍。

當然，除了用像繩索或蜘蛛絲等拉力構件或像火車的緩衝器或船的護舷等抗壓構件，還有許多其他方式可以儲存應變能、增加彈性能。任何可以彈性撓曲的結構形狀，都能達到類似的效果，最常見的方式可能是像弓和船桅那樣，靠撓曲來吸收能量。植物、樹木和大多數的車用彈簧即是如此。另外，若將一把劍彎成讓劍尖碰到劍柄，高品質的劍必須有辦法彈性回復原狀。

應變能成為拉力破壞的原因

他們翻轉，如同鬆弛的弓。

〈詩篇〉七十八（《聖經》和合本修訂版）

任何結構都需要具備一定的彈性能，不然會無法吸收衝擊的能量。在一定範圍之內，結構的彈性能愈高愈好：維京人的船、美國早期的雙人座馬車等極精密的裝置確實相當有柔性，也具有相當高的彈性能，只要不要讓它們超載太誇張，一旦除去荷載，這些結構就能回復原狀，一切不會有問題。但如果真的讓它們超載，遲早一定會斷裂。

若要讓任何承受拉力的材料斷裂，必須有裂縫貫穿其中。但是，若要弄出一道新的裂縫，就必須要供應能量，而這能量得有來源。如前文所述，假如不裝箭就硬讓弓「發射」，弓很有可能就會斷掉，因為儲存在弓裡的應變能無法轉變成動能安全釋放出去，使得部分能量會在弓的材料內產生裂縫。換言之，弓用自身內部的應變能來毀壞自己。不過，在各種破壞的情況中，這樣的斷弓只是一個特例而已。

任何荷載的彈性材料內部，多多少少都有應變能，而這樣的應變能都有可能造成自我毀滅，我們稱這種自毀的過程為「破裂」。換句話說，儲存起來的應變能或彈性能，可能會變成在結構內增加裂縫的能量，進而導致結構斷裂。彈性結構內可能有很多應變能。羅馬人用這個能量擊倒迦太基城的巨牆，但同樣的能量也能讓巨大的油輪自己斷成兩截。

以現代的觀點來看，我們如果讓一個承受拉力的結構荷載導致結構斷裂，不應該認為是重物拉扯材料內原子間的化學鍵，因此荷載是造成破裂的**直接**原因。這並不像傳統教科書所說的那樣，不單單只是拉應力造成的結果。*結構的荷載增加時，直接造成的效應只是讓儲存在材料內的應變能增加而已。至於結構到底會在什麼情況下斷裂？這個關鍵的問題，要看這個應變能是否可能轉換成破裂能（fracture energy），因而產生出新的裂縫。

正因如此，現代的破壞力學比較不那麼在意作用力和應力，而是關注應變能會怎麼轉為破裂能、為什麼會轉換、會在哪裡轉換，以及何時會轉換。當然，如果是像繩索、棍棒等簡單的結構，傳統的臨界破裂應力通常還能適用，但這個概念用在橋梁、船舶、壓力容器等大型或複雜的結構上，會是將事情過度簡化到危險的地步，我們已經看到諸多前例。從近年的理論來看，不論結構是承受突來的衝擊，或是持續的荷載，拉力破裂**主要**取決於：

一、產生新裂縫需要付出多少能量。

二、承上，有多少應變能可能會轉為這個作用。

三、結構當中狀況最糟的孔洞、裂縫，或缺陷有多大、是什麼形狀。

若要讓物體的截面產生斷裂，不同的固體材料所需的能量差異極大。這一點可以輕易證實，只需要用槌子分別敲玻璃瓶和馬口鐵罐便知。讓特定材料截面斷裂所需的能量，會定義出該材料的「韌性」

（toughness），但現今比較常稱作「破裂能」或「破裂功」（work of fracture）。這個特性和「抗拉強度」是兩回事。「拉抗強度」的定義是讓固體斷裂所需的**應力**（不是能量）。材料的韌性或破裂功，對結構的實際強度，特別是大型結構有重大的影響。因此，我們得花點時間談論各種固體的破裂功。

破裂能量或「破裂功」

固體受拉力而破壞時，至少得有一條橫貫整片材料的裂縫出現，才能將它分成兩個部分。因此，固體破裂後，會比破裂之前出現至少兩道新的表面。若要讓材料這樣裂開，產生出這些新表面，我們必須打斷原先將這些表面連結在一起的化學鍵。

打斷大部分化學鍵所需的能量已廣為人知，至少化學家會知道。而且事實上，以大多數透過科技製造出來的結構性固體而言，打破任何一個平面或截面全部**的化學鍵所需的總能量其實都差不多，大約都在每平方公尺一焦耳上下。

石、磚、玻璃、陶等材料稱作「脆性固體」，這一類的材料一如其名，若要造成它們破裂，我們只

---

* 如果真的要把原子拉開，「真正」所需的能量即理論最大拉應力，確實非常高，遠遠超過一般用拉力試驗測得的「實際」強度。參見《高強度材料新論》第三章。

** 這個能量往往和「自由表面能」（free surface energy）一樣；自由表面能與液體和固體的表面張力密切相關，在談論材料科學的時候經常會提到這個名詞。參見《高強度材料新論》第三章等。

需要使用上述的能量即可。事實上，一J／m²的能量實在是少得可悲。這是個嚴肅的事實：一公斤的肌腱能儲存的應變能，就足以「支付」打破兩千五百平方公尺（超過半英畝）的玻璃所需的能量——這樣不難理解為什麼公牛在瓷器店的破壞力會那麼強。[5]同理，鋪磚工人只需要用鏝刀輕輕一敲，就能讓一塊磚俐落地一分為二，而且我們只需要稍稍不留意，就會弄破盤子或水杯。

正因如此，只要我們有辦法避免，我們就不會在需要抗拉的場合裡使用「脆性固體」。這些材料之所以脆弱易碎，主要不是因為它們的抗拉強度低。或者說，低**作用力**就足以讓它們斷裂。而是因為低**能量**就足以讓它們斷裂。

真正會使用需要抗拉場合而且還能相對安全地使用的科技與生物材料，都需要遠比這個高的能量，才能產生出新的破裂面。換言之，它們所需的「破裂功」比脆性固體高了很多——而且這個差異十分巨大。實際上會使用的高韌性材料，破裂功通常介於十的三次方至十的六次方J／m²。**因此，雖然鍛鐵和軟鋼的抗拉強度與玻璃和陶差不多，在截面積相同之下，讓鍛鐵和軟鋼斷裂所需的能量可能是玻璃和陶的一百萬倍。**這就是

表四　常見固體的破裂功與抗拉強度粗約略值

材料	破裂功約略值 J/m²	抗拉強度約略值（標稱強度）MN/m²
玻璃、陶	1–10	170
水泥、磚、石	3–40	4
聚脂和環氧樹脂	100	50
尼龍、聚乙烯	1,000	150–600
骨、牙齒	1,000	200
木材	10,000	100
軟鋼	100,000–1,000,000	400
高拉力鋼	10,000	1,000

為什麼在挑選材料時，像表二（頁五一）那樣的「抗拉強度表」可能會嚴重誤導人。這也是為什麼主要只談論應力和應變費心沿革數百年，又更費心在課堂上傳授給學生的傳統彈性力學理論，其實相當不足，假如只靠它，實在無法預測真實的材料和結構會發生什麼事。

如此巨大的能量會怎麼被高韌性的材料當作「破裂功」來吸收，其機制可能相當繁複又精細，但大原理其實非常單純。在「脆性固體」裡，破裂時的功基本上只會侷限在新產生的破裂表面附近，用以打斷這一帶的化學鍵。如前文所述，這樣所需的能量不多，大約只有一 J／m^2。在高韌性材料裡，單一化學鍵的強度和能量不變，但在斷裂的過程中，材料細部結構受擾動的深度更大，甚至有可能深達超過一公分，也就是可見的破裂表面之下五千萬個原子的深度。因此，假如干擾的過程只會打斷五十分之一的原子鍵，破裂功也就是產生新表面所需的能量會增加百萬倍，從前面的描述來看也確實是如此。這樣的話，身在材料內部深處的分子可以吸收能量，並幫助對抗破裂。

軟金屬的破裂功之所以會高，主要是因為這種材料有「延展性」（ductile）。這表示，當這些材料承受拉力

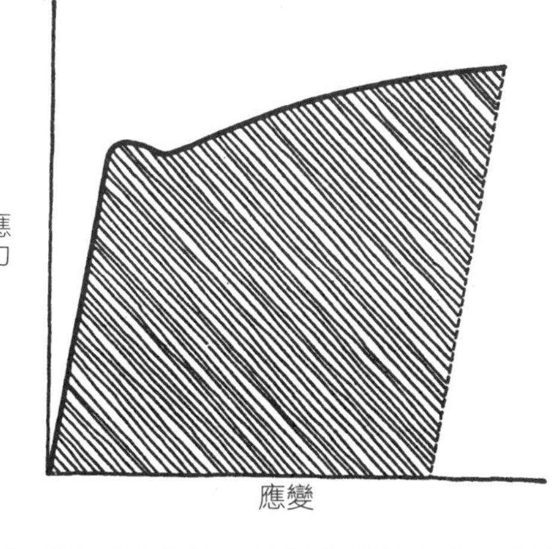

圖九／延展性金屬如軟鋼典型的應力應變曲線，灰色面積與金屬的破裂功相關。

5 英文俗諺「像一隻在瓷器店裡的公牛」（like a bull in a china shop），比喻人笨手笨腳，或魯莽粗心。

時，應力應變曲線在拉力不太大的時候就不再符合虎克定律，之後金屬會像塑泥一樣出現塑性的變形（圖九）。以這種金屬製作的棍棒或薄板受拉力而斷裂時，材料在斷裂前會像濃稠的糖漿或口香糖一樣被拉扯出來，斷裂的兩端會呈現錐狀，像圖十那樣。這種破裂的方式常常稱作「頸縮」（necking）。

頸縮和其他的延展性破裂之所以會發生，是因為金屬晶體內一層層的原子可以滑移開來，這種機制稱為「差排」（dislocation）。差排機制讓一層層的原子彼此滑動開，像一疊撲克牌一樣，而在滑移的過程中也會吸收不少的能量。晶體內部這樣滑動和延展，讓金屬可以用變形的方式分散掉很多能量。

差排的機制*最先由傑弗里．泰勒爵士（Sir Geoffrey Taylor）在一九三四年提出，在三十年間對此進行深入研究，結果發現這個機制極其精細又複雜。一片金屬看似再單純不過，但內部發生的事情可能極為巧妙，與生物體內的組織不相上下。詭異的是，這般玄妙不可能有任何目的，因為大自然不會把金屬拿去製造結構。更何況這樣的結構幾乎不會以金屬的狀態在自然中出現，當然不可能從中獲得任何好處。無論如何，金屬的差排機制讓工程師非常受用，我們甚至可能還會以為這個機制是為他們發明的。因為如此一來，金屬不但能強韌，還能被拿來冶煉、加工和淬鍊。

人工塑料和合成纖維的破裂功機制和金屬不同，但也相當有效，而生物材料發展出的高破裂功機制

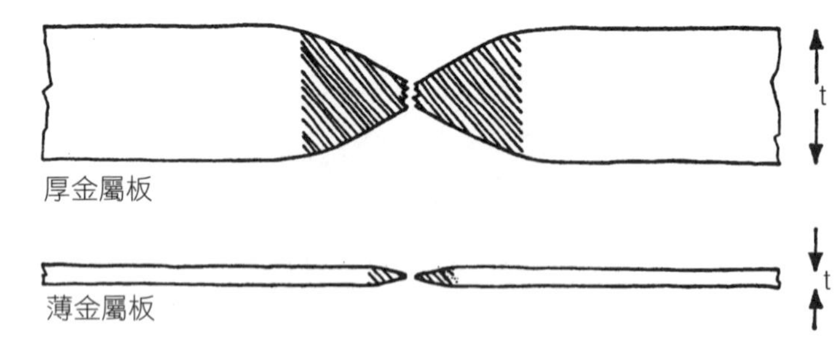

圖十／破裂功與金屬塑性變形的體積（即灰色處）成正比，故大約等於t^2。因此，薄板的破裂功可能很低。

可能讓人拍案叫絕。舉例來說，木材效率驚人，在相同的重量下，其破裂功甚至超越大多數的鋼。**

我們現在再回頭談論高彈性能的結構怎麼將應變能轉成破裂功。換句話說，東西會斷裂，**究竟**是什麼原因？

格里菲斯——或稱：怎麼和裂縫與應力集中共存

艉軸表面有那樣的裂縫齁，怎麼橫滾都總比俯仰好啦。

魯德亞德・吉卜林（Rudyard Kipling），〈糧食撒在水面上〉

（*Bread upon the Waters*, 1895）

如本章開頭所言，所有的科技結構都有裂縫、刮痕、孔洞和其他缺陷。船舶、橋梁和飛機機翼會有各種意外的凹陷和磨損。依據英格里斯所言，這些缺陷附近的局部應力可能遠遠超過該材料公定的斷裂應力，但即使是如此，我們還是得學會盡可能安全地與它們共存。

我們怎麼能和這麼高的應力安然相處，又為何要這樣？艾倫・阿諾德・格里菲斯（**Alan Arnold Griffith**，一八九三—一九六三）在一篇一九二〇年發表的論文提出這兩個問題，距離吉卜林那篇以裂縫為主題的短篇小說傑作僅僅晚二十五年。一九二〇年時，格里菲斯只是個年輕人，所以沒什麼人理他。

---

* 差排機制之初探，參見《高強度材料新論》第三與第九章。完整討論參見 *The Mechanical Properties of Matter*, Sir Alain Cottrell (John Wiley，1964)等。

** 同上，參見《高強度材料新論》第二版第八章。

無論如何，格里菲斯用能量來理解破裂的議題，而不是從作用力和應力來看，不僅在當時是全新的概念，以工程師的思維更是完全的異類，即使多年後依然如此。就算到了今日，還是有太多工程師實在不太懂格里菲斯的理論。

格里菲斯說的是這件事：若以能量的觀點來看，英格里斯所謂的應力集中只不過是一種將應變能轉為破裂能的**機制**（就像拉鍊也是一種機制），宛如電動馬達只是一種將電能轉為機械功的機制，或是開罐器只是一種用肌力切開鐵罐的機制。這些機制必須持續有正確的能量供應，不然它們不會運作。應力集中確實可以達到作用，但如果要持續把材料中的原子撬開來，必須一直給它供應應變能才行。假如應變能的供應中斷，破裂的過程也會中斷。

現在，想像有一塊拉伸開來、兩端固定住的彈性材料，因此機械能（mechanical energy）暫時無法進出。我們現在有一個封閉的系統，內含定量的應變能。

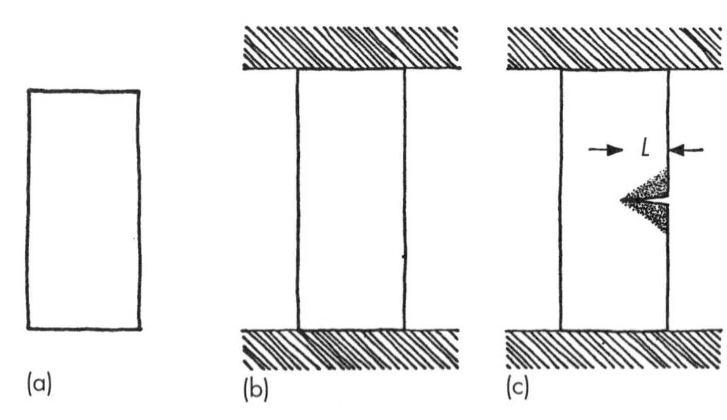

圖十一／(a)未受應變的材料。
(b)受應變、兩端固定的材料，能量無法進出系統。
(c)固定的材料出現裂縫，灰色處釋放應變能後，這個能量就能用來讓裂縫繼續擴展。

假如我們要讓一條裂縫在這塊拉伸的材料裡擴展開來，我們必須像付現金一樣，用能量來支付所需的破裂功。為求方便，我們假定這塊材料的厚度為一單位，那麼能量的帳單等於WL，其中W是破裂功，L是裂縫的長度。要注意的是，這是一筆能量債，也就是能量的帳單上記上一筆扣款，而且不可以用信用貸款。這筆扣款會線性增加，換言之是裂縫長度L的一次方。

材料內部必須立刻找到所需的能量，由於這是一個封閉的系統，若要得到這筆能量，就必須設法釋放系統中的一點應變能。換言之，在這塊材料裡面，某個地方的應力必須降低。

應力有辦法降低，是因為裂縫在承受應力之下會稍稍再裂開一些，因此裂縫表面後方的材料會放鬆（圖十一）。簡單來說，有兩塊三角形的地方（圖中灰色處）會釋放出應變能。如同所料，不論裂縫長度L是多少，兩個三角形的邊長會大致維持相同的比例，因此它們的面積會以裂縫長度的**平方**增加（L^2），釋放出來的應變能也會以L^2來增加。

因此，格里菲斯的理論核心如下：裂縫造成的能量債會以L增加，但能量信用會以L^2增加。圖十二為這個效應的示意圖。OA表示裂縫延伸時需要增加的能量，這是一條直線。OB是裂縫擴展時釋放出來的能量，這是一條拋物線。能量淨差是這兩個的總和，以曲線OC表示。

在點X之前，整個系統會消耗能量；過

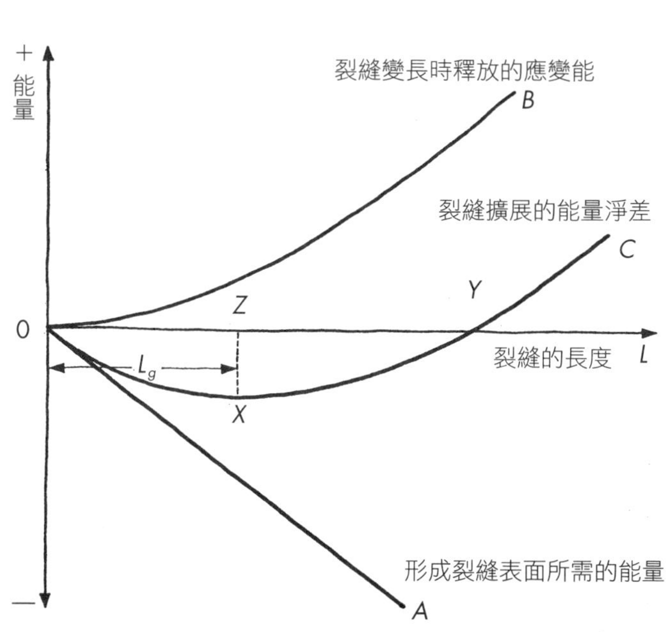

圖十二／格里菲斯的能量釋放，或者說：為什麼東西會「砰！」一聲斷開。

了X之後，能量就會開始釋放出來。由此可推知，裂縫的長度有一個臨界點，我們姑且稱之為「裂縫的格里菲斯臨界長度」。比這個長度短的裂縫是穩定的，通常不會變長；比L_g長的裂縫會自我擴展，非常危險。*這樣的裂縫會在材料裡擴展得愈來愈快，最後一定會有吵到像爆炸一般的驚人破壞。結構不會默默消逝，而是在轟然巨響作結，可能還會伴隨送葬的嗚呼哀哉聲。

這一切所代表的意義，最重要的是：即使裂縫尖端有極高的局部應力，甚至遠高於該材料公定的抗拉強度，只要沒有任何裂縫或其他開口的長度超過臨界長度，結構就仍然是安全的，不會斷裂。就是因為有這個原則，我們看到英格里斯的應力集中數值才不會有不必要的恐慌或擔憂。這是為什麼孔洞、裂縫、刮痕等不會比它們看起來的樣子更危險。

當然，我們會想要算出來。事實上，當情況單純時，這可能比我們預期來得容易。雖然格里菲斯為了達到這個結果，用了一些看起來有點可怕的數學，最後的成品卻出奇地簡單，甚至可以說簡單到拍案叫絕：

$$L_g=\frac{1}{\pi}\times\frac{\text{裂縫表面每單位面積的破裂功}}{\text{材料每單位體積儲存的應變能}}$$

用代數符號是：

$$L_g=\frac{2WE}{\pi s^2}\ **$$

其中，$W = $ 裂縫表面每單位面積的破裂功，單位為 J/m^2

$E = $ 楊氏模數，單位為牛頓／m^2

$S = $ 材料在裂縫附近的平均拉應力（不考慮任何應力集中），單位為牛頓／m^2

$L_g = $ 裂縫的臨界長度，單位為公尺。

（注意，以上單位皆為牛頓，不是百萬牛頓）

因此，安全的裂縫長度只看破裂功與材料內應變能的比例，換言之與「彈性能」呈反比。一般來說，彈性能愈高，能讓人安全無虞的裂縫長度就愈短。這又是一個有一好沒兩好的例子。

如前文所述，橡膠能儲存龐大的應變能，但它的破裂功相當低，因此當橡膠拉伸開來時，其裂縫臨界長度 L_g 相當短，通常不到一公厘。這就是為什麼我們吹起一顆氣球，再用一根針戳它，它就會「碰！」一聲巨響爆開來。因此，橡膠雖然彈性能極高，需要延展很長才會斷裂，但斷裂的方式有如脆性材料，與玻璃的斷裂十分相似。

若要兼具彈性能與韌性，一種解決之道是採用像布料、編織籃子、木船、馬車那樣的作法。這些物體裡的接合處多多少少是鬆動、可彎的，因此能量會在摩擦的過程中被吸收掉——接合處會吱吱作響，

* 我們也許會以為對應的是圖表中的OY，但只要想一想就會發現不是這樣。我們為了讓裂縫開始，需要將負值的能量ZX供入系統，這個負值的能量代表安全界限（margin of safety）或臨界能（threshold energy）。（事實上，這個才是真正的「安全係數」。）

** 因為應變能 $= \frac{1}{2}es$，這也可以寫成 $S^2/2E$，因為 $E = S/E$。

就是因為這個作用。不過，樹叢和鳥巢雖然能抵抗一定程度的攻擊，現代工程師卻不太常用這種作法，唯一的例外可能只有汽車輪胎內用帆布和鋼絲，防止橡膠過脆易碎。

以上可知，當應力 s 增加時，L_g會迅速變小。因此，如果我們想要在合理的範圍內，一方面承受高應力，一方面又能安全地出現一道長裂縫，我們會需要採用高勁度即 E 值高的材料，這樣才能將破裂功的 W 值極大化。軟鋼有高破裂功、高勁度又相對廉價，因此才會那麼廣泛被使用，在政治和經濟上都那麼重要。

如下文所述，前面格里菲斯的公式應用起來有諸多缺陷，我們不應該視它為解決所有設計問題的神來之筆，但它確實有助於釐清各種過去難以理解、充斥胡言亂語的結構破壞情況。

舉例來說，我們現在不必亂用胡說八道的「安全係數」，而是在設計結構時，讓結構得以承受一定長度的裂縫而不破壞。長度要怎麼決定，取決於結構的大小，以及可能的維護和檢查條件。假如結構事關人命，那麼「安全」的裂縫長度至少要讓一位心情煩悶、頭腦不靈光的檢查人員，在照明不理想的星期五午後還能一眼就看得到。

假如是橋梁、大船等極大的結構，我們可能會想要讓結構有辦法安全承受一至二公尺長的裂縫。假如我們預計要容許一公尺長的裂縫，並採用相對保守的假設，推估鋼的破裂功為十的五次方 J／m^2，我們會發現這道裂縫在一一〇MN／m^2（即一五〇〇〇psi）的應力下仍然安穩無虞。但是，如果我們想要更確保安全，預計容許兩公尺長的裂縫，應力就必須減到大約八十MN／m^2（即一一〇〇〇psi）。

事實上，大型結構通常會設計成能承受一一〇〇〇psi的應力，採用軟鋼的話，這樣等於安全係數（更正確來說，是「應力係數」〔stress factor〕）於五和六之間——姑且不管安全係數能代表什麼。若看實務上的案例，四千六百九十四艘船在港口接受例行檢查，其中有一千兩百八十九艘（比四分之一多一些）被發現船體主要結構有嚴重裂縫——當然，發現後有採取補救措施。至於真正在海上斷成兩截的船，雖然數量還是太多，但以比例來說大約是五百分之一，不算太高。假如這些船設計成承受更高的應力，或是船身使用脆度更高的材料，這些裂縫多半還沒檢查出來，船就會先在海上破壞沉沒。

以最單純的格里菲斯原理來看，比臨界長度短的裂縫不可能變長才對，而且由於裂縫一定要從小開始，這樣不應該有任何東西會斷裂才對。當然，實際上，比臨界長度短的裂縫確實會變長，原因則是冶金學家和材料科學家要煩惱的事，如第十五章所述。但好處是，裂縫增長的速度通常夠慢，因此應該有時間被人發現，並且採取補救之道。

可惜的是，情況有時不一定如此。約輸·法奎·克利斯提·康恩（John Farquhar Christie Conn）教授在格拉斯哥大學（University of Glasgow）教造船學，最近才離開這份教職。他曾告訴我，有一位在大型貨輪工作的廚師，有一天早上走進廚房準備煮早餐時，被地板上一道巨大的裂縫嚇到了。這位廚師馬上把餐勤長找來，餐勤長看了看又把大副找來，大副看了看又把船長找來，船長看了看就說：「喔，那沒什麼——我可以吃早餐了嗎？」

但這位廚師有科學頭腦，煮完早餐後就拿了顏料，標記了裂縫的末端，並在標記處寫上日期。貨輪後來遇上惡劣天氣時，裂縫又增長了幾英寸，廚師於是又做了新的記號，並寫上新的日期。他是個相當有警覺性的人，因此這件事陸續做了好幾次。

後來這艘貨輪確實斷成兩截，被拖回港口的正好就是廚師有做記號的那一截。康恩教授說，這是現有最佳、最可靠的文獻紀錄，讓我們看到大型但低於臨界值的裂縫怎麼逐漸增長。

「軟」鋼和「高拉力鋼」

當結構破壞或有破壞的危險時，工程師的直覺可能是要求使用更「強」的材料。以鋼而言，他會要求使用「高拉力」的鋼。但在大型結構上，這樣通常是錯的，因為就算採用的是軟鋼，我們也可以清楚發現材料的強度大半都沒有用上。如前文所述，這是因為結構之所以會破壞，可能不是受強度的影響，而是材料的脆度。

破裂功的數值確實會依測試的方式而有所變化，因此難以測出一致的數值，但當大多數金屬的抗拉強度增加時，其韌性一定會大幅減弱。圖十三是在室溫下，普通碳鋼的抗拉強度與韌性的關係。

若要讓軟鋼的強度增倍，我們可以增加碳的含量，這樣做相當容易又不太昂貴。但是，假如我們這樣做，破裂功可能會減少個十五倍。如此一來，**在相同的應力之下**，裂縫長度臨界值也會等比例縮減，例如從一公尺減為六公分。假如我們將工作應力加倍——理論上，這是增加強度的目的——裂縫長度臨

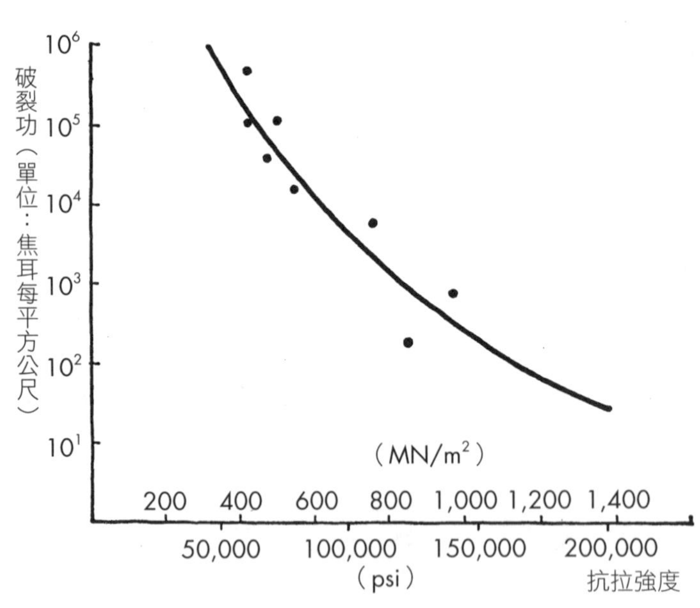

圖十三／普通碳鋼抗拉強度和破裂功的約略關係；資料由W. D. 畢格斯（W. D. Biggs）教授提供。

界值縮減的倍數會是$15\times 2^2=60$。換言之，假如原本安全的裂縫長度是一公尺，現在會變成只有一・五公分——以大型結構而言，這麼短的安全長度實在太危險。

假如是螺栓、機軸等小零件，情況就不一樣了，設計可以容許一公尺長的裂縫是沒有意義的。假如我們可以容許一公分長的裂縫，這樣的裂縫可以安全地承受將近四〇〇〇psi（兩百八十MN／m^2）的應力，此時用高拉力的材料就有道理。因此，格理菲斯原理代表一個意義：整體來說，小型結構比大型結構更適用高強度的金屬和高工作應力。為了安全起見，結構愈大，能容許的應力也就要愈小。大船和大橋的尺寸大小有上限，這一點便是原因之一。

圖十三表示破裂功和抗拉強度的關係，大致適用於市面上的普通碳鋼。假如用「合金鋼」（alloy steel），也就是內含碳以外的元素的鋼，我們可能有辦法讓強度和韌性的平衡更好，但這些合金鋼一般來說太昂貴，無法用在大規模的工程裡。正因如此，生產出來的鋼有大約百分之九十八是「軟鋼」。這是一種較軟、較有延展性的金屬，抗拉強度大約是六萬至七萬psi，或四百五十MN／m^2。

骨頭的脆度

孩子啊，你們還很小，
骨頭也很容易脆掉，
如果要變得又高又壯，
走路時一定要端莊。

羅伯特・路易斯・史蒂文森（Robert Lewis Stevenson），

但是，小孩子的骨頭當然不太脆，*史蒂文森只是寫一些有趣但無稽的詩句而已。在胚胎時期，骨頭開始發育的時候是膠質或軟骨，這相當強韌，但勁度不高（楊氏模數大約為六百MN／m²）。胎兒漸漸發育時，膠質會被極細的無機纖維強化，這種纖維稱作骨元（osteon），主要由石灰和磷組成，化學式大致上可寫成$3Ca_3(PO_4)_2Ca(OH)_2$。骨頭完全強化後，楊氏模式會增加約三十倍，變成大約兩萬MN／m²，但骨頭要到出生好一段時間後才會完全鈣化。小孩子當然無法承受太大的力，但一般來說，他們比較不會斷裂，而是會彈跳，只要去滑雪坡看看就知道了。

但是，若與軟組織相比，任何骨頭都相對比較脆，其破裂功似乎比木材低。受限於脆度，大型動物能承受的結構風險也有限。先前談論船舶和機械時已經提過，格里菲斯原理算出的裂縫長度臨界值是一個絕對的數值，不是相對的；換言之，不論是老鼠或大象，這個數值都一樣。另外，不論是哪一種動物，骨頭的強度和勁度都差不多。由此看來，在安全考量之下，動物的體形最大只能到像人類或獅子一樣大。老鼠、貓或者健全的人類可以恣意從桌面跳下來，但大象恐怕不太可能這樣跳了。事實上，大象必須非常小心才行，我們很少看到牠們像羊或狗一樣跑跳飛躍過柵欄。鯨魚等體形極大的動物，基本上都只會待在海裡。馬的情況似乎比較特殊：最古老、體形小的野馬八成不太會弄斷骨頭，但自從人類培育出被人騎乘也不會疲累的馬兒後，這些可憐的動物好像一直都在斷腿。

眾所皆知，老人的骨頭特別容易斷，我們通常會說這是因為骨頭隨著年紀變得愈來愈脆。當然，這樣的骨折確實有一部分是因為骨頭變得更脆，但這可能不一定是最重要的原因。就我所知。我們目前還

* 《兒童詩園》（*A Child's Garden of Verses*）

沒有可靠的資料，來看骨頭的破裂功會怎麼隨年紀變化。但是，從二十五歲到七十五歲，骨頭的抗拉強度只會減少大約百分之二十二，因此破裂功八成也不會大幅減低。在史翠斯克萊大學（University of Strathclyde）任教的J．P．保羅（J. P. Paul）教授告訴我，他的研究似乎指出另一個原因比較重要：老人的神經系統漸漸無法控制肌腱。舉例來說，突然的驚嚇可能會造成肌肉收縮，即使沒有受到任何外力衝擊，光是這個就有可能足以造成股骨頸骨折。這種事發生時，病患自然會倒地，可能還會倒在某個障礙物上。因此我們會誤將跌倒判為骨折的原因，而不是肌肉痙攣。據悉，非洲有些鹿被獅子嚇到時，後腿也會出現類似的骨折。

＊有些疾病會導致幼兒的骨骼變得脆弱易碎，但這種情況相當罕見。有一位骨科醫生跟我說，我們尚未了解這些疾病的成因。

第二部
抗拉結構

Part Two
Tension structures

2

第6章

抗拉結構和壓力容器

——兼談鍋爐、蝙蝠和戎克船[1]

主帆立起後，船確實航行速度更快，也更能順風航行。但我們快到海岬的時候，陣風變強了。副官又一次直言：「長官，只要再突然有強風，我們就完了。」

船長緩緩答道：「我十分明白，但我先前已經說過，你現在也應該知道，我們只有這次機會。假如我們固定索具的時候有任何差錯，現在就會知道了。假如我們大難不死，這件事一定會是一次教訓，讓我們知道怠職的下場是什麼。」

弗德里克・馬里雅特（Frederick Marryat）船長，《彼德・顢頇》（*Peter Simple*）

最容易在頭腦裡想像的結構通常是純抗拉結構，也就是只需要對付拉力，不需要對付推力的結構。在這樣的抗拉結構中，最容易想像的又是只需要對抗單一拉力的結構。換言之，只需要對付單向拉力，像是繩索、棍棒等基本狀況。植物有時候只會碰到簡單、單向的拉力，特別是在它們的根部。不過，動物的肌肉和肌腱是生物界裡更好的範例，聲帶和蜘蛛網亦然。

肌肉是一種軟組織，從神經接收到特定的訊號後會自行縮短，因此能透過主動拉扯來製造拉力。*

不過，肌肉將化學能轉為機械功的效能雖然超越任何人造引擎，它的力道卻不太強。因此，肌肉若要產生和維持堪用的機械拉力，必須又粗又重才行。部分基於此，肌肉常常會有以肌腱製成的繩索狀拉力構件連接到所要控制的骨頭。肌腱本身無法收縮，但它比肌肉強很多倍，因此只需要截面的一小部分就能承受拉力。肌肉的功能有一部分像繩索，但它也可以像彈簧一樣運作，如上一章所述。

肌腱有些相當短，但手腳內的肌腱有些非常長，在身體內的布局有如維多利亞時期莊園拉鈴系統的配線一般。以我們的雙腿來說，肌肉既占體積又十分笨重，這樣的目的似乎是要讓雙腿的重心盡可能提高。原因如下：正常走路時，腿部像是一個有天然周期、自然擺動的單擺，消耗的能量因此不多。跑步之所以會那麼累，是因為我們逼自己的雙腿用超出自然的頻率在擺動。假如腿部的重心愈靠近髖關節，雙腿擺動的自然周期就會愈短。因此，我們的小腿和大腿會比較粗，雙腳和腳踝通常會比較細小。

但在人生當中，大腳通常沒有大手那麼不便，姑且不論大家對警察的刻板印象是什麼。[2]人類的雙臂當然是從前腿演化而來的，但它們的遠端控制技術似乎又更進一步——手臂裡的肌腱比腿部的更細

---

* 肌肉的運作原理最近被發現了：這種機制是將能量傳入刃差排（edge dislocation），而刃差排的運作方式正好相反。關於刃差排，參見《高強度材料新論》，第四章。

1 英文的junk為同形同音詞（homonym）：「東方帆船」一意係自馬來語經葡萄牙語傳入歐洲（Mandarin一字也是相同的傳入途徑），在十六世紀的英文文獻裡已見此字，在十八世紀以前泛指所有東亞和南亞地區的帆船。「垃圾」一意推測來自古法語，原本是指「老舊的繩索」，到了十九世紀中才漸漸變成「垃圾」的意思。有人認為西方用junk稱呼中國帆船是歧視，但實際上「東方帆船」一意早於「垃圾」。

2 在英語界的刻板印象裡，以前的警察需要經常徒步巡邏，雙腳會因此變得肥大或扁平，所以都追不到嫌犯，美式英語中flatfoot是對警察的貶稱。

長，因此控制雙手和手指的肌肉其實距離相當遙遠，遠在我們的上手臂裡。正因如此，假如所有讓雙手運作的肌肉都必須在雙手裡，我們的手其實會比實際上來得厚大許多。這種用遠端肌肉控制雙手的機制，除了有力學上的優點之外，也許還比較美觀一些。

有一些人造結構只有簡易的單向拉力，像是釣魚線和起重機吊起的重物，這些和第三章吊在繩子上的磚塊並沒有多大的差異。但是，比較有意思的例子，像是船上的索具，或是空中纜道的設計，則是容易出現各種難以預料的狀況。

以船上的索具而言，假如我們有辦法知道每一條繩索需要承載多少重量，就能輕易判斷每條繩索要多粗才安全。但是，帆船極其複雜，作用其上的各種力分別有多大實在難以預測。預測的方法有好幾種，但我強烈懷疑遊艇設計師大多採用「根據經驗用猜的」這種方法。當然，用猜的要想辦法猜對才行，因為重要索具斷裂可能會導致整座桅斷裂。假如船又像馬里雅特筆下的巡防艦那樣卡在下風處的海灘上，這樣會釀成悲劇。

滑雪現今已是龐大的國際產業，產業的運作有賴成千上萬的索道和纜車。我猜，大多數人在纜車上被下方恐怖的山谷嚇暈時，多多少少會擔心那些承載纜車的鋼纜到底有多強。事實上，很少有意外是在鋼纜抗拉的狀態下發生的。這是因為我們能精確算出靜態載重（static load），並確保安全係數充足。比較嚴重的風險包括纜車在風中搖動的幅度過大，導致車箱互撞，或者可能會撞上纜車塔柱。就這一方面而言，設計師好像多半靠的是前例和猜測。

單向拉力的理論還有另一種完全不一樣的應用：樂器的弦。一根承受拉力的弦所發出的音符頻率，*不僅與弦長有關，也與它所承受的拉力有關。弦樂器的弦採用高勁度的材料，像是鋼絲或動物腸，3

並用適當的拉力將它張在適合的架上，像是小提琴的木身或鋼琴的鑄鐵架上。由於弦和琴身構架都有相當的勁度，微幅的拉伸就能大幅改變弦內的應力，進而改變弦的音高。這就是為什麼樂器「調音」要非常敏銳，也是為什麼我們可以撥動繩索，用繩索發出的音高來判斷它裡面的應力。古羅馬的軍隊要求軍官必須有一定的音感，這樣才能評估武器內腱繩的拉力。

人的聲音和弦樂器有所不同，但也有一些相似之處。人類發聲的機制有些複雜，不過不論是唱歌或是說話，喉頭都扮演要角。有意思的是，喉頭內的各種組織是人體內少數符合虎克定律的軟組織。如第八章所述，其他的體內組織被拉伸時，多半各有各的規律，而且往往十分怪異。

喉頭內有「聲帶」，也就是一條條皺褶的組織，肌肉的拉力會改變其拉應力，因而改變它振動的頻率。由於聲帶的楊氏模數不高，若要產生出我們需要的應力，有時需要對它施加極大的應變才行。事實上，如果我們要唱出最高的音高，聲帶的長度可能會需要拉伸大約百分之五十。

這裡需要提醒一件事：女性和兒童的聲音頻率比較高，不是因為他們聲帶裡的拉力比較大，而是因為他們的喉頭比較小，聲帶也因此比較短。成年男性和女性在這方面的差異相當驚人：男性的喉頭大約

---

* 弦承受拉力時，每秒振動次數（即頻率）n為：

$$n=\frac{1}{2l}\sqrt{\frac{s}{\rho}}$$

l ＝弦的長度（m）

ρ ＝弦的材料密度（Kg／m^3）

s ＝弦的拉應力（N／m^2）

3 英文catgut一字泛稱各種動物腸（最常見的是羊或牛的小腸）當作工藝材料來使用，但歷史上從來沒有用貓腸的紀錄。至於確切字源為何，目前尚無定論。有人說西方弦樂器是「用馬的尾巴摩擦貓的內臟」，但這是對catgut一字的誤解。

三十六公厘長，女性則只有二十六公厘。但是，在青春期之前，男孩子和女孩子的喉頭大小差不多。男生在「變聲」時會破音，不是因為聲帶的拉力改變，而是在十四歲左右喉頭突然加大所致。

水管和壓力容器

就一定程度來說，動植物可以看成是由各種管線和液囊組成的系統，而系統的功能是要容納和輸送各種液體和氣體。生物系統內的壓力通常不太高，但也不是零，生物體內部的血管和薄膜有時確實會破裂，而且一旦破裂往往會致命。

在科技方面，我們到相當晚近才有可靠的壓力容器，而且我們多半也不會想到沒有水管的生活會是什麼樣子。古羅馬人的水管無法輸送加壓的液體，因此需要大費周章用石材興建拱形的高架輸水道，才能在一望無際的鄉野間用明渠輸水。最早近似耐壓密閉容器的東西是槍管，但古代的槍管向來不太可靠，經常會破裂。假如我們從蘇格蘭國王詹姆士二世（James II of Scotland）[4]開始，列出所有因槍管意外爆裂喪生的人，這個清單會非常可觀。即使如此，倫敦在一八〇〇年後不久開始出現煤氣燈時，只有伯明罕的造槍工有辦法製造煤氣管，而且最早的煤氣管其實是將銃管相連銲接而成。

蒸汽機的歷史已有諸多著述，卻很少有人論及蒸汽機所需的管線和鍋爐，事實上這些元件比蒸汽機的機制更難處理。最早的蒸汽機又大又重又耗費燃料，主要是因為它們運作的汽壓非常低——但以當時的鍋爐結構來看，還好它們不是高壓。

等到運作的汽壓提高很多之後，蒸汽機才有辦法縮小變輕又符合經濟效益。一八二〇年代的蒸汽船採用所謂「草堆形」的方形鍋爐，汽壓大約為十psi，消耗的煤大約是每馬力小時十五磅。即使到了一八五〇年代，工程師還是只能用二十psi的汽壓，和每馬力小時九磅的耗煤量。到了一九〇〇年，汽壓已經遠遠超過兩百psi，耗煤量也降到每馬力小時一．五磅，八十年下來減少了十倍。讓帆船從公海消失的不是一般蒸汽船而是高壓蒸汽船，它具有三段膨脹蒸汽機（triple-expansion engine）、「蘇格蘭式」鍋爐（Scotch boiler）、燃料成本低及續航力高的特點。

高壓鍋爐的發明過程處處是意外。十九世紀經常有鍋爐爆炸的事件，而且後果往往非常可怕。美國河川上的蒸汽船是採用高壓蒸汽機的先驅：在十九世紀中期，密西西比河上的蒸汽船會固定在河上舉行幾千英里長的激烈比賽。這些蒸汽船的設計師為了減重和追求速度，幾乎可以不計任何代價，設計出來的鍋爐只能說實在太過樂觀。正因如此，光是一八五九至一八六〇年間，就有二十七艘船因鍋爐爆炸而沉沒。*

有些意外是像安全閥被綁死的非法行為造成的，但大多是因為計算出錯所致。這樣太讓人惋惜了，因為幾個基本的算式就能輕易算出簡易壓力容器內的應力——這些計算只需要知道最基礎的代數，而且就我所知，計算簡單到沒有人想花力氣宣稱這些算式是他發現的。**

---

4 這裡指的是十五世紀的蘇格蘭國王詹姆士二世，此時蘇格蘭和英格蘭的王位是分開的。第一位兼掌蘇格蘭和英格蘭王位的國王是英格蘭女王伊莉莎白一世的遠親（十七世紀），他在蘇格蘭稱作詹姆士六世，在英格蘭稱作詹姆士一世。此後蘇格蘭和英格蘭雖然共主，但王位名義上還是分開的，到一七〇七年才正式合併為大不列顛聯合王國，即現代英國的雛形。

* 但反過來說，同一段時間內有八十三艘蒸汽船被火燒沉，八十八艘被沉木撞沉，七十四艘因「其他因素」沉沒。密西西比河上蒸汽船全盛時期看來實在太容易出事了。

** 馬略特在一六八〇年前後提出部分解答，但他那時當然無法利用「應力」的概念。

球狀壓力容器

只要談論任何壓力容器，包括氣球、液囊、胃、水管、鍋爐、動脈等等，我們就必須處理同時朝多個方向作用的拉應力。乍看之下，這可能太複雜，但其實不需要擔心。任何壓力容器的外皮其實有兩種功能：它必須是密閉的，以容納和留住裡面的液體或氣體；它也必須有辦法承受內部壓力所造成的應力。這種外皮或外殼幾乎一定會在自身平面上——換言之，跟它的表面平行——同時承受兩個方向的拉應力。第三個方向即與表面垂直的應力通常低到可以忽略。

為求簡便，我們先看看球狀的壓力容器。圖一是囊狀物體的示意圖，其外皮或外殼應該要夠薄，像是不超過直徑的十分之一。外殼的半徑從外殼厚度的中間量起為 r，外殼的厚度為 t，整個物體承受的內部流體壓力為 p（以上單位不拘，以我們在計算當下採用的單位為準）。

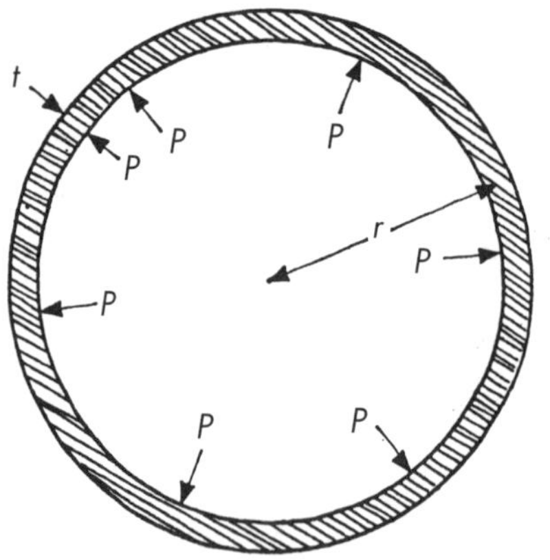

假如我們像切水果一樣，把這個物體切開來，我們從圖一、二和三可以明白看到外殼內與外殼表面平行的所有方向的應力會是：

$$s = \frac{rp}{2t}$$

這個結果相當實用，事實上這也是標準工程公式。

圖一／球形容器，內部壓力為p，平均半徑為r，球壁厚度為t。

圖二／想像球形容器沿著任一直徑被切開，兩半內部分別的壓力總和，必須等於表面（面積為2πrt）被切開來之前所有壓力的總和。

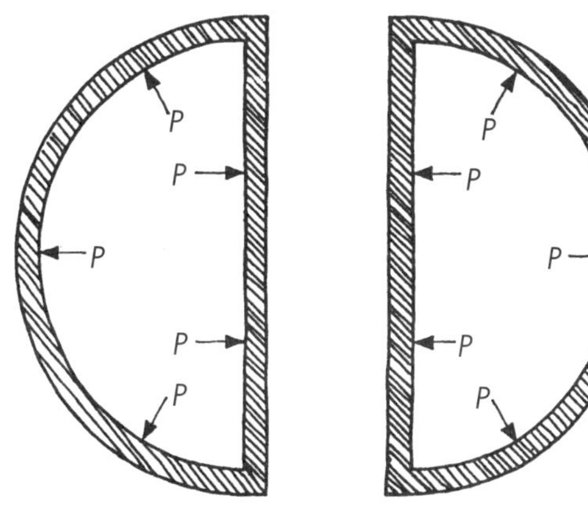

圖三／在半球弧狀內部作用的壓力總和，會等於在相同直徑圓盤上作用的壓力（圓盤上的壓力為$\pi r^2 p$）。因此：

$$應力\ s = \frac{荷載}{面積} = \frac{\pi r^2 p}{2\pi rt} = \frac{rp}{2t}$$

柱狀壓力容器

球狀容器自有用途，但柱狀容器的應用範圍當然更廣，各種管線和管狀物便是如此。圓柱的表面不像球體表面那樣對稱，所以我們就不能假設柱長方向的應力會和圓周上的應力一樣。事實上，這兩個方向的應力確實不一樣。我們把沿著柱長方向的應力稱作s_1，沿著外殼周長的應力稱作s_2。

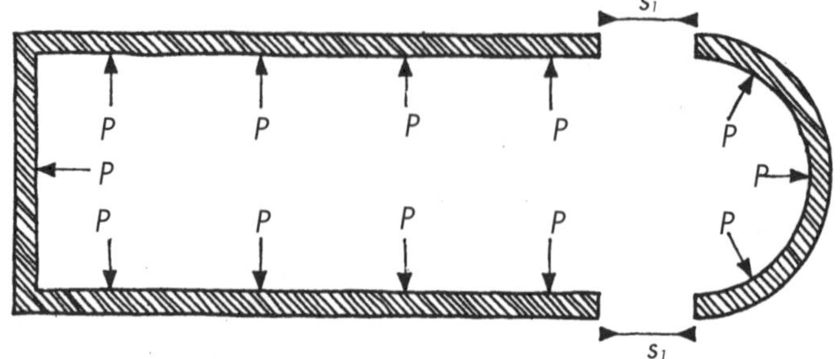

圖四／在柱狀壓力容器裡，縱向應力 s_1 與圖一同半徑球狀容器內相等。

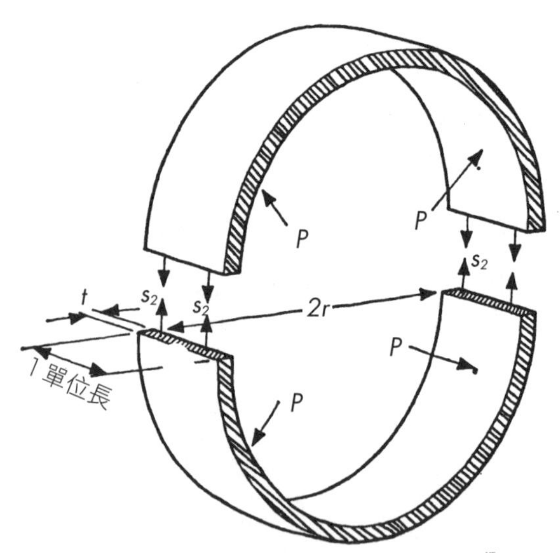

圖五／柱狀容器內的周邊應力 s_2。

由圖四得知，沿著柱長方向的應力 s_1 會和前面的球體一樣，也就是說：

$$s_1 = \frac{rp}{2t}$$

若要算出沿著外殼周長的應力 s_2，我們現在得想像沿著另外一個平面將圓柱切開來如圖五，由此可得：

$$s_2=\frac{rp}{t}$$

因此，柱狀壓力容器外壁的周邊應力（circumferential stress）是縱向應力（longitudinal stress）的兩倍，亦即 $s_2=2s_1$（如圖六）。任何有煎過香腸的人，都有看過這個事實造成的效應：裡面的肉餡受熱膨脹弄破腸衣時，破裂的方向幾乎一定是縱向的。換言之，腸衣破裂是因為周邊應力，不是縱向應力。

以上的算式在工程學和生物學裡不斷出現，我們會用它們來計算水管、鍋爐、氣球、充氣屋頂、火箭、太空船等的強度。如第八章所述，同一套簡易理論可以用來看生物的演化，分析生命如何從單細胞生物的形式，發展成更長、更機動的原始生物。

以上的運算還能得到另一個結論：假如要將定量的液體裝在容器裡，柱狀容器所需的材料會比球狀容器的重。假如重量至為重要，像是登高山會用的氧氣瓶和飛機的啟動瓶，球狀的容器會是常態。大多數其他情況不需要那麼在意重量，因此柱狀的瓶子會比較廉價，也比較便利，醫院和修車廠的「氣瓶」即是一例。

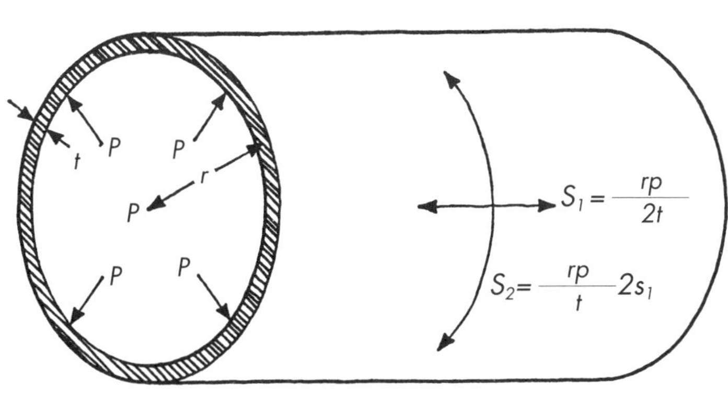

圖六／柱狀壓力容器內壁的應力。

中國工程學——或稱：寧膨勿破

> 帆船的設計師都必須設法解決一個難題：要怎樣才能確保船桅和橫梁不會被拋到船外？這一方面的意見分歧，有兩種主要的看法：東方和西方。我們西方人認為，用複雜的牽索和牽條將桅穩穩栓住最有效。東方人認為這全是鬼扯，更別說極其昂貴。他們會立起一根又高又搖晃的桅，鋪上大片的麻布、竹蓆或手邊任何的材料，然後相信整個東西不會倒。至少我沒碰過其他人覺得這是奇觀。
>
> 韋斯頓．馬特爾（Weston Martyr），《南海水手》（*The Southseaman*）

我們在前面幾段看了壓力容器的理論，這只需要稍稍調整，就能應用在密閉容器以外的事物。換句話說，「開放性」的薄膜和布料需要承受自由流動的風或水對它們施加的壓力，同樣也適用這個理論。這一類的實例包括帳篷、風箏、遮篷、布面的飛機、降落傘、船的帆、風車、耳膜、魚鰭、蝙蝠和異手龍的翅膀、僧帽水母（又稱葡萄牙戰艦）像帆一樣的頂部等等。

在上列的狀況下，比較簡便又有經濟效益的作法（第十四章會再詳述）是不用「堅固」的板子、硬殼或單殼結構（monocoque），而是用棍棒、木桿或骨頭組成一個開放性的構架，再覆上有彈性的布、皮或薄膜。這種結構的剛度不會太高。我們會發現，只要風或水的壓力對薄膜施加橫向的作用力，薄膜就必須撓曲或彎成弧狀，而這個形狀可以視為球體或柱體的一部分，因此薄膜裡的應力會和壓力容器內壁遵守大致相同的原理。

由此我們得知，薄膜裡每單位寬度的作用力或拉力是pr，即風壓（p）乘以薄膜彎曲成弧形時的半徑（r）。因此，薄膜被吹彎的程度愈大，薄膜內的作用力就會愈少，支撐薄膜的構架所承受的荷載也會減少。

當風吹起時，風造成的壓力會以風速的平方增加，因此強風造成的壓力極大，支撐構架的荷載也會變得很大。以西方工程學院的思維來看，我們實在拿這個沒辦法，因為我們寧死也不想讓薄膜，不論是帆、飛機的一部分或任何其他物體，在支撐構架裡被吹到明顯撐了開來。我們當然不可能讓這個材料完全貼平，但我們會用盡一切方法拉緊它。實際上，我們會設法把支撐構架弄得又強壯又笨重又昂貴，然後祈求它不會斷裂——但它當然常常會斷。

舉例來說，現代賽艇採用的索具通常是金屬製的管狀橫梁，和幾乎不能拉伸的聚酯纖維帆布。整個系統符合空氣動力學，但系統若要正常運作，必須靠一大堆繩索，而這些繩索又要用各種螺釘、絞車和油壓千斤頂來綳緊到非常駭人的地步，才能承受船帆裡巨大的荷載，但此時賽艇雖然在海上急行，風卻只是徐徐吹拂著。沒錯，這樣的賽艇是「高效率」工程的奇蹟，但價錢也貴得像奇蹟。在這樣的船上當乘客，心情只會覺得緊綳，絲毫不平靜。

圖七／戎克船的裝帆方式。

比較簡易又便宜的方式，是讓帆在風壓增強時可在支撐構架裡凸起，使得帆面彎曲的半徑減低，因此不論風吹多大，帆裡的拉力大約都維持不變。這樣的撓曲能緩解結構上的問題，但當然要確保不會因此出現空氣動力學上的問題。

針對這一件事，中國人自然找到簡約的解決方法，畢竟他們已經在海上安穩航行不知幾百年了。傳統戎克船的裝帆方式會依各地習俗而定，但通常和圖七差不多。橫貫帆的撐桿固定在主桅上，整個構架都用有彈性的材料製成，因此當風變強時，帆會像圖八那樣從撐桿中間隆起，氣動效率不會降低太多。假如帆隆起來的程度不夠，只需要放鬆帆索即可。暱稱「金髮男」（Blondie）的赫伯特．哈斯勒（Herbert Hasler）中校，最著名的事蹟是在第二次世界大戰時，率領突擊隊偷襲被德軍占領的波爾多港，近年在遊艇上開始使用中國式的斜木桁帆，效果非常好。有好幾艘遊艇採用哈斯勒的裝帆方式，成功完成長程的航行，而且相對輕鬆。現今流行的滑翔翼大致上也是基於相同的原理，雖然守舊的人看了可能會嚇到，但滑翔翼價廉又強韌，而且確實能有效運作。

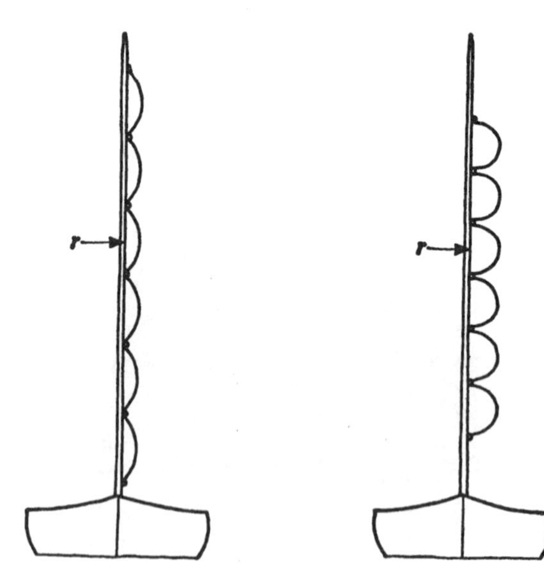

圖八／帆索放鬆後的戎克船帆側視圖。

蝙蝠和翼手龍

拿哥布林的皺臉，
和侏儒地精的尖耳朵；
捎綠衣矮妖的鼻子來，
帶回來，要偷偷摸摸；
取女妖的手，縫上鬼魅的手指，
中間再鋪上蛛紗薄膜；
然後在絨毛般的軀體上
安裝雙腿，讓雙膝瘸簸。

英人道格拉斯（Douglas English），《膨奇》雜誌（*Punch*），一九二三年七月十一日

蝙蝠和戎克船的相似處，一眼就能看見（圖九）。蝙蝠的翅膀都是將高彈性的皮膜覆在細長的骨架上，而這個骨架實際上有如手指。舉例來說，狐蝠的體形相當大，翼展長度達四英尺（超過一公尺）。牠們在原生地印度被視為有害生物，因為一晚飛上三、四十英里去掠奪果園對牠們來說根本不算什麼。牠們飛這麼遠卻不會精疲力盡，表

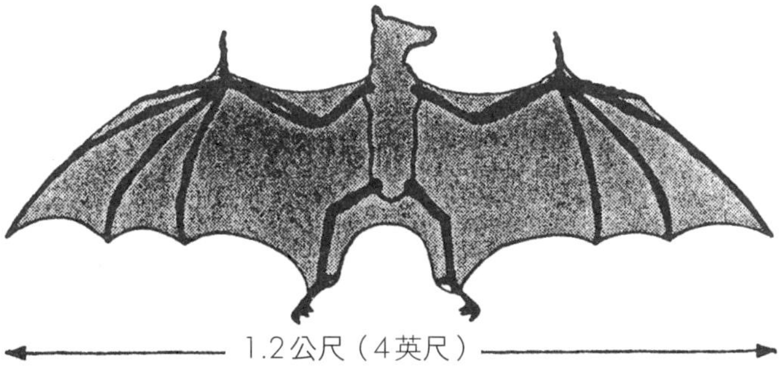

1.2公尺（4英尺）

圖九／狐蝠。

示牠們的飛行效率很高。另外，牠們為了減輕重量和代謝消耗，更是用盡方式將雙翅骨頭的厚度降到最低。

從照片中可以看到，狐蝠在飛行中向下揮翅時，皮膜會向上隆起成接近半圓的形狀，因而將骨架的機械荷載降到最低。我們可以明顯看到，翅膀的形狀這樣改變，氣動效率實際上不會降低多少。

大約三千萬年前，在天上翱翔的動物不是鳥，而是翼手龍。牠們和蝙蝠雖然看起來相似，但只有小指一根骨頭有結構作用。換言之，翼手龍的皮膜翅膀比較像中間沒有橫向撐桿的百慕達帆（**Bermuda mainsail**）。

有些翼手龍的體形非常龐大。舉例來說，我們從化石看到無齒翼龍（**Pteranodon**）的翅展長達八公尺（二十七英尺），甚至更長。牠的身高大約三公尺（十英尺），但全身的重量大概只有二十公斤（四十四磅），因此不論是骨架或飛行用的肌肉都無法太重。近年還有人在美洲發現更大的翼手龍，翼展大約是無齒翼龍的兩倍。

無齒翼龍的生態應該以海洋為主。換言之，牠在生態中的角色可能和信天翁類似。牠和信天翁一樣，大半時間貼在遠洋的海面上飛翔，一邊飛一邊捕魚。從化石來看，無齒翼龍雙翅的骨頭似乎比狐蝠的還要細，修長到幾乎難以置信的地步。當然，牠們翅膀上的皮膜彈性有多高，我們沒有任何實驗資料，但應該可以合理推斷和蝙蝠的十分相似，整個系統的氣動效率應該非常高，與現今的信天翁不相上下。

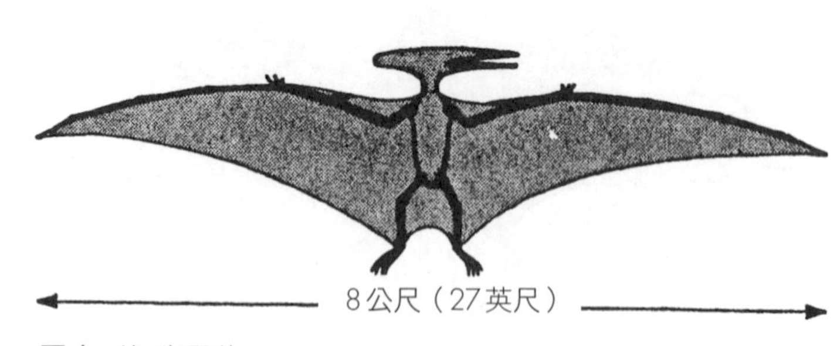

圖十／無齒翼龍。

鳥為什麼會有羽毛？

蝙蝠現今依然活得好好的，但翼手龍早就被鳥類取代了。當然，翼手龍滅絕的原因有可能和牠們的結構毫無關係，但反過來說，也許羽毛讓鳥類具備其他飛行動物缺乏的優勢。我在英國皇家航空研究院（Royal Aircraft Establishment）工作的時候，不時向上司提議，讓飛機長羽毛是不是更好？但很少有人正經或有耐心地回答我。

但是，鳥類**到底**為什麼會有羽毛？假如叫現代工程師設計一隻飛行動物，他可能會弄出一個像蝙蝠的東西，或者有可能像一隻會飛的昆蟲，我不覺得他會想到要發明羽毛。但是，羽毛之所以會存在，想必一定有好理由。我們也許會認為，蝙蝠和翼手龍會從雙翅的皮膜喪失大量的熱能，但反過來說，只要皮上有毛就能有溫暖了。

也許鳥類演化之初就是這樣子，因為羽毛和角爪一樣，都是從毛髮演變而來的。不過，毛髮理論上愈軟愈好，因此毛髮角蛋白的楊氏模數相當低。羽毛的角蛋白則是在分子鏈裡交叉連結硫原子（所以羽毛燃燒時會有那樣的氣味），因而提高角蛋白分子的勁度。

毫無疑問，使用羽毛一定有氣動效率的優勢，因為有了羽毛之後，動物可以用的外形也更多樣了。首先，較厚的翅膀，氣動效率通常比皮膜的薄翅膀更好。若要讓翅膀變厚，只需在翅膀裡填滿羽毛即可，而且重量不會增加太多。另外，跟皮包骨的翅膀比起來，羽毛更容易弄出像「翼縫」和「襟翼」等防止失速的元件。

不過，我個人認為羽毛主要是讓動物具備結構上的優勢。任何飛過模型飛機的人都知道，只要不小心碰到樹或灌木叢，或甚至拿在手上稍有不慎，這麼小的飛行機器有多麼容易受損，而且代價相當高。很多鳥會不斷在樹叢裡或其他障礙物之間穿梭，更會用這些障礙物躲避天敵。對大多數鳥類來說，損失一些羽毛沒什麼大不了，而且跟被貓吃掉相比，鳥當然寧願被叼走幾根羽毛。

跟其他動物相比，羽毛讓鳥類更能承受局部的小傷，而且在羽衣厚實又堅韌的保護之下，鳥類的身體也能避免受到更嚴重的傷害。我們在博物館裡會看到日本甲冑上有羽毛，也許會覺得荒謬，譏笑這是未開化的原始民族才會做的事，但事實上羽毛能有效抵禦刀劍的攻擊。同理，芬蘭在冬季戰爭中對抗蘇聯時，用大捆的紙捲包住裝甲列車。現代戰鬥機飛行員穿的靴子，也是用許多層的玻璃紙來防止各種碎屑刮傷。老鷹在空中獵捕小鳥時，通常不會用喙或爪去殺死獵物，因為這些很可能穿不過獵物的羽毛——牠會將腳伸出來，用腳重擊獵物的背部，讓這個力道打斷獵物的脖子，就像被處絞刑的死刑犯一樣。[5]

羽毛整體組成和設計實在非常靈巧。羽毛大概不需要太強壯，但必須具備高勁度、高彈性能，和高破裂功。羽毛的破裂功機制是個謎：在現在寫作的當下，我想沒有任何人知道這個機制到底怎麼運作。羽毛的破裂功機制和許多其他物體的一樣，看似微小的變化都能帶來重大的影響。任何有養過獵鷹的人都知道，這些異常聰穎的鳥養起來非常消磨精神和耐心，而且很容易出問題。即使牠們飲食正常，也有規律運動，牠們的羽毛還是很容易變得脆弱、經常斷掉。治標不治本的解決方法是羽毛接枝（imping），在雙頭針上沾膠，插入空心的羽管將斷裂處黏回。十六世紀的獵鷹教本就有詳述羽毛接枝的流程。

現今的汽車實在太常發生各種碰撞，代價十分高昂。有時我們不免會想想，我們是不是可以從鳥類身上學到什麼。順便一提，有人跟我說美國的軍隊基本上靠吃雞為生，因此美國國內一定有某個地方有成山成堆的廢棄雞羽毛。假如有辦法替這些羽毛找到一點用途，那該有多好。

5 英國從十九世紀末到一九六五年停止執行死刑之前，絞刑採用長距墜落法（long-drop method），在行刑時讓死刑犯墜落一定的距離（依死刑犯的體重而定），讓重力足以扯斷頸椎但不至於斷頭，因而立即致死。這種作法有別於一般上吊需要一定時間造成窒息而死。

第7章

接合裝置和人

——兼談潛變和戰車車輪

在此我想講一艘戰時打造的船。它是一艘用木頭打造的蒸汽機船，而且用的是好木料，打造它的人也都是精湛的工匠……

它的動態像個背負過重的男人，走了沒多久就失足跌落（只不過是一點點湧浪而已）——它爆了開來，像個被人踩過的老木箱一樣完全解體。不過五分鐘，海面上只剩一片漂浮的煤灰、幾片木板，和一兩個載沉載浮的人。

這是真實的故事。但我的重點是，打造這艘船的人是木匠，蓋房子的木匠，陸地上的木匠——不是造船師。

韋斯頓．馬特爾，《南海水手》

馬特爾筆下的那艘蒸汽機船會突然沉沒，因為打造這艘船的造房木匠雖然認為船身木板接合沒有問題——畢竟他們不是沒良心的工匠——但實際上接合太弱了。事實上，陸地上的木匠在蓋房子或製造傳統家具時，造船師或工程師看到他習慣的接合方式，會覺得它們太弱又沒有效率。說這些接合弱確實有理，但是否「沒有效率」就要看它們的用途是什麼了。蓋房子的人所追求的目的，不一定和造船或造飛機的人一樣。

工程師可能太容易認為在「高效率」的結構裡，每個元件和接合處一定都要剛剛好足以承受所需的荷載，只需用最少的材料就能達到所需的強度，因此重量也能減到最小。在理想的狀況裡，這樣的結構沒有任何一個地方發生破壞的機率比較高，任何地方破壞的機率都一樣，或者像那首名詩的單馬雙輪馬車（**one-hoss shay**）一樣，同一瞬間所有地方都斷裂。[1] 若要達到這種等級的效率，工程師必須非常謹慎細心才行，因為只要設計或製造過程稍有閃失就會出現危險的弱點。

現實中確實有接近這種狀況的結構，格外強調減輕重量的結構更是常見，像是船、飛機和某些機械。但是，用這麼特別的方式來處理「效率」的議題往往實在沒有必要，而且這樣顧不了是否符合剛度的需求，更別說是否符合經濟效益了。單馬雙輪馬車那樣的結構有時有必要，但製造成本很高，維護也十分昂貴。太空旅行之所以所費不貲，有一部分是因為需要讓結構完美，以減輕重量。以比較平凡的例子來說，若看每立方公尺可用空間的成本，小船的成本是一般房子的二十倍上下，而飛機上的空間又比這個高很多。

1 這裡指的是美國物理學家兼詩人霍姆斯（Oliver Wendell Holmes）的長詩《執事的傑作，或稱奇妙的「單馬車」》（"The Deacon's Masterpiece: or The Wonderful "One-Hoss-Shay"）。這首詩描述一位鄉音厚重的教會執事，以「完全合乎邏輯」的方式製造出一輛單馬雙輪馬車，全車沒有任何一個局部結構的弱點，但也因此沒有任何一個地方可以修；馬車用了一百年完全無事，卻在完工後剛剛好一百年的那一天，「開始無徵兆，突然全破敗，正如泡泡破開時一般」，無預警突然全部粉碎，「像是在磨坊裡被磨成粉」。詩的寓旨是：「邏輯只是邏輯。我只能這樣說。」

蓋東西和連接東西的工人當然知道，他們追求這種精巧過頭的結構沒有道理。房子本來就已經夠貴了，他們知道，以普通人穩定的生活來說，在設計結構時勁度遠比強度更重要。

事實上，結構的成本和效率要如何取捨，說到頭來是看強度和勁度哪個比較重要。假如重點是讓一個東西剛硬，而不是強壯，問題就簡單許多，處理起來也比較便宜。一般來說，家具、地板、樓梯、建築等等幾乎都如此，烹調設備、冰箱、工具、重機械、汽車某些零件亦是如此：這些東西不常斷裂，但假如使用比較薄的材料，它們撓曲搖晃的幅度很快就會超出我們能忍受的地步。若要讓它們的剛度夠高，各個部件的厚度必須厚到讓裡面的應力極低——以工程師的觀點而言，可能低到有點誇張。

由此可知，即使這種結構的材料裡處處有瑕疵和應力集中，可能也無關緊要，而且更重要的是，接合的強度也可能不太重要，往往釘幾根釘子就綽綽有餘了。大多數人對「設計」的直覺認知，就是建立在這個之上：絕大多數的人即使沒聽過虎克定律或楊氏模數，也能靠經驗和常識推敲出一張桌子或一間雞舍的勁度，假如這些物體的勁度夠高，承受平常的荷載不太可能破壞。

另外，讓一些接合處有「活動空間」可能也不是什麼壞事，傳統的接合方法比高科技的接合更常看到這個情況。首先，讓物體有一定的彈性，可能對平均分布荷載有幫助。家具的確不太容易斷裂，但我們可以用一種簡易的方法來試試看：拿一張椅子，讓椅子的三個腳站在地毯上，坐下來的時候看看第四個腳會不會碰到沒有地毯的地板。傳統家具使用卯榫接合，接合處變形能讓荷載平均分布到四個椅腳；但現今工廠生產的椅子用「高效率」的黏合方式，接合處反而可能會直接斷裂，椅子可能也無法修復再使用。

讓接合有一定的彈性還有另一個原因：天氣會讓木材的大小有變化，其他材料有時候也會。木材沿垂直纖維方向的縮脹幅度可能達到百分之五，甚至百分之十。傳統的卯榫使用「效率差」的溝槽，但可以容許這樣的變異。劍橋大學的邱吉爾學院（Churchill College）曾經有一張宴會用的高桌（High Table），使用的是最好、最貴的木料，接合處以科學原理黏合，因此非常強勁。學院大廳的空調系統也遵照科學原理控制溫度，但這張高桌放在大廳裡幾個月後，就因為縮水從中間斷開，而且不是一道不起眼的小裂縫，反而是一條好幾公尺長的大溝，讓大量正常大小的青豆在裡面遮風避雨。

接合要強，但人性脆弱

許多結構能承受一定的撓曲，只要使用得當，表現可以相當出色。但是，一旦我們強調減輕重量、增加強度和增加機動能力，我們會碰上各種困難，各個構件的接合處有多麼可靠更是一大問題。造船、風車、水車最嚴重的問題一向是這個。造船工匠和磨坊工匠技藝精湛之處，在於他們在達到安全的強度時，還能兼顧少量的彈性，足以應付木材的縮脹。早期的造船工匠寧可增加彈性，因此他們製造的船往往非常容易漏水，但很少會在海上斷裂。到了現代，戰爭期間的政府發揮他們的行政能力之後，我們才有真正會破成一堆碎片的木船。

在兩次世界大戰期間，船和飛機的接合處都是常見的問題。美國在第一次世界大戰期間經常採用非正統的方法大量製造蒸汽船和木船。這些船有許多最後都斷裂收場。第二次世界大戰時，他們用銲接的方法製造了更多鋼製蒸汽貨輪，這些在海上或港口裡斷裂的比例更高。英國在兩次世界大戰期間製造了非常多的木製飛機，各種接合的問題好像一直源源不斷。

以飛機而言，這種問題一直出現並不意外，因為我曾經多次在主要結構裡關鍵的黏合處看到：

一、剪刀。

二、袖珍本急救指南。

三、黏合處沒有黏膠。

整體來說，我覺得會發生這些意外，不是因為有無能或不正常的人。相反地，這些事通常都是一般人造成的，但問題就是在於這一點。人當然會疲乏和倦怠，但我覺得問題的根源比這個還要深。負責製造這些接合的人，或者說，該弄接合但沒弄成的人，整體來說一定有很多製造櫥櫃和小木屋的經驗，但這些接合出問題的影響不大。他們多半沒有親身經歷過接合出錯釀成的致命意外。我們跟他們說，接合沒做好的話，在道德上等同過失殺人。但民間傳統上覺得拘泥這種小東西太蠢，討論一個東西的強度又太無趣，因此我們的規勸沒有成功。假如製造完成後，我們有辦法檢查接合處，事情就不會這麼嚴重，但實際上我們根本無法檢查。

近年有人開發高效率的黏著劑，能有效將金屬與金屬相黏，在科技上確實帶來不少優勢，但前提當然是接合處必須慎重處理才行。不幸的是，這些黏著劑在使用時，必須另外有安檢人員盯著工人，還要另外有安檢人員來盯著這些安檢人員，因此它們在現代飛機的使用受限。由於必須有這樣的安全機制，成本自然非常高。雖然如此，就我所知，現今金屬飛機愈來愈常在生產時用膠黏合。

接合處的應力分布

接合的作用是將荷重從結構的一個部分傳到相鄰的部分，因此應力必須有辦法從一塊材料出來，再進入另一塊材料裡。這個過程非常有可能造成嚴重的應力集中，進而成為弱點。不過，在一些條件有利的情況下，我們有可能沿著接合面讓應力均勻傳遞到另一塊材料裡，而且幾乎不會出現應力集中。木材用斜接（scarf joint）黏合（圖一），或金屬用對銲（butt weld）接合大致上就是如此（圖二）。

但斜接或對銲有時不可行，兩塊相鄰的板子可能更常採用搭接（lapped joint）的方式來連接。這種形態一定會造成應力集中。假如搭接的接合處要「堅固」，不論是用黏膠、釘子、螺絲、銲接、螺栓，或鉚接接合都沒什麼差異。搭接時，荷載大半會在接合處的兩端傳遞。

正因如此，這種接合的強度多半取決於接合的寬度，與兩塊材料相疊的長度關係不大。因此，用最簡單、最常見的鉚釘和銲接法（圖四和圖五）接合兩片金屬板，其實相當有效，改良也改不了多少。

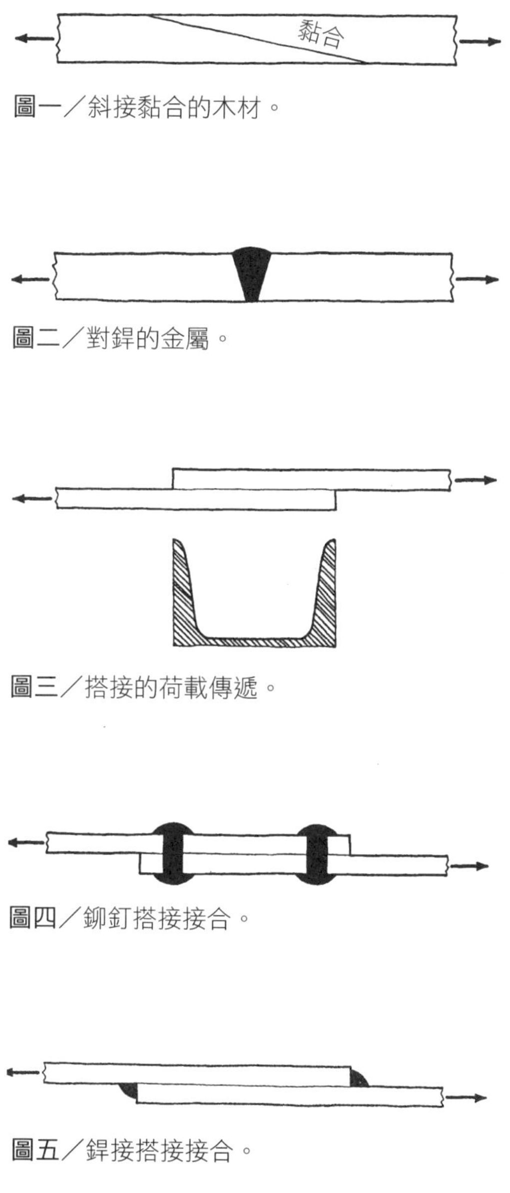

圖一／斜接黏合的木材。

圖二／對銲的金屬。

圖三／搭接的荷載傳遞。

圖四／鉚釘搭接接合。

圖五／銲接搭接接合。

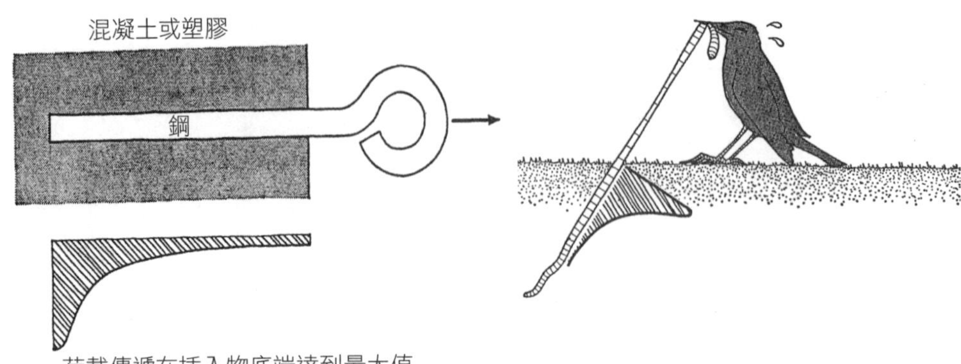

圖七／嵌入的棍棒承受拉力時的荷載傳遞。

圖六

我們常常會想要在張力桿上另外再加上一段，讓它插入承窩或其他固定裝置時更穩固。這時需要考量的情形和上面大致相同，只是這時應力集中只有一處，通常是桿子插入承窩的那一個點上（圖六）。舉例來說，假如桿子或棒子像螺絲一樣栓進承窩裡，幾乎所有的荷載會落在頭兩、三個螺紋上，因此桿子插入承窩的長度再怎麼增加，也不會有多少差別。由此可知，麻雀從草地裡拉出蚯蚓時，蚯蚓的長度和拉扯的難易度無關，一隻短的蚯蚓和一隻長的蚯蚓一樣難拉出來。*

當接合處兩種材料的楊氏模數相近時，兩種金屬的接合通常是這樣，應力分布會像圖六的曲線那樣。另外，當棍棒或張力桿的勁度比承窩或固定底座的材料低，應力分布也會呈現相同的曲線——草地裡的蚯蚓就是如此。不過，假如棍子或桿子的勁度遠高於固定底座的材料，應力的分布可能會相反，應力集中處會落在棒桿的底部或插入部分的端點（圖七）。

在現實中，上述的兩種狀況都一樣有可能讓接合變弱。我們也許可以找到一個剛好的楊氏模數比，讓插入物接合處的應力分布達到最理想的狀態，但就算這樣的最佳比例真的存在，在現實生活中也很難做得到。

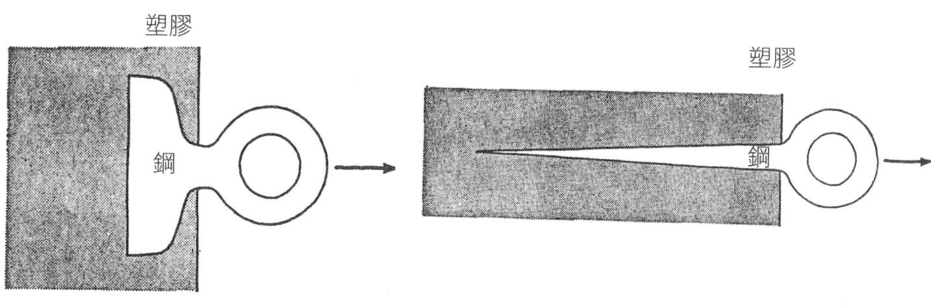

圖八／鋼製插入物不應該用這個形狀。這個方式太弱了。

圖九／鋼製插入物的正確形狀。這個強韌多了。

我有一次需要將強化塑膠的機翼，銜接到飛機金屬機身的定點上。理論上，我早就熟知應力集中和草地裡的蚯蚓等等是什麼狀況，但我那時太愚蠢，竟然是在塑膠鑄模時置入強韌的鋼纜，而且鋼纜的末端像樹根一樣四處鬆散開來。後來用試驗機測試這個糟糕的結構時，鋼纜在一連串的爆裂聲中直接從塑膠裡被拉扯出來，而且這時的荷載還低得十分荒謬。

在接下來的實驗裡，我們把鋼纜換成像劍一般的細錐狀鋼刺，鋼刺先塗上一層適合的黏著劑，再置入塑膠裡鑄模（圖八）。這次測試仍然失敗，破壞時的荷載仍然一樣低，只是破壞時不是一連串的爆裂聲，而是轟然一聲巨響。

我們停下來好好反思，也好好地想了一下蚯蚓的狀況，然後測試了一系列長度很短，但寬扁如鏟的形狀，像圖九那樣。這些鋼製插入物需要很高的荷載才會破壞，荷載與鏟形的寬度成正比。我們拿這個設計來發展，於是有辦法用相當小型的鋼製零件，讓塑膠結構承受四十至五十噸的荷重。

* 同理，若在鑄塑一塊塑膠時，在裡面放入一整團的尼龍繩，**不論繩子有多長**，都可以從這塊塑膠裡整條拉出來。用這種方法可以輕易製造出又長又複雜的洞，像是在風洞測試用的模型裡測量壓力用。

這樣的接合能否成功，完全取決於金屬與塑膠是否能相互黏著，因此鑄模時必須非常慎重，也必須有適當的安全檢查。另外，設計的時候也必須謹慎，因為只要金屬一達到降伏點（yield point），不再有彈性變形後，金屬和非金屬的黏著就會破壞。*由於金屬內的應力通常比想像的高，插入物一般必須以高拉力鋼製成，而且需要小心熱處理。另外，插入物的「末端」必須磨得非常銳利，像鑿刀一樣。

鉚釘接合

「不管怎麼說，我有幾分之一英寸的活動空間，」龍骨翼板抖擻說道。他說的沒錯，船底大夥兒都因此覺得比較心安。

「這樣我們就沒用處了，」底部的鉚釘哭著說。「我們被命令——我們被這樣命令！——無論如何絕對不可以彎曲，但我們彎了，海水會進來，我們會全部沉到海底！什麼壞事都要先怪到我們頭上也就算了，現在我們連自己分內的工作都沒辦法做好。」

「別跟別人說是我說的，」蒸汽輕聲安慰著：「這件事只有你們和我和我前面的那團蒸汽知道：這個狀況遲早會發生。你們**非得**彎那麼一點點，現在不知不覺真的彎了。現在就繼續像之前那樣，好好撐住。」

魯德亞德．吉卜林，《自我發現的船》（*The Ship that Found Herself*）

鋼製結構現在已經不流行用鉚釘接合，主要是因為這樣的成本太高，但也有一部分是因為它們通常比銲接合重。這實在可惜，因為鉚釘接合有多種優點。鉚釘接合相當可靠也容易檢查，在大型結構中多少還能止住裂縫。換言之，假如結構裡出現一道依循格里菲斯原理的長條裂縫，當裂縫碰到鉚釘接合時，由於材料不是連續的，裂縫很有可能會——但不一定都會——被接合的縫隙擋住。

更重要的是，鉚釘接合可以稍微鬆動，幫助分布荷載，因而避免讓各種接合出狀況的應力集中。《自我發現的船》即描述了這個過程，讓它永久流傳。而且，早在英格里斯和格里菲斯之前，吉卜林就已經意識到應力集中和裂縫會對結構造成什麼樣的問題，確實不容易。他的一些短篇故事談論到結構，實在應該當作工程科系的必修教材。

每個鉚釘都能稍稍獨立滑動，這樣有助於緩解應力集中最嚴重的後果。因此，在搭接接合上用多排的鉚釘可能更好，因為最末端的鉚釘滑動的幅動可能夠大，讓中間的鉚釘也發揮一些作用。兩片鋼板或鐵板用鉚釘接合，等到接合漸漸安定下來、荷載合理分布後，鐵鏽可能也有助益。鐵被腐蝕後產生的氧化物和氫氧化物會膨脹，將接合鎖住，因此當荷載反過來時，接合就不會上下滑動。另外，鐵鏽還能像黏膠一樣，幫助剪力在兩片板子之間轉移，因此鉚釘接合通常會隨著時間變得愈來愈強。

我們在船和鍋爐等大型鋼製結構用鉚釘時，通常會直接在結構上打孔。用這種方法在鋼材上製孔迅速又便宜，但不盡理想，因為鉚釘孔邊緣的金屬會變脆，而且往往會有小裂縫。這裡必定會有應力集中，這種狀況堪憂。因此，在高品質的工程裡，鉚釘孔通常會打得比較小，再修到所需的大小。這樣的成本比較高，但接合也確實會更強、更可靠。

* 金屬和油漆或琺瑯，包括玻化釉，也就是玻璃的黏附也是這樣。在現代的伸縮儀問世以前，工程師若要判斷熱軋鋼的「降伏點」，會看軋鋼鏽片（mill scale，即黑色的氧化表皮）從表面剝落時的荷載。

鉚釘接合和螺栓接合有各種不同的形狀和大小，但這些接合失效的方法通常只有以下三種（圖十）：(a)鉚釘或螺栓本身直接被切斷或切剪斷；(b)直接把鉚釘或螺栓從金屬板裡拉出來（鑽孔因承壓變大）；(c)將其中一片承受拉力的金屬板在鉚釘中間撕斷，像撕開一張郵票一樣。

我們通常需要透過計算，來檢驗這三種失效機制發生的機率分別有多少。不過，勞氏集團（Lloyd's）和英國貿易局（Board of Trade）等機構有針對鉚釘接合的設計訂定「規範」，幾乎所有的工程手冊都會列出。

銲接合

現今的鋼製結構廣泛採用銲接合，主要是因為銲接合通常比鉚釘接合便宜，而且強度稍微強一些，重量也能減輕一些。另外，船身在水線以下如果沒有鉚釘頭露出，阻力也會稍稍降低。

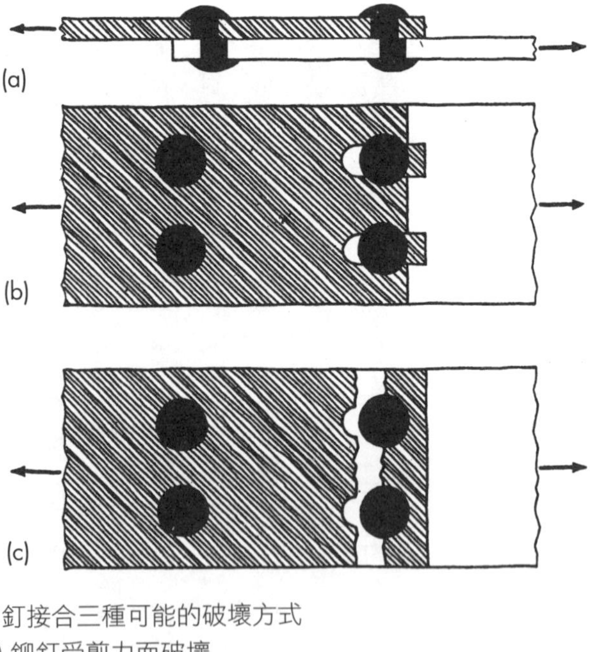

(a)

(b)

(c)

圖十／鉚釘接合三種可能的破壞方式
(a) 鉚釘受剪力而破壞
(b) 鉚釘因鑽孔擴大被拉出板子而破壞(鉚釘孔承壓破壞)
(c)（三）板子因撕裂而破壞(塊狀剪力破壞)

精密的銲接合多半採用電弧焊（electric arc welding）：焊工的右手用絕緣的鉗子拿金屬製的電銲條，左手通常會拿著面具或面罩，用一片非常暗的玻璃保護眼睛，用電銲條末端的電弧「敲擊」接合處。一般使用的電壓為三十至五十伏特，此時電弧的長度大約為四分之一英寸（七公厘），銲條末端的金屬會被電弧熔掉，焊工再將熔化的金屬填滿接合。正確的話，這樣會形成一長條大約四分之一英寸（七公厘寬）的銲接金屬，凝固後會固化並橋接接合處。比較寬的接合會需要多次電銲，一直到填滿為止。

假如銲接的方法正確，接合的強度通常安全無虞，但只要焊工的技術有缺失，或是稍微不留意，就有可能造成像夾渣（slag inclusion）等瑕疵，損及接合的強度，而且不容易被檢查人員發現。技術欠佳的焊工也很有可能熔化附近的金屬材料，導致嚴重變形。這種情況在需要銲接的金屬格外厚時特別容易發生，像是德國施佩伯爵將軍號（Graf Spee）袖珍戰艦（pocket battleship）的機座便因為銲接的瑕疵造成嚴重的問題。

理論上，坦克車車身或船身上的銲接合不需要進一步處理就能不透水，但實際上通常不會這樣。事實上，銲接合比鉚釘接合在這一方面更容易出問題。鉚釘搭接接合可以用氣鑿機器或填縫工具，將接合的邊緣攤平。銲接合不能這麼做，因此最好是用高壓將液態的密封劑注入搭接的兩個銲接處中間。即使如此，我在檢查採用銲接合的戰艦時，仍然發現不少水密性相關的問題。

多年前，我有幸在某個皇家造船廠擔任鉚釘工和銲工，這段時間我學到不少教科書裡不會寫的東西。在裝甲甲板上用氣鎚固定兩英寸粗的鉚釘是一件震耳欲聾的苦差事，但也出乎意料地有趣，我更覺得釘鉚釘的工作需要像打高爾夫球一樣的專注力，而且還有實際的用處。檢查程序又是另一個樂趣。那時我們的工資以鉚釘數量計算，每釘一個鉚釘就有一定的工錢，但只要檢查員發現有瑕疵，需要拆掉和替換鉚釘，每換一個鉚釘就要扣五倍的工錢。

釘鉚釘可能不是天堂般的工作，但相較之下，銲接絕對是煉獄。做銲接頭一兩個小時可能會覺得有趣——搞不好下地獄的頭一兩個小時也是，但過了這段時間後，看著一條滋滋作響的電弧閃過去，把金屬熔成一灘液體，變得無趣又難耐，而且不時冒出的火花還會把一坨坨的熱金屬噴進領口和鞋子裡，無趣又難耐只會更加三分。沒過幾天後，你會因為乏味而開始胡思亂想，因此更無法專注做好銲接工作。

現今管線和壓力容器的銲接合會用自動化的機器進行，由於機器不會覺得無聊，這樣的銲接合通常不會有問題。但是，船、橋梁等大型結構不太可能採用自動化銲接合，因此在實務上，這些結構的銲接合往往相當不完美。另外，銲接合無法防止裂縫繼續擴展，這也是為什麼近年來有不少鋼製結構斷裂，造成重大災難。

潛變（creep）

荷馬知道，馬車搬出來後，第一件要做的事是把輪子裝上去。

約翰・查特威克（John Chadwick），《線形文字 B 的解讀過程》（*The Decipherment of Linear B*, Cambridge University Press, 1968）

邁錫尼和古希臘文明的戰車車輪非常輕，也非常有柔性。這些車輪用細長的木條，木材包括柳木、榆木、柏木等等彎曲而成，而且通常只有四個輪輻（圖十一）。這種構造的彈性極高，也十分耐用。希

圖十一／荷馬時代的戰車車輪相當有彈性，製造的方法是將非常薄的木材弄彎，長時間荷載之下容易變形或發生「潛變」。

臘的丘陵地帶崎嶇不平，較重、較實的車輛無法行駛，但這種高彈性的戰車卻能奔馳其上。事實上，車輪承受整個戰車的重量時，輪緣會像弓一樣彎曲。正如弓不可以長時間穿弦，戰車的車輪也不可以長時間荷載。因此，到了晚上，古希臘人必須把戰車斜靠在牆上，讓車輪不必承受重量。《奧德賽》第四卷裡，奧德修斯的兒子特拉馬庫斯（Telemachus）就是這樣做的，或是乾脆把車輪拆掉。即使是神明也不例外：在奧林帕斯山上，女神赫柏（Hebe）每個早晨的例行公事是幫灰眼女神雅典娜裝上戰車車輪。後來的戰車車輪重了許多，因此每天拆裝車輪就漸漸沒有必要，也難以實行。不過就我所知，現任倫敦金融城市長（Lord Mayor of London）[2]的馬車車輪明顯偏心，大概是因為它們長時間一直承受重量。*

弓和戰車車輪長時間荷載會變形，原因是工程師所謂的「潛變」（也稱作「蠕變」）。為求簡便，我們在談論基礎的虎克彈性定律時，會假設材料承受應力時，會永久承受應力，而且只要應力不變，固體

2 倫敦金融城（City of London）位於大倫敦（Greater London，即一般口語中所指的「倫敦」）的中心，為羅馬帝國時期倫敦城的主要範圍。倫敦金融城市長為一年一任的無給榮譽職，由金融城內各個產業公會代表選出，與全體市民選出的倫敦市長（Mayor of London）不同。

* 據說許多貴賓坐官方的馬車會暈車，原因正是這個。

內的應變不會隨著時間改變。但在現實的材料裡，以上兩個假設都不會完成全立。只要荷載一直維持，幾乎所有的材料都會隨著時間不斷拉伸或潛變。

不過，不同材料潛變的程度有非常大的差異。在科技材料當中，木材、繩索和混凝土都有顯著的潛變，在設計時必須考量這一點。我們的衣服會變形，長褲的膝蓋處會鬆掉，有一部分是因為紡織材料的潛變。不過，和新發明的人工纖維相比，羊毛、綿等自然纖維的潛變更明顯。這就是為什麼聚脂纖維的帆不會變形，而且新帆不需要像棉或亞麻製的帆那樣小心「拉開來」。

金屬的潛變通常比非金屬小。鋼在受熱和高應力狀態下雖然有顯著的潛變，但在一般溫度和輕荷載下，潛變效應通常可以忽略。

任何材料的潛變，都會導致應力重新分配，而且這往往有好處，因為承受應力最大的部位潛變也會最大。這就是為什麼舊鞋穿起來比新鞋舒服。因此隨著時間增加應力集中減低時，接合的強度可能會增加。但假如接合的荷載反向，潛變可能會帶來反效果，接合可能會變弱。

潛變造成的變形，在老舊的木造結構裡格外明顯。老木屋的屋頂常常會往下垂，看起來格外有情況。老木船通常會中間拱起、兩端下垂，這在勝利號戰艦（H.M.S. Victory）的槍砲甲板非常明顯。如果是鋼或其他金屬，通常像是汽車的彈簧失去彈性、需要更換時，我們才會看到潛變的效應。

不同固體可能的潛變程度相差甚大，但幾乎所有的材料都有相似的潛變模式。假如對同一個材料施加各種大小不變的應力 s_1、s_2、s_3 等等，以變形的程度或應變大小當作一個座標軸，時間的對數當作另一個座標軸（將時間取對數，有助於壓縮時間的尺度），我們會得到像圖十二那樣的圖表。由圖中可知，應力有一個臨界值比方說圖中的 s_3，假如應力比這個臨界值低，該材料不論荷載多久都不會斷裂。

當應力大於 s_3 時，該材料不僅會隨著時間變形，還會漸漸變形到破裂損毀的地步，這個結果我們通常會設法避免。

土壤也會像其他材料一樣潛變。因此，除非我們在岩石或非常硬的土地上蓋建築物，我們必須考量基礎的「沉陷」（settlement），通常建築愈大，沉陷的程度也會愈大。這就是為什麼大型建築需要蓋在混凝土的「筏式」基礎上。照片七為劍橋大學克萊爾學院橋（Clare College Bridge），可以看到拱的基礎已沉陷。

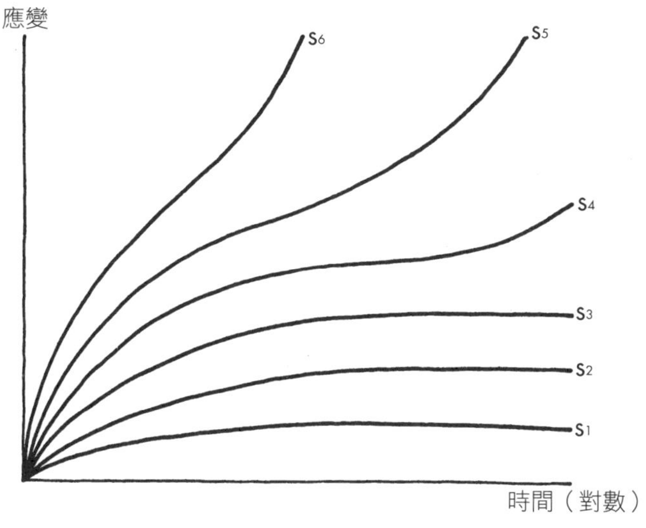

圖十二／材料受到各種大小的應力（s_1、s_2、s_3 等等）後，典型的時間－潛變曲線。

第8章 軟材料和有生命的結構

（或稱：怎麼設計一隻蚯蚓）

「我很高興，」維尼高興地說，「我想到要給你一個有用鍋，讓你在裡面放東西。」

「我很高興，」小豬高興地說，「我想到要給你東西，讓你放在有用鍋裡面。」

A. A. 米恩（A. A. Milne），《小熊維尼》（*Winnie-the-Pooh*）

大自然發明「生命」這個東西的時候，可能焦急地東張西望，看看能不能找個有用鍋放進去，不然生命的形體光溜溜又無拘束，鐵定沒辦法存活多久。此時的地球可能有砂、有岩、有水，也算是有一點大氣層，但很可能缺乏適合當作容器的材料。礦材料可以形成硬殼沒錯，但柔軟的表皮有更多優點，在演化的初期更是格外優越。

從生理結構來看，細胞壁和其他生物體的薄膜需要可以嚴格控制的滲透性，讓某些分子可以滲透，但其他分子不行。這些薄膜的力學機制像是一個高彈性的袋子，整體來說需要抗拉，在大幅拉伸的時候不可以破裂或撕裂，而且一旦造成拉伸的作用力消失，它們多半還得回復原形。*現今生物體薄膜能安全又一再承受的應變，雖然有相當大的差異，但一般約在百分之五十至一百之間。相較之下，一般工程材料在運作狀態下能安全承受的應變通常少於百分之〇．一，因此我們可以說，生物組織需要承受比一般科技固體高大約一千倍的應變，而且在這樣的應變下還能彈性運作。

這麼大幅的應變差異，會打破傳統工程學對彈性和結構的一些思維，而且我們也能清楚看到，採用礦物、金屬或其他堅硬材料的晶體或玻璃狀固體結構，不可能承受這種規模的應變。因此，我們很可能會想，至少材料科學家可能會這樣想，有生命的細胞最初可能像水滴一樣，由表面張力包覆起來。但是我們需要明白，當初究竟是否如此，我們非常不確定。當初發生的事情也許完全不一樣，或者至少遠比這個複雜。我們只能確定動物軟組織的彈性，有時宛如液體表面，因此有可能確實由液體演變而來。

表面張力

如果我們將液體的表面拉伸，讓它的面積比之前更大，我們必須增加液體表面的分子數量。這些多出來的分子只能由液體內部取得，而且還需要對抗各種將這些分子留在內部可能非常大的作用力，才能把它們拉到表面來。因此，液體需要有能量才能產生出新的表面，而表面本身又具有非常真實的拉力。**一滴水或汞就能清楚看到這一點：表面張力會對抗重力，將液體的表面拉成近似球形。

水滴掛在水龍頭出口的時候，水滴當中水的重量會被水滴的表面張力拉住。簡單的小學實驗就能印證這一點。只需要數一數水滴的數量，秤出它們的重量，就能計算出水或其他液體的表面張力。

* 肌肉組織和其他具有收縮功能的活動結構往往會讓力學問題變得更複雜，但這些問題我們暫且先忽略。

** 表面張力的理論最初在一八〇五年左右，由楊格和皮耶—西蒙．拉普拉斯（Pierre-Simon Laplace）分別獨立提出。

液體的表面張力，和繩索或任何其他固體裡的拉力一樣真真實實，但和彈性或虎克式的拉力有三大差異：

一、張力與應變或拉伸無關，不論液體表面拉伸多遠，表面張力都恆定不變。

二、有別於固體，液體的表面可以幾近無限拉伸，能承受的應變幾乎沒有限制，而且都不會斷裂。

三、張力與截面積無關，只與表面的寬度相關。不論液體有多「厚」或多「薄」，換言之，不論有多深或多淺，表面張力都一樣。

空氣裡一滴滴的液體，對生物來說沒什麼用處，因為它們很快就會落地。但一滴液體如果懸浮在另一個液體裡，就能一直持續存在，在生物學和科技上都十分重要。這一類的系統稱作「乳液」（emulsion），常見於乳汁、潤滑劑和許多顏料裡。

水滴大致是球形的，而球體的體積與半徑的立方相關，表面積則與半徑的平方相關。因此，兩個相同的水滴合併，成為一個體積為原本兩倍的大水滴時，表面積會大幅減少，因此表面能（surface energy）也會大減。所以，乳液裡的液滴會傾向聚合，導致整個系統漸漸分成兩個各自連續的液體。

假如我們想要避免液滴聚合、保持分離，我們必須設法讓它們互斥。這稱作「讓乳液安定」，是一種相當複雜的過程。讓乳液安定的一個因素，是液滴表面需要有適當的電荷——這是為什麼酸、鹼等電解質會影響乳液。假如乳液有確實安定，我們需要大費周章才能讓液滴結合。雖然液滴結合後，表面能會降低。這是為什麼把鮮奶油（cream）攪拌成奶油（butter）會那麼費力。大自然其實很擅長讓乳液安定。

用表面張力當作表皮、皮膜或容器，雖然有一些嚴重的缺點，但只要動物甘願不要長太大又保持圓形，這樣倒也沒什麼壞處。一方面，這樣的表皮有很高的延伸性，又能自我修復。另一方面，繁殖的過程也相當精簡，因為液滴膨脹後可以直接一分為二。

真正軟組織的運作方式

就我所知，現今沒有任何生物的細胞壁只靠表面張力來運作，但有不少的運作方式從力學來看有些相似。單純的表面張力有一個問題，它是恆定的，不會因為表皮變厚而增加，假如容器採用這種方式來運作，大小會因而受限。

不過，大自然十分擅長製造出「由裡到外」都有表面張力特性的材料。許多人可能有碰過以下這個尷尬的狀況：牙醫叫你把口水吐出來時，口水會牽絲變成一長條，而且好像拉多長都不會斷。我們還不清楚這在分子層級上是發生什麼事，但各種材料的應力與應變關係大致如圖一所示。

大多數動物組織的拉伸性沒有口水那麼高，但有相當多的組織具有相似的特性，可以承受高達百分之五十以上的應變。年輕人的膀胱大略會像這樣拉伸，承受高達百分之一百

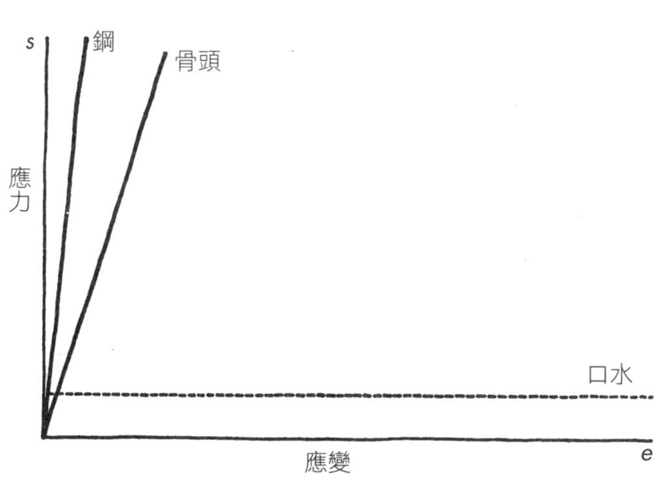

圖一／鋼、骨頭和口水的應力應變圖。

的應變，狗的膀胱更是能達到百分之兩百。如第三章所述，我的同事朱利安．文森博士最近證實，雄性蝗蟲和未交配的雌性蝗蟲角質層只能承受略小於百分之一百的應變，但受孕雌蝗蟲的角質層可以拉伸到百分之一千兩百——而且即使拉伸到這麼驚人的地步，還能完全回復。

大多數薄膜和其他軟組織的應力應變曲線雖然不是真正的水平線，但當應變在百分之五十以內的時候十分接近水平，我們在此可以想一想這樣的彈性會有什麼結果。事實上，任何以這種材料製成的結構，一定會和承受表面張力的液體薄膜十分相似，下回泡澡的時候吹肥皂泡泡就能看到了。

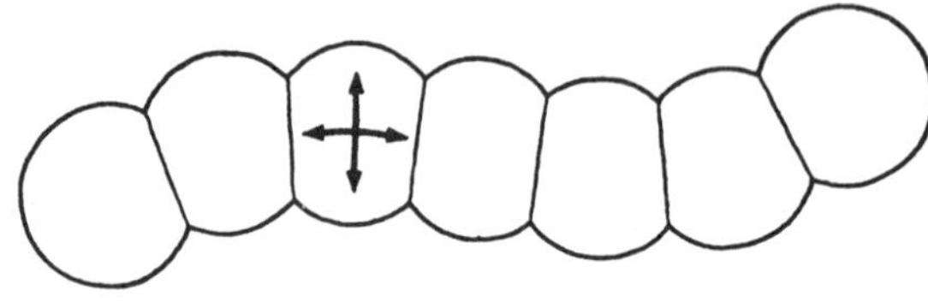

圖二／分節的動物；在動物表面上，兩種方向的應力均等。

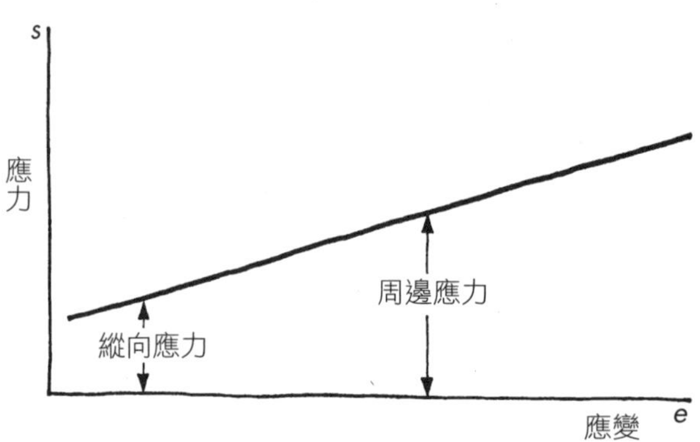

圖三／柱狀容器的皮膜材料，其應力應變曲線必須上傾，才能讓周邊應力為縱向應力的兩倍。

基本原理如下：這一類的材料或薄膜，基本上是應力恆定的物體。換言之，它只能施加一種應力，而且會朝所有的方向施加。能以這種狀態運作的外殼、容器或壓力容器，其形狀只有可能是球體，或是球體的一部分，肥皂泡泡或啤酒泡沫就是明顯的例子。假如要用這樣的薄膜創造出長條形的動物，最好的辦法是給牠「一節又一節」的身體結構，如圖二所示；事實上，像蚯蚓的動物就經常採用這樣的結構。

這種機制也許在蚯蚓的表皮上適用，但如果要製造像血管一樣的長管，就沒有用了。如第六章所述，周邊應力必然是縱向應力的兩倍，但我們在這裡探討的薄膜不可能承受這樣的差異。因此，我們必須使用應力應變曲線像圖三那樣上升的材料。

在各種高拉伸性又符合這個條件的固體材料裡，最為人熟知的是橡膠，現今更有各種自然和人工的仿橡膠材料，有些可以拉伸到百分之八百的應變。材料科學家稱這種材料為「彈性體」（elastomer）。橡膠管有各種不同的科技用途，因此我們大概會覺得大自然應該會演化出一種像橡膠的固體，用來製造血管。但是，大自然並沒有這樣做——而且沒這樣做，是有具體原因的。

橡膠般的材料的一個特點，是應力應變曲線會呈現S形（如圖四）。我用我破爛的數學算出以下的結果：如果用這種材料製造一根管子或圓柱，然後從內部加壓使它膨脹，讓它的縱向應變達到

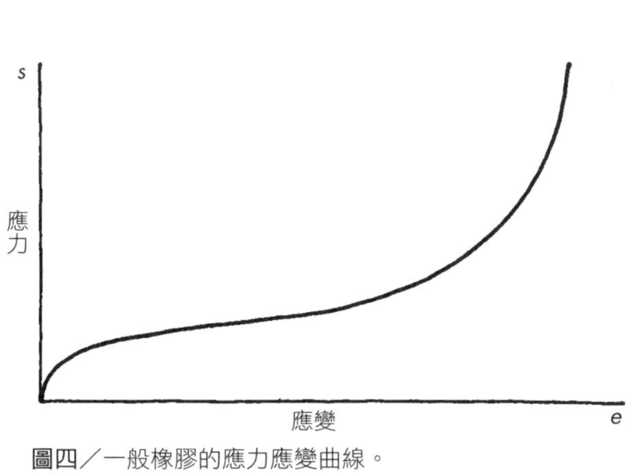

圖四／一般橡膠的應力應變曲線。

百分之五十以上，膨脹最後會變得不穩定，管子會像吞了足球的蛇一樣，中間有個球狀的隆起，也就是醫生所謂的「動脈瘤」。我們拿長條形的氣球，對它吹氣（照片三），就能輕易證實這一點，所以看來我的數學沒算錯。

事實上，動脈和靜脈一般確實需要在百分之五十的應變下運作，而且任何一位醫生都知道血管裡最好不要出現動脈瘤。因此，我們體內大部分的薄膜不應該具備橡膠般的彈性才對，動物組織也確實不太會有這樣的彈性。

我們用數學計算會發現，高應變流體壓力狀態下要完全安穩的彈性材料，必須具備圖五那樣的應力應變曲線。動物組織，特別是薄膜的應力應變曲線大多和這個相去不遠。若要親自體會，只需要拉一拉自己的耳垂。

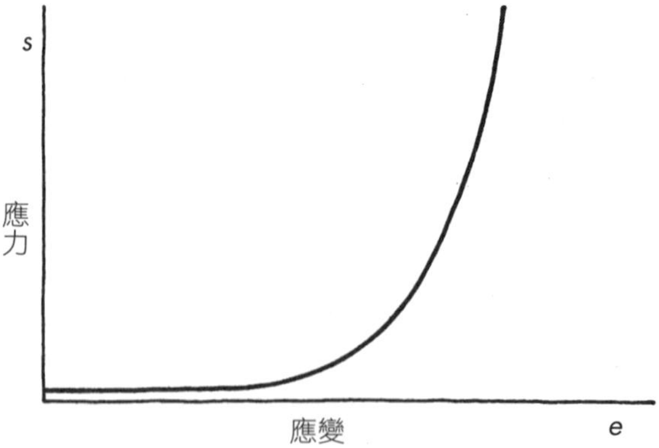

圖五會讓人想問在這一類的材料裡，應力應變曲線是否會經過座標原點（應力與應變皆為零），或者即使應變為零時，材料內仍然有一定的拉力——假如工程師早已習慣像鋼這種虎克材料，這一點鐵定會嚇得他們魂飛魄散？但就我們所見，活體內實在沒有什麼東西可以對應到「原點」。換言之，體內沒有應力與應變真正都為零的地方（相較之下，用肥皂泡泡等材料組成的結構，就會有這樣的地方）。體內的動脈永遠都在承受拉力的狀態。假如從活生生或剛死亡的動物體內取出動脈，它會明顯萎縮。

如下一段所述，這個恆定的拉力可能是讓動脈多一道防備機制，讓它跟著血壓變化改變長度，或者

圖五／一般動物組織的應力應變曲線。

有可能是晚近演化出來的方法，試圖在動脈壁裡平衡縱向與周邊應力——換句話說，是試圖重現遠古生活可能憑靠表面張力存活的狀態。當人受到劇烈、持續的振動像是伐木工人用電鋸時，表面張力有可能消失，動脈便會拉伸，變得扭曲或鋸齒狀。

帕松比（Poisson's ratio）——動脈是這樣運作的

簡言之，心臟是一個往復泵（reciprocating pump），用一連串相當劇烈的脈動將血液送進動脈裡。有一件事幫心臟降低負擔，也對整個身體的健康有幫助：心搏周期在收縮時會將血液送入血管裡，由於主動脈和其他大型動脈能彈性拉伸，因此能容納此時灌入的高壓血液。這樣能減緩血壓的起伏變化，也幫助血液在身體裡流通。事實上，動脈的彈性所扮演的角色，正如機械往復泵的壓縮空氣瓶。往復泵是一種簡易的裝置，如果活塞衝程在排出液體時，能先將液體送進一個氣瓶裡，壓縮瓶子裡的空氣，這樣能讓液體排出更順暢。衝程末泵閥關閉時（就像心瓣膜在舒張期會封閉），瓶中的壓縮空氣會膨脹，進而繼續將液體排出（圖六）。

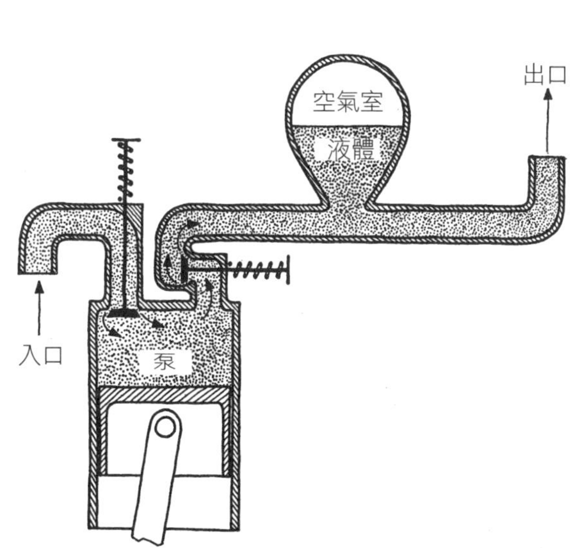

圖六／各個動脈的彈性拉伸，能幫助舒緩血壓的起伏變化，其作用有如往復泵的壓縮空氣瓶。

動脈會規律地拉伸和放鬆，這個過程既不可或缺又有助益。事實上，假如動脈壁隨著年紀硬化，血壓就很可能會升高，心臟因此需要更賣力運作，這樣對心臟很可能不好。我們大多知道這一件事，但很少有人會花個片刻想一想動脈壁裡的應變會如何。

我們從第六章的運算得知，不管像是動脈壁的柱狀容器是什麼材料，縱向應力一定都是周邊應力的一半。因此，如果我們什麼都不管，直接套用虎克定律，縱向應變也會是周邊應變的一半，各個方向拉伸的總長也會依照相同的比例。大型動脈，像是替雙腿供血的動脈的直徑可能有一公分，長度可能有一公尺。假如周邊和縱向應變的比例真的是二比一，我們只需簡單計算一下，就會知道直徑改變半公厘——這個變化幅度，身體可以輕易應付——動脈的長度就必須改變大約二十五公厘，也就是大約一英寸。

當然，我們體內的動脈長度不可能出現這麼大幅的長度變化，更別說一分鐘內拉長又收縮七十次了。假如這種事真的發生，我們的身體根本不可能運作。我們只需要想想一個極端的例子就好：想像一下，假如是大腦裡的血管發生這種事，結果會如何？

還好現實中各種壓力管的縱向應變和拉伸，都遠比這個簡易計算的數值來得小。之所以會如此，是因為有「帕松比」這個東西。

將一條橡皮筋拉長，會發現它明顯變得愈來愈細。幾乎所有的固體都會有類似的情況，只是大多數的材料沒有這麼明顯的效應而已。反之，假如壓縮某個材料，讓它的長度縮短，它會從中間凸起。這兩種都是彈性效應，只要荷載消失，效應也會跟著消失。

為什麼我們在鋼、骨頭等材料裡看不到縱向的動態？因為縱向和橫向的應變都非常小。但是再怎麼小，效應都還是存在。第一個觀察到所有的固體都有這個效應，而且會深深影響現實彈性的人，是法國的西梅翁·德尼·帕松（Siméon Denis Poisson，一七八一－一八四〇）。帕松的家境極其清寒，十五歲之前沒受過多少正式教育，但他對彈性力學方面的研究，讓他在三十一歲時成為法國科學院的院士。

如第三章所述，根據虎克定律：

楊氏模數＝E＝應力／應變＝s／e

因此，假如對一片板子施加拉應力，板子的材料會彈性拉伸，延著我們拉的方向的應變為：

$$e_1 = \frac{s_1}{e}$$

但是，板子的材料也會橫向（即與s_1的方向垂直）**收縮**，形成另一個應變，我們暫且稱之為e_2。帕松發現，當材料相同時，e_1與e_2會有恆定的比例，這個比例我們現在稱為「帕松比」，在本書會以q表示。因此，當任一材料承受單軸向拉應力時，

$$q_1 = \frac{e_2}{e_1} = \text{帕松比}^{*}$$

* 由於e_2與e_1一定正負相反，即帕松比一定為負數，照理來說這個數值應該要有負號才對。但我們暫且忘掉這一點，在此先略去負號，改成在總和裡再補上負號。

e_1（即 s_1 方向的應變）通常稱作「主要應變」。由 s_1 造成、與 s_1 方向垂直的應變稱作「次要應變」（圖七）。

因此，只要知道 q 和E，我們就能算出主要和次要應變。

以金屬、石材、混凝土等工程用的材料來說，q 幾乎都落在四分之一到三分之一之間。固體生物材料的帕松比通常比這個高，大約在二分之一左右。基礎彈性力學的教授會說，帕松比不可以高於二分之一，否則會發生各種不該發生的糟糕狀況。但有時不一定如此，某些生物材料的帕松比甚至可以遠遠超過一。*以我親身泡澡時的實驗來看，我的肚子的帕松比大約是一．〇（見頁一五三註）。

如前文所述，由於有帕松比，假如我們朝一個方向拉扯一塊像薄膜或動脈壁的材料，它會沿著那個

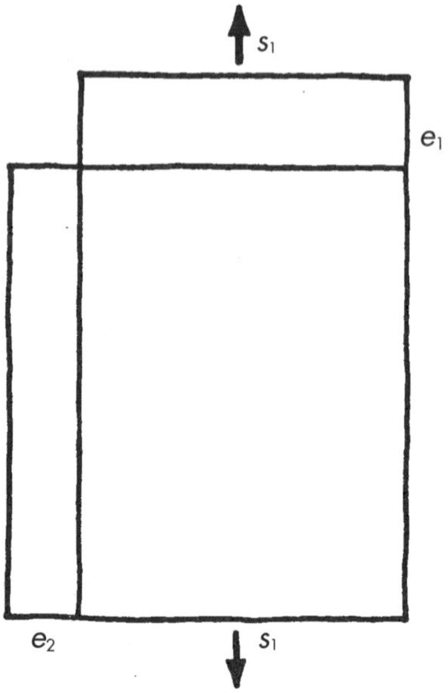

s_1

e_1

e_2

s_1

圖七／固體承受拉應力時，會沿著的方向伸長，這個方向的應變為主要應變；同時，它也會橫向收縮，這個方向的應變為次要應變。

帕松比 $=q_1=\frac{e_2}{e_1}$

由以上可得，$e_2=q\cdot e_1$

另外，由於 $e_1=s_1/\mathrm{E}$（即虎克定律），

因此：$\mathrm{e_2=q\cdot s_1/E}$

方向伸長，但同時也會沿著垂直的方向收縮或變短。假如我們同時施加**兩個**拉力，而且讓這兩個拉力的方向互相垂直，合起來的應變會**小於**兩個拉力分開來施加時的應變。

若兩個同時施加的應力分別為S_1和S_2，沿著方向S_1的總應變是：

$$e_1=\frac{(s_1-qs_2)}{E}$$

沿著s_2方向的總應變是：

$$e_2=\frac{(s_2-qs_1)}{E}$$

另如第六章所述，再考量帕松比的效應，在遵守虎克定律的柱狀壓力容器裡，管壁上的縱向應變會是：

$$e_2=\frac{rq}{2tE}(1-2q)$$

其中r為半徑、p為壓力、t為管壁的厚度。

*以免彈性力學家為此揮筆來信怒罵，我知道這當中牽涉的能量變化，這些異常狀況有合理的解釋。

由此可推得，管子的縱向彈性拉伸會遠比預期少。帕松比為二分之一的虎克材料完全不會有任何動靜。事實上，我們已經看到動脈壁不會遵守虎克定律，而且它們的帕松比有可能高於二分之一。這兩個效應有可能會互相抵銷，因為實驗中幾乎看不到任何縱向的長度變化。*動脈在體內永遠處於拉伸的狀態，這一點無疑是預防任何縱向應變殘存其中。

帕松比的效應在動物體內的組織很可能極為重要，但在工程裡也十分重要，這種效應不斷在各種接合情況裡出現。

這裡應該要再補充：主要動脈會依照上述的方式，跟著每一次的脈搏伸展和收縮，但比較細小的動脈通常不太會這樣。這些小動脈的管壁有肌肉組織，使得它們的勁度更高，因此限制了它們的直徑，進而控制了能進到該身體部位的血液。這樣身體便能調整各個部位的局部血液流量。

安全性——動物的韌性

動物不時會弄斷骨頭或撕裂肌腱，但骨頭和肌腱都沒有本章討論的這種高彈性。軟組織則和它們呈明顯對比，因為軟組織很少發生力學斷裂。這個背後有幾個原因。由於皮膚和肌肉相當柔軟，它們受到衝擊時，有時可以讓衝擊的力道轉移，只受到一點瘀青而已。應力集中可能更值得深究，因為大多數的動物軟組織好像能完全避開這個引起工程災難的主要原因。正因如此，軟組織不需要那麼高的安全係數，因此結構效率也就是結構能承受的荷載與結構本身的重量的比例，可以非常高。

軟組織不受這方面的困擾，不單只是因為它們柔軟、楊氏模數低而已。橡膠一樣柔軟，楊氏模數也低，但我們大多記得自己還是小孩子時，拿著吹滿的橡皮氣球在花園裡玩耍，但氣球一碰到玫瑰的荊棘就「碰！」一聲破了。小孩子不知道由於橡膠會出現應力集中，破裂功又低，只要拉伸開來的橡膠一出現針孔般的破洞，裂縫就會迅速擴展開來。但就算我們那時知道這些事，眼淚八成還是會一直流。相較之下，蝙蝠翅膀的皮膜在飛行時一樣拉伸開來，但不會發生像這樣的事。就算翅膀真的出現破洞，裂縫不太會擴展，傷口也很快就會癒合，而且蝙蝠在這一切當中可能還會一直用翅膀。

我認為這是因為橡膠和動物皮膜的彈性和破裂功有顯著的差異。我們目前對生物體軟組織的破裂功幾乎一無所知，但我們知道大部分軟組織的應力應變曲線長什麼樣子，而應力應變曲線的形狀似乎對破裂的機率有顯著的影響。

蛋殼膜是一個有趣的例子——每天吃早餐就會碰到這個東西，因為它就在水煮蛋的蛋殼裡面。蛋殼膜是少數遵守虎克定律的生物薄膜，它的破裂應變大約是百分之二十四，在此之前會遵守虎克定律。我們只需要用生蛋做一個簡單但可能事後難以清理的實驗，就會發現蛋殼膜很容易撕開。當然，它本來就應該這樣子，因為小雞要做的第一件事就是用喙啄破蛋殼。蛋殼本身的圓頂形狀，正好也讓它難以從外

---

* 給生物彈性力學家的附註：此處為簡化的虎克定律分析。在非虎克定律的系統裡，若切線模數為 E_1 和 E_2，當以下狀況約略成立時，縱向應變的變化為零：

$$\frac{E_1}{E_2} = 2q$$

大部分軟組織的體積大致上會維持恆定，換言之，它們真正的帕松比為零．五左右。但大多數的薄膜只會因單一平面的應變造成變形——換言之，它們拉伸時不會變薄，因此帕松比會看起來接近一．〇，跟我的肚子一樣。如此一來，很可能大約為二．〇。但是，薄膜**為什麼**承受應變時不會變薄呢？關於這一點，參見：E. A. Evans, ***Proc. Int. Conf. on*** *Comparative Physiology* (1974, North Holland Publishing Company)。

面打破，但從裡面可以輕易打破。

蛋殼膜相當特別，因為它一方面要讓蛋內保持濕潤，一方面又要抵擋外部感染，而且在達到作用後要能輕易打破。前面提過它有一種特別的彈性，其原因也許就是因為它需要有這些功能。不過，絕大多數軟組織的彈性和蛋殼膜的差異甚大，比較接近圖五那樣的狀況。以功能而言，這些軟組織多半需要相當強韌。雖然我們還不知道背後有哪些科學上的原因，但從現實來看，應力應變曲線像這樣的材料會非常難撕裂開來。其中一個原因，也許是這種曲線會將儲存的應變能最小化，因此讓裂縫擴展的能量（見第五章）也會最小化。*

如前文所述，動物組織的彈性表現多半如圖五。我得承認，我最初知道這件事的時候，覺得這是因為大自然沒有接受過工程學教育，不知道應該怎麼做才對，因此才會弄出這麼詭異的現象。日後我跌跌撞撞地研究了相關的基礎數學，到了現在才開始發覺，假如要讓結構在極高的應變下仍然能穩定運作，**必須**要有像這樣的彈性才行。事實上，動物組織和材料會發展出這樣的應力應變曲線，正是讓演化得以進行、高等生物得以持續生存的重要條件。生物學家，請注意這一點。

軟組織的組成

也許正因如此，動物組織的分子結構與橡皮或人工塑料的分子結構沒什麼相似之處。這些自然材料大多非常複雜，而且多半是由至少兩種材料形成的複合材料。換言之，它們是由強韌纖維或其他材料的絲狀結構補強的連續相（continuous phase）或基材（matrix）。在許多動物身上，這個連續相或基質含有一種叫「彈性蛋白」（elastin）的材料。它的楊氏模數極低，應力應變曲線有如圖八。換言之，彈性蛋白的彈性，和表面張力材料的彈性只差了一小截而已。不過，彈性蛋白還會被一層交錯、扭曲的膠原蛋白（collagen）強化（照片四），而膠原蛋白的楊氏模數高，又有幾乎完全符合虎克定律的行為。由於有強化作用的纖維相當扭曲，當整體材料處於靜止或低應變的狀態時，這些強化纖維幾乎沒有抗拉的作用，因此最初的彈性大半是因彈性蛋白所致。但是，當複合材料的動物組織繼續拉伸時，膠原蛋白的纖維會漸漸繃緊，因此伸展狀態下的楊氏模數會是膠原蛋白的楊氏模數，也因此會有圖五那樣的應力應變曲線。膠原蛋白纖維所扮演的角色，除了在高應變狀態時提高組織的勁度以外，可能還與組織的韌性相關。不論是因為意外，或是因為手術，當活體組織被切開來時，膠原蛋白在癒合過程之初會被重新吸收，因此從傷口周遭的一定範圍內暫時消失。等到傷口被彈性蛋白填補完成後，膠原蛋白才會重新形成，組織才會恢復原有的強度。這個過稱可能需要三至四周，在此期間傷口周圍皮膚的破裂功會低到驅近於零。正因如此，假如手術之後兩、三周需要打開手術傷口，新生的接合很可能拉不住傷口。

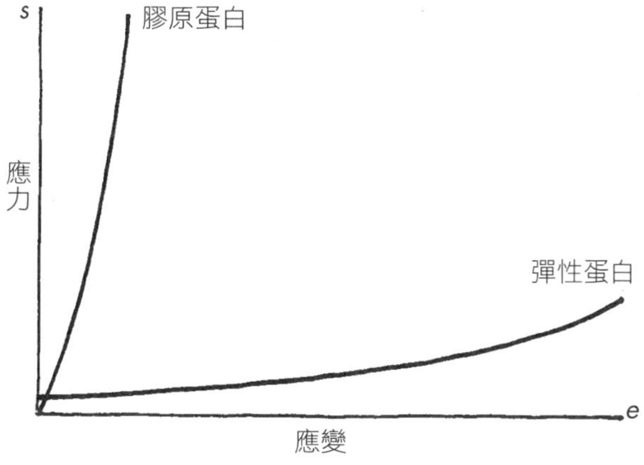

圖八／彈性蛋白和膠原蛋白的應力應變曲線（約略圖）。

膠原蛋白有許多種形式，其中包括絲狀、扭曲的長串

＊大多數動物組織像皮膚的應力應變曲線形狀與針織布的十分相似，而針織布幾乎不可能撕開。

蛋白質分子。它之所以抗拉，是因為分子內的原子鍵需要被拉開來。換言之，它和尼龍或鋼同樣是虎克材料。那麼，為什麼彈性蛋白的行為表現有如表面張力一般？簡單來說，沒人知道答案，但劍橋大學的托克．韋斯—福格（Torkel Weis-Fogh）和史文．尤拉夫．安德森（Svend Olav Andersen）教授認為，這可能是因為一種表面張力的變形所致。根據他們的假說，彈性蛋白可能是彈性、長鏈分子在乳液中形成的網路；由於網路中的分子會被液滴浸濕，但不會被分子之間的材料浸濕，這些分子為了保持能量，會想要盡可能捲曲或折疊在液滴內（圖九a）。材料受拉時，這些分子會被拉伸出液滴之外（圖九b）。*

我們的身體當然有一大半是肌肉，這是一種可動的材料，收縮時能產生出肌腱和其他地方所需的拉力。不過，肌肉裡也有膠原蛋白纖維，而膠原蛋白在彈性拉伸當中沒有主要作用。我們拉伸死掉的肌肉時，會發現它的應力應變曲線和圖五十分相似，因此膠原蛋白在肌肉裡的作用，主要可能是當肌肉放鬆或伸展時，限制肌肉過度拉伸。換言之，它有安全防護的作用。

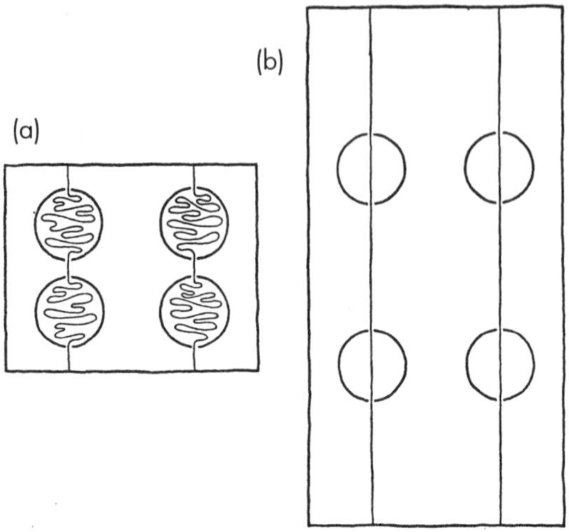

如前文所述，膠原蛋白在肌肉中的另一個作用是增加破裂功。這樣對動物有幫助，但假如我們想要吃這個動物的肉，這樣反而造成不便。換句話說，肉質太硬，是因為有膠原蛋白。但是大自然看來並沒有站在素食主義者這邊，因為睿智

圖九／彈性蛋白假想形態。
(a) 靜止或未拉伸狀態。鏈狀分子在液滴內完全或大部分折疊。
(b) 拉伸狀態。鏈狀分子被拉出液滴外。

的大自然下旨，讓膠原蛋白分解成濕潤時強度低的明膠（gelatin），而且分解時的溫度比彈性蛋白或肌肉能承受的溫度還要低一些。因此，將肉煮熟的過程，其實就是用烤、炸或水煮等方式，將大部分的膠原蛋白纖維轉變成膠狀或果凍般的明膠。學到這種科學知識後，我們不禁會感受到上天確實是賜福的。

＊在本段文字撰寫完成後，約翰．高斯森（John M. Gosline）博士又針對彈性蛋白的作用方式提出另一種假說。

照片1 第2章 ｜ 支撐索爾茲伯里大教堂尖塔的四個石柱，每個都明顯彎曲。石造結構比一般的認知更有彈性。

照片2
第4章

裂縫尖端的應力集中。在偏極光照射之下，我們可以看到透明材料裡的剪應力。照片中的每一個條紋，即剪應力的等高線。

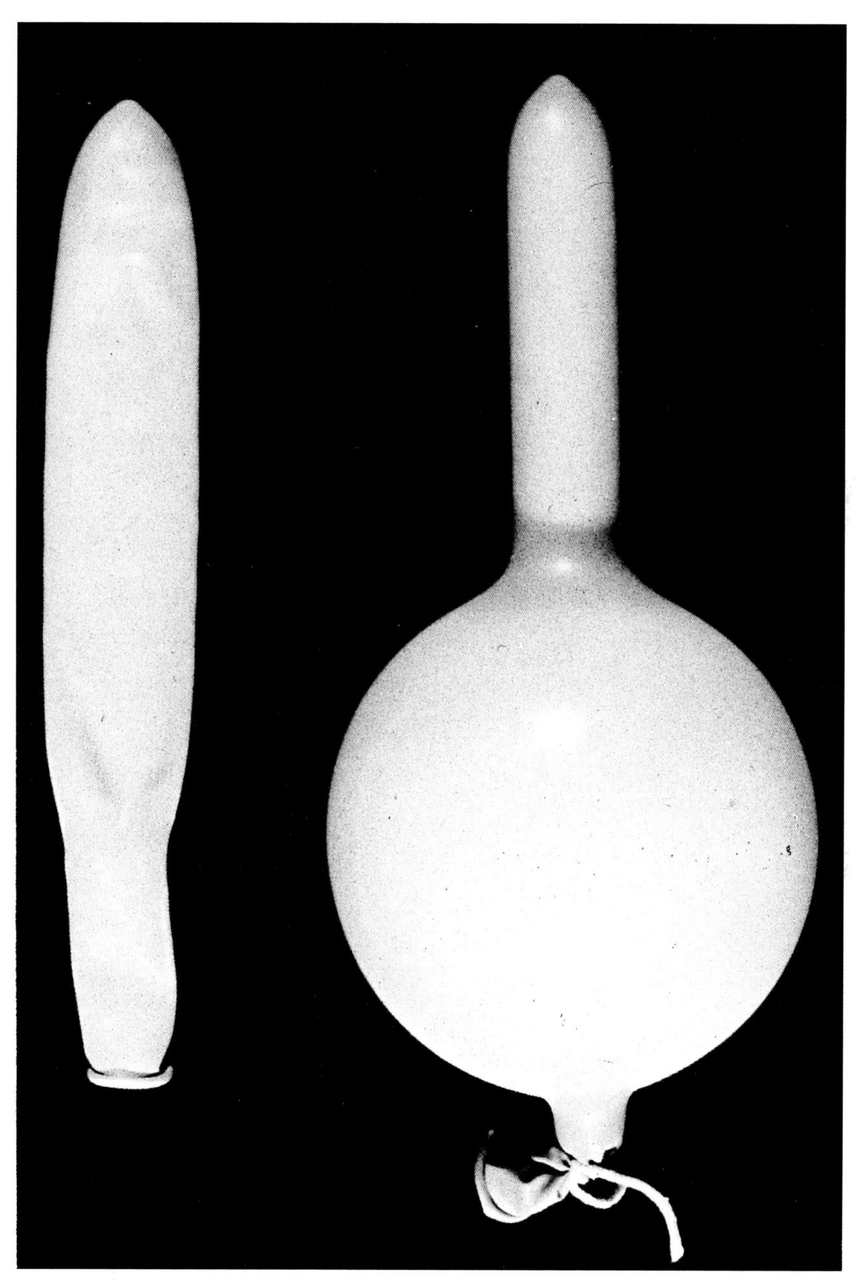

照片3
第8章

橡膠的應力應變曲線為S形，如第八章圖四所示。用這種材料製作的管子受到壓力時不會均勻膨脹，而是變成像「動脈瘤」的形狀。這就是為什麼動脈壁不會像橡膠一樣有彈性。

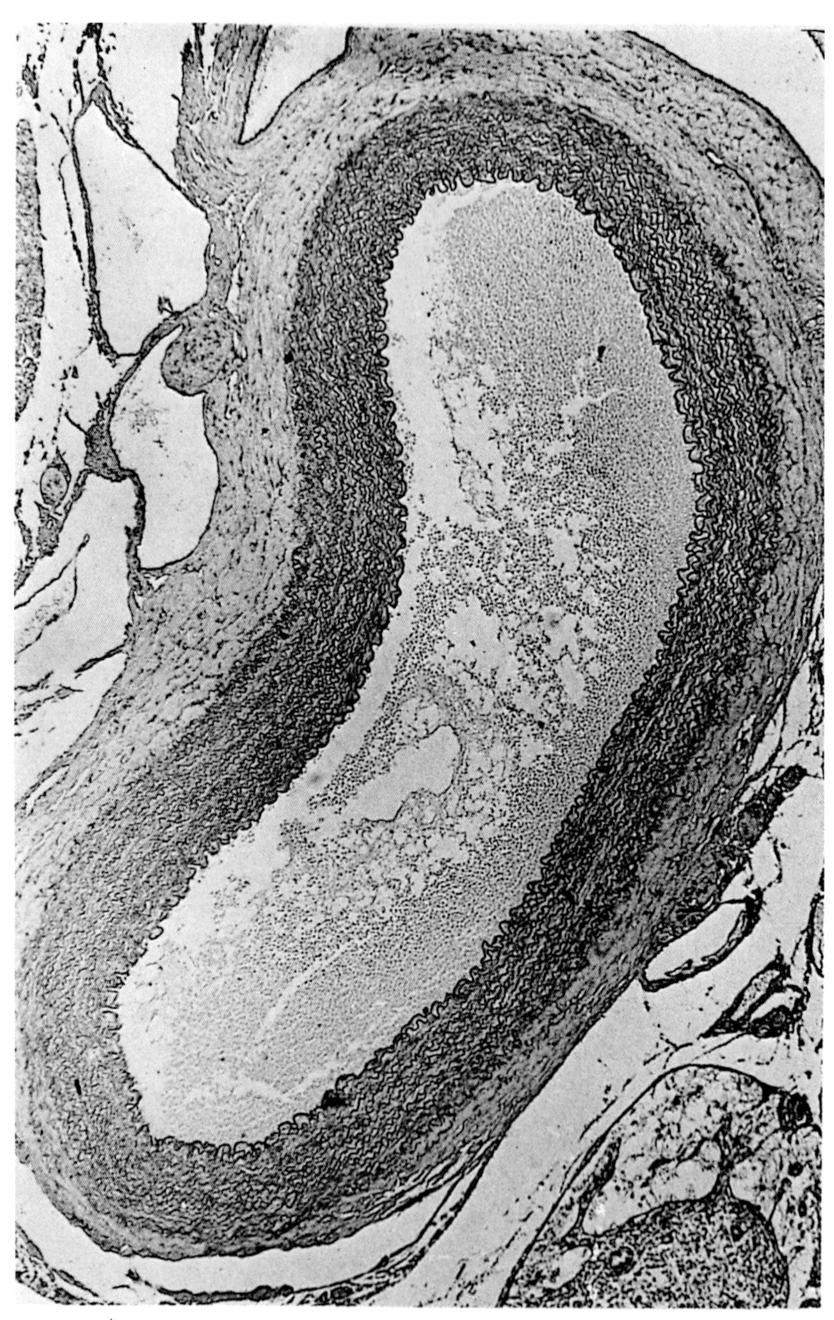

照片4
第8章

動脈壁和其他活體軟組織的彈性比較特殊，如第八章圖五所示。動脈壁有一部分由彈性蛋白構成，並由交錯、扭曲的膠原蛋白強化，如此便能得到生物體所需的「安全」彈性。（當動物死亡後，動脈裡不再有血液時，動脈通常會變得扁平。）

照片5 第9章 | 提林斯古城的疊澀法拱頂（公元前1800年左右）。在真拱出現以前，先有疊澀法的拱和拱頂。

照片6｜提林斯古城的半疊澀法暗門。荷馬讚嘆這些城牆時，城牆
第9章｜早已十分古老。

照片7 第9章 | 讓真拱倒下來非常困難。劍橋大學克萊爾學院橋的基礎早已移動，拱已經變形，但橋本身安全無虞。

照片8
第9章

奧林匹亞宙斯神廟的一部分。公元138年左右，羅馬皇帝哈德良在雅典建造這座巨大的科林斯式神廟。有一個橫梁看得出有裂縫。照片中還看得到雅典衛城的城牆，高高聳立在哈德良建造的神廟上方。

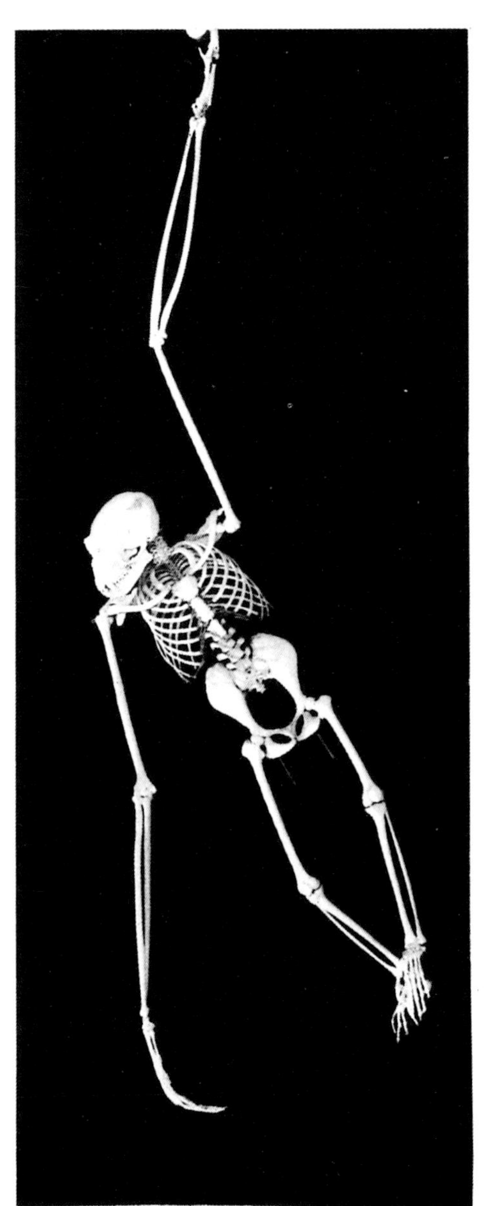

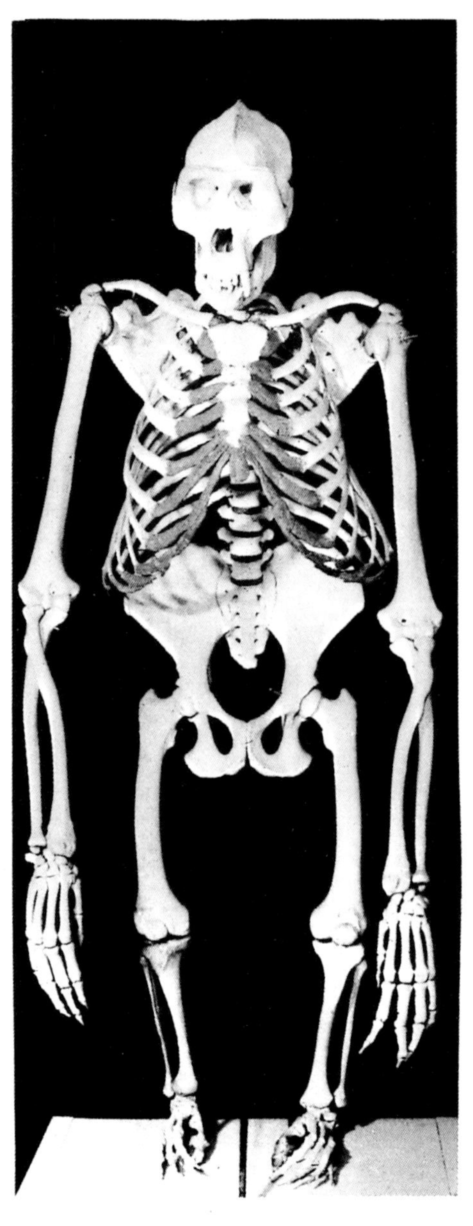

照片9
第9章

長臂猿（左）與黑猩猩（右）的骨骼（兩者比例尺相同）。「平方一立方法則」比較適用於梁，不適用於柱。因此，動物變得愈大，肋骨和四肢的骨頭與脊椎相比會變得更粗。

照片10
第10章

布魯內爾的梅登黑德鐵路橋（1837），有著世界上最長、最平的磚拱。許多人認為橋拱一定會倒塌，但它們至今依然矗立著，而且承受的火車重量比布魯內爾當時的還要重十倍。

照片11 第10章 泰爾福德的梅奈吊橋（1819），其550英尺（166公尺）的跨距逼近鍛鐵鍊吊橋的極限。

照片12 第10章｜塞文吊橋（Severn Bridge）使用高拉力鋼製成的吊纜，抗拉強度為鍛鐵的十倍，因此能蓋出比泰爾福德的梅奈吊橋長將近十倍的橋梁。

照片13 第11章 | 當建築像國王學院禮拜堂沒有側廊時，扶壁可以直接向上延伸，不會造成問題。

照片14
第11章

勝利號戰艦，其桅竿為極大型桁架懸臂梁結構之絕佳典範。

照片15 第11章｜美國之所以能迅速打造成本低廉的鐵路，是因為鐵路網廣泛使用木棧橋，以降低填土的成本（約1875年）。

照片16
第11章
與13章

羅伯特・史蒂芬生的不列顛大橋（1850）採用鍛鐵箱形梁，並讓火車在箱形梁內行駛。由於梁的鐵板相當薄，工程師為了防止鐵板挫曲，遭遇不少挫折。圖中有多位當時的工程師聚在橋前。羅伯特・史蒂芬生位於中間偏左，伊桑巴德・金德姆・布魯內爾坐在最右邊。

照片17 第12章

沿45°裁切某些正方形編紋的布料，會讓布料具有低剪力模數和高帕松比。薇歐奈女士發明的斜裁法便利用了這些特點。此圖為早期的薇歐奈斜裁洋裝（1926）。

照片18 第12章 | 當代的平裁洋裝（同為薇歐奈的設計），可看到帕松比低，而且衣服不會緊貼身體。垂直的折紋由華格納拉力場形成。

照片19
第12章

菲利旋翼飛機（Fairey Rotodyne）機身表面的華格納拉力場。

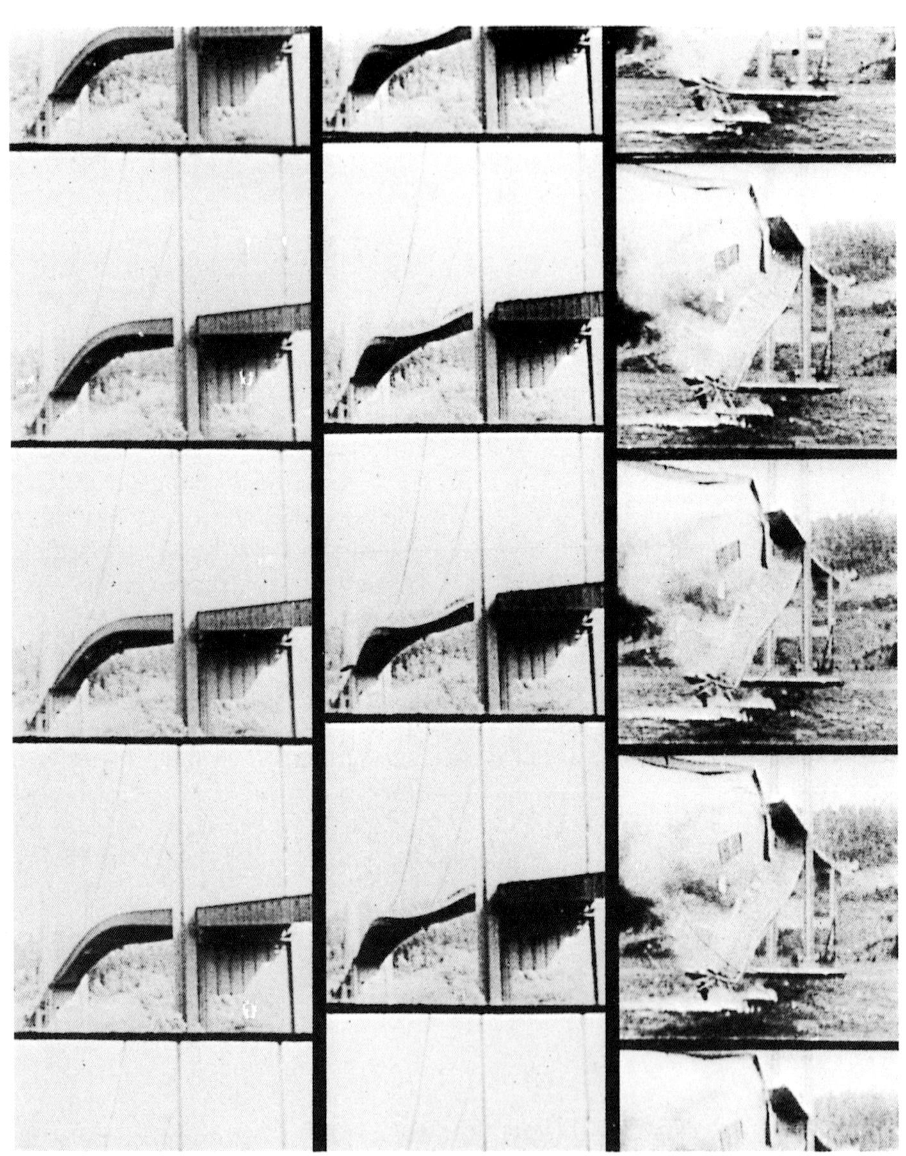

照片20
第15章

吊橋的抗扭矩勁度不足會有什麼下場，塔科馬海峽吊橋是一個經典的例子。這座吊橋被人稱作「飛奔的葛麗」，即使風力不太強也會劇烈擺盪，不久就在時速僅僅42英里的風中擺盪到蜷曲、倒塌。

照片21
第16章

第一台真正量產產品用的機械，是樸茨茅斯造船廠的滑輪製造機。不論是機械本身，或是機械製造出來的滑輪，都堪稱相當耐看，甚至可以說美麗。

照片22
第16章

喬治・林納克斯・華生開發的經典蒸汽艇形式，是所有形式的船當中絕美的一種，但其形式大半不具有功能；船的兩端，特別是船首斜桅延續了帆船的形式。換句話說，這些是「擬真物」。（S.Y. Nahlin）

照片23 第9與16章　我們不可能只用一張照片來完整評斷帕德嫩神廟，但這張在神廟西南角拍攝的照片或許可以略窺一二。（左邊的楣石已開裂；正因如此，楣梁會分成三個部分。）

照片24
第16章

邁錫尼文明古希臘人約公元前1500年在設計建築時，會考慮石材抗拉強度低的特性，這一點與一千年後古典時期的古希臘人不同。邁錫尼城獅子門的楣上有一塊三角形的石頭，用來減輕拉力荷載；楣梁為一體成形的石塊，承受的應力非常低。

第三部

壓力和撓曲結構

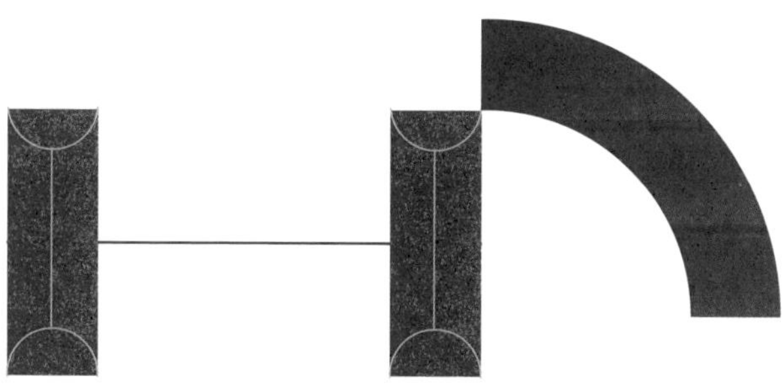

Part Three

Compression and bending structures

3

第9章

牆垣、拱門和水壩（或稱：直達雲霄的高塔，以及石造結構有多麼穩固）

積木能蓋出什麼建築？
城堡和皇宮，神殿和船塢。

羅伯特．路易斯．史蒂文森，《兒童詩園》

如前文所述，除非你有像大自然那般靈巧，否則只要稍有不慎，打造抗拉結構的過程就會處處碰到困境、難題和危險的陷阱。假如我們想要用超過一種材料來打造結構，這個問題就更加明顯，因為我們得防止它從結合處裂開。正因如此，我們的老祖先通常會盡可能避免建造抗拉結構，改採用所有元件都受壓的構造。

壓力結構當中，最古老又最適切的方式是採用石造結構。事實上，石造建築之所以會那麼成功，主要有兩個原因：第一個原因相當明白，就是避免產生拉應力，特別是在接合處。第二個原因可能就沒那麼明白了——沒有科學的幫助，思考會處處受限，但處處受限的思考正好可以應付大型石造建築的設計議題。

在各種人類可以製造的結構當中，假如人類只懂得盲目遵從既有的傳統比例，**只有**石造結構不會自動釀成災難。正因如此，在人類歷史上最大、最壯觀的建築裡，絕大多數都是石造建築。人類一直想要蓋出直達雲霄的高塔和莊嚴的神殿，甚至早在有書寫的歷史之前就有這種慾望了。本書第一章開頭的引言，是聖經〈創世紀〉中對巴別塔的描述；我們知道這個計畫打算要讓「塔頂通天」，但我想沒有神學家認真想過，像這樣的一座高塔到底能蓋多高。

石牆承載的重量幾乎全是它們自身的重量，因此如果要回答這個問題，一個方式是看看石造結構本身的靜重，直接在塔底造成的壓應力（compressive stress）有多少。當石磚開始被上方的重量壓碎時，塔的高度就到達極限了。

磚塊*和石頭的密度大約是每立方英尺一百二十磅（二〇〇〇 kg／m³），壓碎強度（crushing strength）則通常高於六〇〇〇psi或四十MN／m²。只要用點簡單的算術，就能算出一座所有牆面直立的高塔可以蓋到七千英尺（即兩公里）高，底下的磚塊才會開始碎裂。但是，假如讓高塔隨著高度漸漸變細，高度就能再提升。高山就是如此：聖母峰高達二九〇二八英尺（大約八公里），但完全沒有任何快要崩塌的跡象。因此，假如我們把塔底加大，並且隨著高度漸漸變細，一座單純的高塔有可能高到讓示拿地的人都缺氧窒息，但塔牆還沒被自身的重量壓毀。

這個數字本身沒什麼錯，但事實上就算人類的野心再怎麼大，都沒有人蓋出接近這個高度的高塔。

*〈創世紀〉第十一章明白說：「讓我們來做磚，把磚燒透了。」他們可沒像埃及人那樣用廉價的泥磚。這像是遠古的協和號謬誤（Concorde syndrome），投入太多資源但達不到成效，可是又不想浪費投資，因此不肯收手。

現今最高的「建築」可能是紐約的世貿中心大樓，但它們只有大約一千三百五十英尺（四百公尺）高。而且，我們可以說世貿中心大樓和其他摩天大樓都作弊，因為它們是鋼製結構。吉薩的大金字塔和最高的教堂尖頂略高於五百英尺（一百五十公尺），但很少有石造建築達到這個高度的一半，絕大多數的石造建築都比這個高度矮很多。

因此，一般石造建築自身靜重所造成的壓應力確實不高，通常不到石頭壓碎強度的百分之一，所以實際上不是限制建築高度或強度的主要因素。但假如再看《聖經》裡的例子，西羅亞樓（Tower of Siloam）可能沒有多高，但倒塌的時候壓死了十八個人。即使建築師和建築工人自信滿滿，石牆和石造建築還是會不時倒塌，古時便是如此，至今仍然如此，而且因為石頭很重，倒塌時往往會壓死人。

假如石牆倒塌的原因不是石材直接造成的壓應力，那原因是什麼？若要回答這個問題，我們可以再去看看小孩子做的事。我們小時候常常會玩積木，而且第一件事往往是把積木一個疊一個，弄出一個搖搖欲墜的塔，而且通常沒多高就會倒了。小孩子不可能用科學的語彙描述原因，但他們也一定知道，這絕對不是因為壓應力把積木壓碎。積木真正承受的應力小到可以忽略。真正的原因是塔沒有完全筆直，才會導致積木倒塌。換言之，結構會破壞，不是因為強度不夠，而是因為不夠穩定。小孩子很快就會發現這一點，但建築師和建築工人不一定能馬上明辨。同理，藝術史學者在描述大教堂和其他建築時，書寫的文字往往讀了會讓人搖頭。

推力線（thrust line）和牆的穩定度

此高樓門面多麼巍然屹立，
那古老大理石柱高高聳起，
將龐然拱頂高舉在空中，
那不動不搖的堅實隆重
即是寧靜之貌。我惆悵舉目，
既畏怯又感慄慄危懼。

威廉．康格里夫（William Congreve），《哀悼的新娘》（*The Mourning Bride*）

安妮女王在位期間，文人的圈子不大，因此康格里夫（一六七〇～一七二九）的社交圈一定包括設計布倫亨宮（Blenheim Palace）又創作戲劇的建築師約翰．凡布魯（John Vanbrugh）和克里斯多佛．雷恩爵士。這些人一定都十分明白，只是可能不懂細節，建築之所以不會傾斜或倒塌，靠的不是石材或灰泥的強度，而是材料本身的重量要放對地方。

但是，約略明白這個道理是一回事，詳知細節又能評估建築是否安全又是另一回事。若要真正用科學的方式來理解石材的行為，我們必須把它當作一種彈性材料來看。換言之，我們得理解石頭荷重時會撓曲，也會遵守虎克定律。另外，套用應力和應變的概念也會有幫助，但可能不是絕對必須。

乍看之下，我們可能覺得磚塊和石頭在負荷建築的重量時，不可能發生顯著的撓曲。虎克過世後至少百年內，主流的認知是這種「常識」一般的看法，因此建築和工程相關人員一直對虎克定律略而不見，認為石材完全不會撓曲。也正因如此，他們的計算有時會出錯，導致他們蓋的建築倒塌。

事實上，磚塊和石頭的楊氏模數並不高。我們看了索爾茲伯里大教堂撓曲的柱子，就知道石材的彈性變位並沒有想像中那麼小。即使是一間普通的小平房，牆壁也有可能因自身的重量，導致它們受到垂直擠壓而縮短大約一公厘，大型建築自然又會變位更多。順帶一提，當強風颳起時，房子感覺會搖晃並不是錯覺，它是**真的**在風中搖晃。紐約市帝國大廈的尖頂在暴風中會搖晃大約兩英尺。*

現今對石造結構的分析，理論基礎除了有單純的虎克彈性定律，還有四個經實務驗證的假設，分別如下：

一、壓應力小到材料不可能因此壓裂。前文已經說明過原因。

二、接縫會用灰泥或水泥填滿，因此接合處會非常緊密，使得整個接合面積都能傳遞壓應力，不是只有幾個定點而已。

三、接合處的摩擦力極高，磚塊或石頭不可能滑動，導致結構破壞。事實上，在結構倒塌之前不會出現任何滑動。

四、接合的抗拉強度沒有任何實際作用。即使灰泥剛剛好有一點抗拉強度，我們也不能視為有用，必須忽略。因此，灰泥的功能不是把磚塊或石頭「黏」在一起，只是讓壓力載重傳遞時分布更平均而已。

就我所知，第一位把石材彈性變形當一回事的人是湯瑪士．楊格。楊格分析了一塊長方形像是牆裡的一塊石材在垂直受壓荷載（我們先稱作P）下的狀態。楊格那時並沒有應力和應變的概念；在以下的討論中，我會把這兩個概念應用在他的說法裡，藉此讓楊格的說法更容易理解。

只要P沿著中心線即從牆的中間對稱作用，整個石造結構受壓的程度會均等，而且因為有虎克定

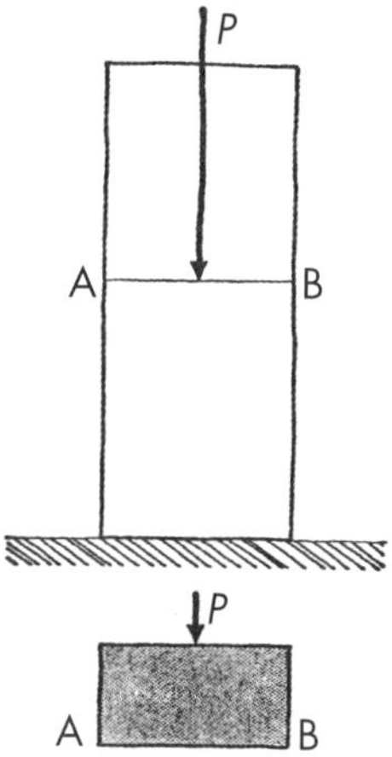

律，壓應力會沿著整面牆的厚度均勻分布（圖一）。

假設垂直荷載P現在稍稍偏心（eccentric）；換言之，它不再完全沿著中心線作用，壓應力就無法均勻分布，一定會有一邊比另一邊高，才能和荷載抗衡。楊格發現，假如結構的材料遵守虎克定律，應力就會線性分布，其分布示意圖如圖二。

到目前為止，接合處的灰泥還不會抱怨，因為整個接合面都還安全受壓。但是，假如荷載再偏離中心，到了牆中所謂「中間三等分」（middle third）的邊緣，就會出現像圖三那樣的狀況，此時荷載的分布呈現三角形，接合外緣的壓應力為零。

這樣本身並不會有太大的影響，但我們會察覺好像有事情要發生了。事實上，假如此時荷載再往外移一點點，就**真的**會有事情發生，像圖四那樣。

牆的另一面原本受到壓應力，此時卻變成拉應力。但如先前所述，我們不能相信灰泥有辦法承受拉

* 法國聖但尼（Saint-Denis）修道院教堂在十二世紀有這樣的描述：「前述圓拱沒有鷹架或支柱支撐，在強風中看似下一刻就會毀壞，顫抖搖曳，驚恐不堪。」（感謝埃曼教授告知相關文獻出處。）

壓應力沿著AB的分布

圖一／荷載P作用在接合AB的中心。

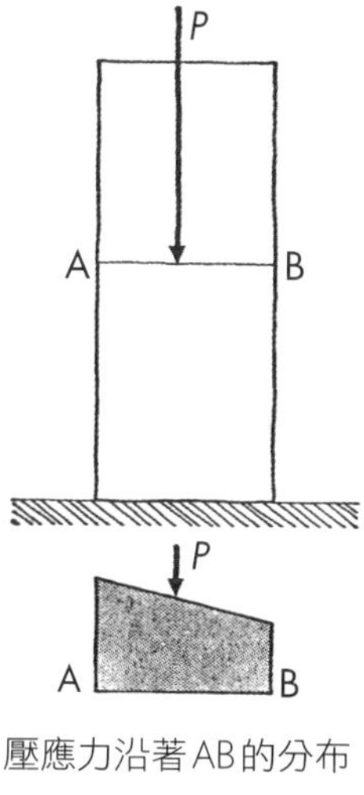

壓應力沿著AB的分布

圖二／荷載P稍微偏心，但仍然落在AB的「中間三等分」中。

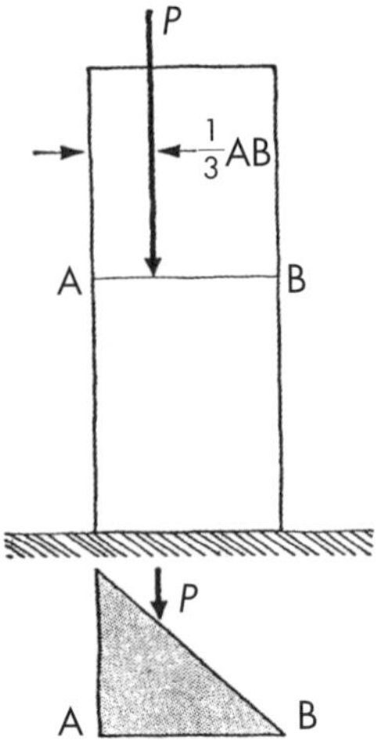
P
$\frac{1}{3}$AB
A
B
P
A
B
壓應力沿著AB的分布
應力在B處為零

圖三／荷載P作用在AB「中間三等分」的邊緣。

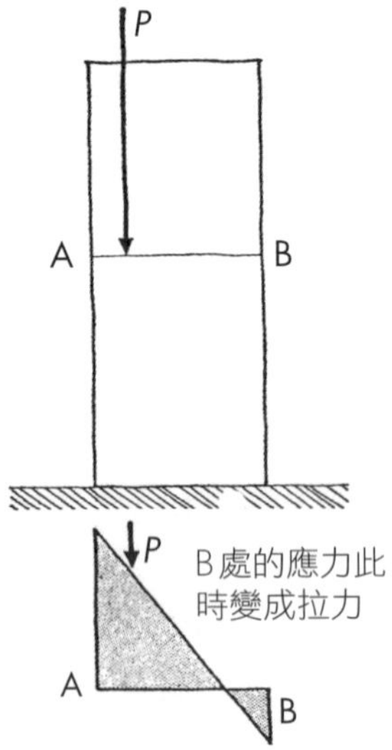
P
A
B
P
B處的應力此時變成拉力
A
B

圖四／荷載P作用的位置落在AB的「中間三等分」以外。

力，而且在現實生活中，灰泥確實不太能抗拉。接下來發生的事不出所料：接合會破裂。當然，牆面破裂不是好事，符合規範的建築也不該發生牆面破裂的情形，但即使出現裂縫，牆也不一定會立刻破壞。在現實生活中，裂縫可能會稍微擴大一點，但牆還能靠在仍然保持接觸的部位，繼續矗立著（圖五）。

這一切會讓人有千鈞一髮的感覺，因為總有一天，推力線可能會跑到牆面之外，這時會發生的事情不難想像：由於沒有任何拉力，一個或多個接合處會向外翻折，整面牆就會倒塌（圖六）。這是真的。

楊格在一八〇二年左右得到這個結論，此時他二十九歲，正在嶄露頭角，也受聘為倫敦皇家科學研究所（Royal Institution）自然哲學教授。他的同事，某方面來說也是他的對手，是漢佛里・戴維（Humphry Davy）。他在同一年被聘為化學教授，此時他竟年僅二十四歲。皇家科學研究所一向的慣例，是讓教授舉行一系列的講座，讓一般大眾參與。但當年的講座要像現今的電視節目一樣吸引人，因為皇家科學研究所的資金和知名度大多靠這些講座。

楊格非常認真看待教育的使命；他抱持著熱切的發現精神，在一系列的講座中談論各種結構的彈性，其中對牆和拱提出不少實用又創新的看法。

圖五／出現圖四那樣的情況後，現實生活中真正會發生的事。接合面在BC之間斷裂，荷載此時轉移到AC，效果等於牆的厚度縮減。

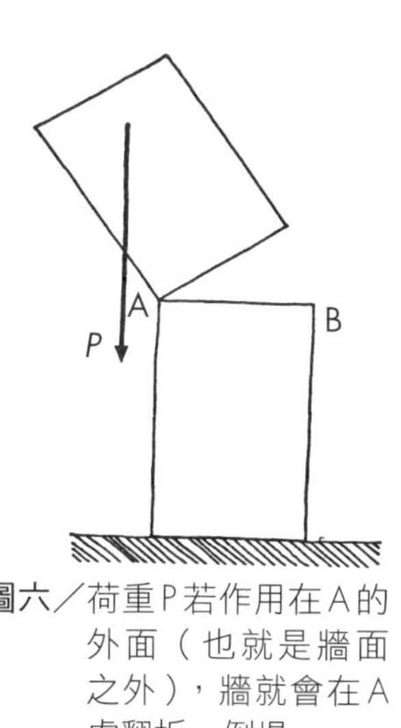

圖六／荷重P若作用在A的外面（也就是牆面之外），牆就會在A處翻折、倒塌。

會到雅寶街（Albemarle Street）皇家科學研究所總部聆聽講座的大半是時尚名流，許多是「愚蠢的婦人和半吊子的思想家」。楊格沒有忽視女性聽眾，在第一場講座中說道：

> 我個人期望在講座中特別關照在場聽眾其中一大部分，也就是文明社會被某一個性別免除種種耗費心時的苦工的另一個性別。社會上層女性有許多閒暇的時間，與其將這些時間耗在各種單純用來消磨時間的消遣，不如用來促進思考，增長知識……

但是，命運不一定會眷顧真心傳道授業解惑的人。我們不難想像，一定有些社會上層女性會偷偷溜走，把閒暇的時間耗在各種用來消磨時間的消遣上。無論如何，戴維在自己的講座裡示範了新興電流科學的各種精采現象，和許多華麗的化學實驗。他的野心勃勃，以現在來看無疑像個電視明星。戴維的外表更是亮眼，許多年輕女性跑去他的講座可不是為了正當學術原因。據說有人說：「那雙眼睛生下來可不是為了盯著坩堝而已。」兩人的票房差距毫無疑問。有人觀察如下：

> 楊格博士熟稔他所教授的主題，這點無須質疑，而且講座的場地和聽眾類型和戴維相仿，但楊格看到他的聽眾一天比一天少，只因他的風格太過嚴峻、說教意味太重。

假如楊格有辦法吸引真正的工程從業人員來他的講座，並獲得他們的支持，也許還不算太失敗。不巧的是，當年工程界的大老正是赫赫有名的湯瑪士．泰爾福德（一七五七－一八三四），而如前文所述，他只看重實務，完全反對理論。因此，楊格沒多久就辭去教職，回去從醫。*此後多年，彈性力學發展的重地變成法國，因為拿破崙此時正鼓勵結構理論相關的研究。

那些時尚女子覺得楊格的講座乏味無趣，但講座中談到種種關於彈性壓縮、「中間三等分」和不穩定度的理論，其實就能讓我們知道石造結構的接合會怎麼運作——但前提是，我們要先知道荷載實際上作用的位置在哪裡。換句話說，荷載偏心多少？

若要知道這一點，最好的方式是看「推力線」，也就是一條由上而下、貫穿整個牆高的線，指出垂直推力在每個接合處作用的位置。推力線是法國人發明的概念，最初想到的人可能是夏爾－奧古斯丁．德．庫倫（Charles-Augustin de Coulomb，一七三六－一八〇六）。

最單純、完全對稱的牆、柱有如圖七，推力線當然會沿著中心往下，所以不會有什麼問題。但是，只要建築比這個複雜一點，就多半一定會有至少一股斜向的作用力，來源可能是屋頂的構件、拱頂或任何其他非對稱的構造。此時推力線就不會工整地沿著牆的中心往下，而是會往一邊偏移，常常會像圖八那樣形成弧形。**

假如我們在畫推力線的時候，發現它快要接近牆的表面，我們就要停下來好好想一想了，因為這樣的建築很有可能會倒下來。

圖七／在最單純、對稱的情況下，「推力線」會沿著牆的中心往下。

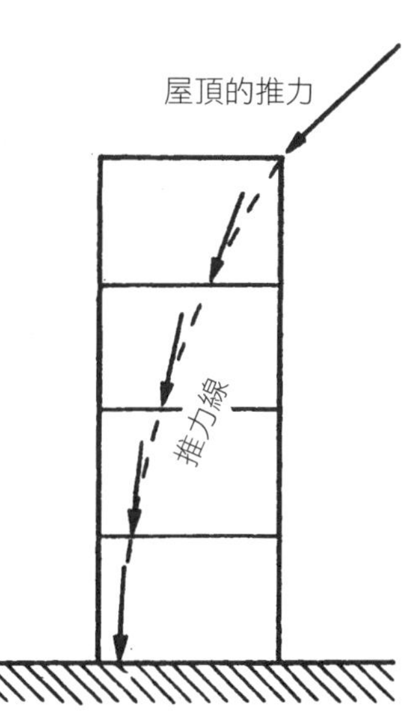

圖八／荷載傾斜時，推力線就會像這樣偏移。

* 戴維在皇家科學研究所的名氣日漸響亮，後來受封為騎士，更成為皇家學會（Royal Society）的會長。據說，他只要願意領受聖秩，就會被任命為主教。戴維的出身平凡，卻欺負了一位叫作喬治・史蒂芬生（George Stephenson）的礦工，不過倒是有善待一位鐵匠之子，叫作麥可・法拉第（Michael Faraday）。（譯註：史蒂芬生，即「鐵道之父」，第一台載客火車的發明人。法拉第，即電磁學先驅。）

** 若要驗證這一點，只需在牆的每一段裡套用力的平行四邊形原理（parallelogram of forces；翻開任何一本基礎力學課本就能複習這個）。據說，用平行四邊形原理算出合力的概念，是西蒙・斯蒂文（Simon Stevin）在一五八六年發明的。遠古和中世紀的建築師之所以無法用現代的方法設計建築，有一部分是因為他們沒有力的分解（resolution of forces）的概念。

一種解決方式，也很可能是最有效的解法是在牆頂加重物，效果如圖九所示。這可能和一般的認知不同：增加頂部的重量，不一定會讓牆更不穩，反而很有可能提高牆的穩定度，因為這樣多多少少能讓偏移的推力線回到正確的位置。

若要做到這件事，一種方法就只是把牆蓋得比實際所需更高，而且如果還能在上面增加笨重的護欄和斜頂會更好。假如建築應該要有某種調調，你又有鈔票可以花，你也可以加上一整排的雕像（圖十）。從結構的觀點來看，這是為什麼哥德式的教堂會有那麼多的尖頂和雕像，它們的作用是對那些只講究功能和「效率」、頭腦沒有想像力的人說：「哼，誰管你！」

額外垂直荷載

屋頂的斜向推力

圖九／在牆頂增加荷載，用意是**降低**推力線的偏心程度。

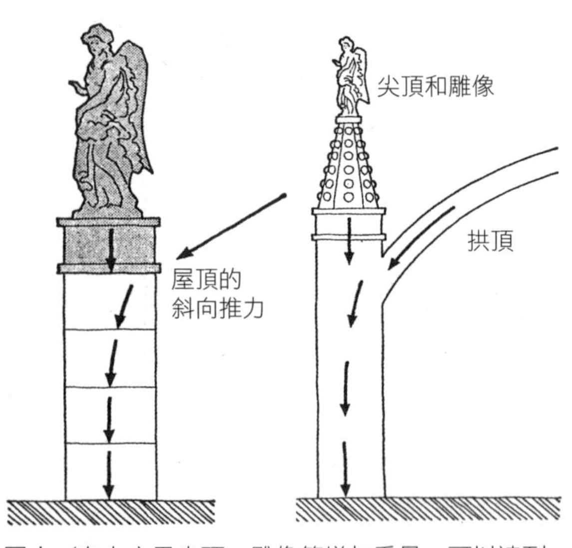

圖十／在上方用尖頂、雕像等增加重量，可以達到這個效果。

以前的人認為，推力線*非要保持在牆的「中間三等分」內不可，因為只要一出現裂縫，牆就有可能會倒。這樣謹慎遵守原則有道理，因為確實能確保安全，但在這個什麼都可以的年代裡，恐怕很少有人真的遵守這個原則。只需要看看任何一棟新建的住宅或大學校舍，就不難發現處處有裂縫，而且只要是有裂縫的地方，就表示那裡一定曾經有不少拉應力。不過，這些裂縫雖然會破壞灰泥塗料和室內設計**，卻很少會威脅到主要結構的穩定度。

石造建築的基本條件是，推力線永遠應該在牆柱內部深處。

水壩

石造水壩和石牆一樣，會破壞通常不是因為強度不夠而是不夠穩定，它們一樣有可能傾倒破壞。水庫的水會對水壩形成橫向的推力，這種推力通常可以和水壩建材本身的重量差不多。正因如此，水庫在滿水和枯水時，主動推力線分別的位置可能會差異甚大。水壩和建築物不同之處，在於水壩必須完全遵守「中間三等分」原則：水壩的石造結構絕對不可以有任何裂縫，在上游處更是如此。只要有裂縫，水

---

* 推力線其實有好幾個，而且**全部**必須維持在牆內。

被動推力線（**passive thrust line**）：這是牆本身的重量，和所有固定在牆上的東西，像是樓地板和屋頂的重量所形成的推力線。

主動推力線（**active thrust line**）：除了建築物固定的重量外，還有各種瞬時荷載會形成這些推力線。瞬時荷載可能是風壓造成的，也可能是水、煤、雪、機械、人等物體的重量。各種主動推力線的形狀，會決定石造結構怎麼荷載才安全。

** 現在的潮流是建築內部不用灰泥塗料，這便是原因之一。

會因為受壓而滲入水壩的結構裡，因而造成兩種可怕的後果。

第一個後果是，水流會破壞石造結構；為了防止水滲入結構，大型水壩的結構內部通常會設法將水分完全排出。第二個後果更驚險：裂縫裡的水壓會形成垂直向上的推力（水深一百英尺時，每平方英尺的推力約五噸；換言之，水深三十公尺時，推力為〇．五 MN／㎡），而且由於此時水壩的狀態已經相當危險，如此一來更會翻倒。

皇家空軍在一九四三年破壞德國默訥河（Möhne）和埃德河（Eder）的兩座水壩時，很可能分成兩階段進行，兩個階段之間隔了一小段時間。在第一階段裡，巴恩斯．沃利斯（Barnes Wallis）設計的彈跳炸彈被投到水壩的上游處，沉入水裡後才爆炸，導致內部深處的結構出現裂縫；過了一小段時間後，裂縫裡滲入高壓的水，這個才是真正導致水壩破壞的主因。讀過相關文獻的人會知道，炸彈爆炸和水壩明顯開始破壞之間，有一段顯著的時間間隔。當然，這兩座水壩被炸毀，對魯爾地區（Ruhr）造成嚴重的破壞。

水壩若在和平時期破壞，一定是工程師的一大惡夢。就算水壩的建材不是石頭，而是無筋混凝土，我們也不能認為它有抗拉的強度。因此，在所有採用無筋混凝土的水壩裡，枯水時的推力線不可以往上游方向移出「中間三等分」，滿水時不可以往下游方向移出「中間三等分」，而且最好還要預留一些安全空間。為了達到這些要求，水壩通常會採用下寬上窄、非對稱的形狀，這個形狀大多數人早已熟知（圖十一）。

不過，和水壩內的水相比，水壩本身相當昂貴，因此工程師一直在想辦法降低水壩的造價。若要降低混凝土的重量和成本，通常可以用鋼筋來強化混凝土，而且鋼筋承受拉力時，強化的作用更顯著。但

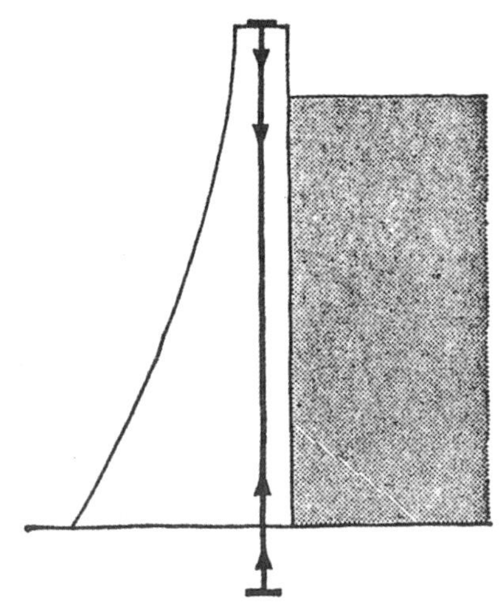

圖十二／強化的水壩。若採用固定在基岩裡的鋼製預力拉桿，有時可以降低水壩的厚度和成本。這樣的作用等同在水壩上方增加重量，因此能限制推力線偏移。

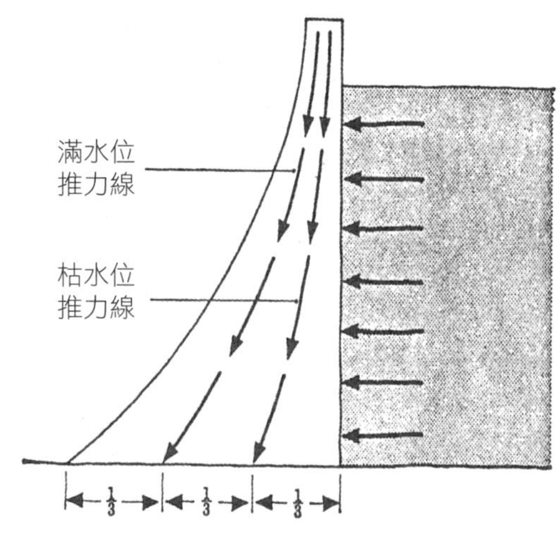

圖十一／無筋混凝土製的石造水壩。

是，強化的鋼筋必須固定在水壩下方的基岩裡，否則整座水壩有可能連同強化的鋼筋一起傾倒破壞。

圖十二是一種解決的方式：在壩體後面利用鋼製的直拉桿固定在基岩裡，以頂舉系統拉緊。事實上，這些拉桿所做的事情，和教堂上的天使雕像和尖頂一樣。由於所有的傳統石造建築都十分笨重，我們可以說它們自身的重量就已經是「預應力」（prestress）。假如在水壩上放一排巨大的雕像，效果一定很好，而且視覺上也會是一大享受，但成本恐怕遠比鋼筋高。

拱

拱雖然沒有石造建造法那麼古老，但仍然相當古老。我們發現古代的埃及和美索不達米亞都有完善的磚製圓拱建築，而且可以追溯到約公元前三千六百年。石拱的發展可能有別於或獨立於疊澀法（corbelling），亦即將石造一塊接著一塊從兩側疊起，一直疊到在中間相遇。邁錫尼文明古城提林斯（Tiryns）城牆底下的地窖——荷馬在詩作裡讚嘆的時候，它們已經相當古老了——就是採用疊澀法建造拱頂（照片五）。這些巨大城牆的暗門（照片六），可以說是用疊澀法衍生出來的，興建的年代可能在公元前一千八百年以前。

不過，用疊澀法*或半疊澀法製造的拱，像提林斯的城門相當粗糙。古人很快就發展出另一種造法，將拱的磚塊或石頭稍稍弄成楔形的拱石（voussoir）。圖十三標示出傳統拱的各個部位。

拱頂的拱石稱作「拱頂石」，有時會做得比其他拱石大。詩人、政客和其他不懂相關學問的人會賦予拱頂石各種象徵意義，但它的功能其實和其他拱石完全一樣，假如有差異，也只是裝飾性質而已。

拱在結構上的作用是支撐由上而下的荷載，將荷載轉變成橫向的推力，並讓這個推力沿著拱圈跑，讓拱石彼此相互推擠，拱石當然會再推擠橋台。只需要用常理，就能理解這整個過程（圖十四）。

拱圈由拱石形成，作用有如一面弧形的牆，因此每個接合處的壓縮負荷也能用相同的推力線表示，此時推力線會大致沿著拱圈呈現弧形。下一章會再探討拱內的推力線，我們暫且先知道這裡**有**推

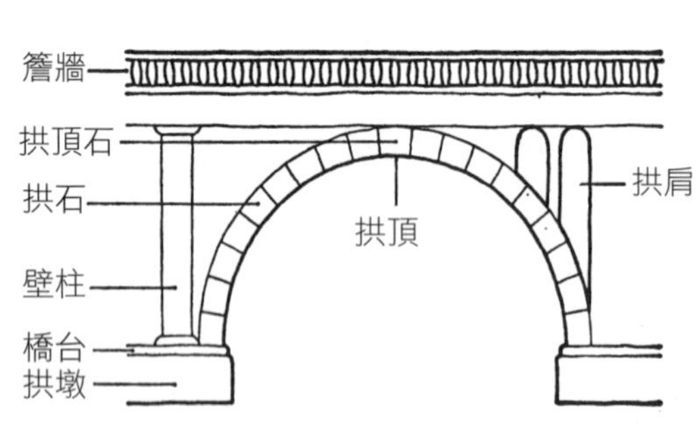

圖十三／拱的各個部分。

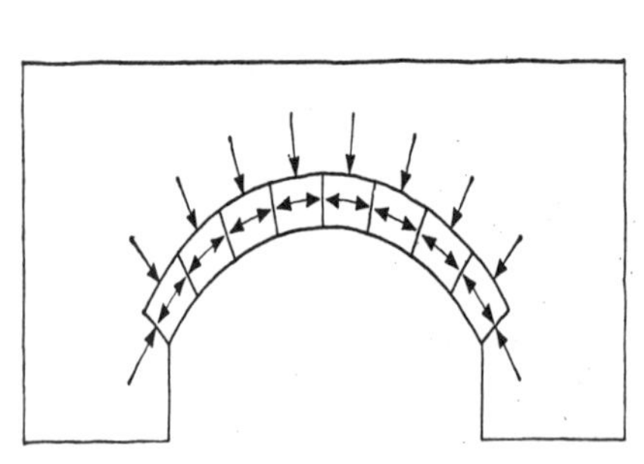
圖十四／拱會將直向的荷載轉成橫向的荷載，讓荷載沿著拱圈轉移，再被橋台反推。

力線即可。還有一點和牆壁一樣，我們可以假定拱石不會彼此滑動，而且接合無法承受拉力。

拱石接合處的行為方式，有如牆壁裡每塊石頭之間的接合處：假如推力線超過「中間三等分」，裂縫就會出現；假如推力線到達接合的邊緣，也就是拱圈的邊緣，就會出現「鉸」。但此時拱就和平庸無奇的牆不同了：牆這時會倒塌，但拱不會。如圖十五所示，一個拱即使最多出現三個鉸，都不會發生太嚴重的事。事實上，許多現代拱橋甚至會刻意蓋成三鉸拱，以便有熱脹冷縮的空間。

假如我們真的想要這座橋倒下來，就需要弄出四個鉸，讓拱形成有如三環相連的長鏈，因此可以折疊起來，導致整座橋倒塌（圖十六）。順便一提，正因為如此，假如想要炸毀一座橋，不論用意是好是壞，炸藥放在「三等分點」附近最好。若要這樣做，通常需要從橋的路面往下挖掘，將炸藥放置在拱圈的頂端。這需要花時間才能做到，因此軍隊撤退時往往來不及確實毀掉橋梁。

從以上種種情況，我們看得出來拱非常穩定，不會輕易因為基礎移動而受影響。假如基礎發生了讓人察覺得到的移動，牆很可能

* 真拱似乎只有舊世界才有。墨西哥和祕魯的原住民文明只用疊澀拱建造大型建築。

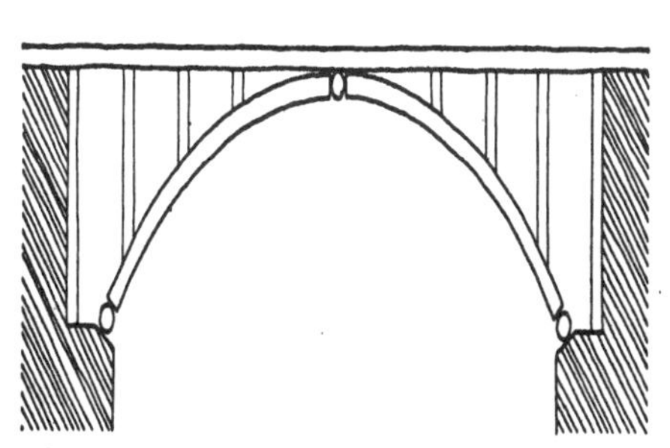

圖十五／拱可以有**三個**鉸而不倒塌；事實上，現代許多拱會刻意蓋成這樣。

圖十六／拱需要出現**四個**鉸才會倒塌。

會倒塌，*但拱不太會受影響，而且我們經常可以看到變形的拱。舉例來說，劍橋大學學院後園（The Backs of Cambridge）的克萊爾學院橋（照片七）因為橋台移動，導致橋的中間明顯扭曲，但這座橋已經這樣扭曲非常久，因此相當安全。同理，拱相當耐地震和其他摧殘，像是現代的車流。

整體來說，我們的老祖宗會對拱成癮並不意外，因為即使你的數學全部算錯（或者根本什麼都沒算），或甚至基礎全部陷入泥沼裡——英國有好幾座大教堂便是如此，它們八成還是會繼續矗立著。

我們不難發現，廢墟裡保存最好的結構通常是拱。這有一部分是因為拱本來就相當穩定，但更有可能是因為當地老百姓覺得城牆裡方形的石塊比較容易搬走、重新利用，楔形的拱石比較難再利用。許多古希臘神殿牆中的方石早就被盜，但圓形的柱子仍然保存下來，想必也是因為類似原因。

石造結構夠厚的話，推力線很容易維持在牆內或拱內，但厚實的磚石結構當然很貴。羅馬人為了低價增加厚度，使用了巨積混凝土（mass concrete），通常是將白榴火山灰（pozzolana，拉丁文稱作 pulvis puteolanis；這是義大利半島常見的自然土壤）與石灰混合，並加入細砂和礫石。

牆和拱變厚，通常也會更穩定，但不見得會更重。如果需要搬運的材料總重量降低，建造成本也很可能會降低。維特魯維（活躍於公元前二十年前後）除了是砲彈官外，也是一位著名的建築作家。根據他的描述，當時的人經常會在混凝土摻入浮石粉，製造出密度低的混凝土。君士坦丁堡聖索菲亞大教堂（Hagia Sophia，建於公元五二八年）的巨大圓頂就是用這個製造的。

我們還能在混凝土裡放置各種空容器，進一步壓低重量和成本。古代葡萄酒的貿易非常興盛，貿易路線四通八達。裝酒的容器是雙耳陶瓶（amphora），但這些巨大的陶器全是一次性的容器，最後往往變成礙眼的垃圾堆積成山。這種垃圾最直接的處理方式，是混進混凝土裡，許多羅馬帝國晚期的建築就是用這個製成的。其中，拉溫納（Ravenna）城內美侖美奐的早期拜占庭教堂，據說建材大半是廢棄容器。**

等比例放大和安全性

結構之所以不會倒下，有些據說純靠信念，有些好像只靠油漆和鐵鏽支撐。但除非設計師完全沒有責任感，他多少會想要有客觀的資料，確保他製造的東西有一定的強度和穩定度。假如無法用現代的數學計算，最明顯的作法當然是先做個模型，或是看看以前有哪些比較小型的成功結構，再把這個結構等比例放大。

當然，人類一直到相當晚近都在做這樣的事情，也許至今還有人這樣做。這樣的難處是，假如我們只是想看看最後的成品會是什麼樣子，我們當然可以用模型，但用模型來預測強度有可能發生嚴重的失誤。這是因為我們將結構等比例放大時，結構的重量會以長度的立方增加。換句話說，結構的大小變成兩倍時，重量就會變成八倍。但是，如我們去看需要承受這個重量的各個部位，會發現它們的截面面積只會以長度的平方增加。換言之，結構的大小變成兩倍時，這些部位的面積只會變成四倍。因此，應力

* 這是為什麼軍隊在圍城時，會在碉堡圍牆的下方挖地道。地道挖到牆的基礎下方後，會用木樁支撐地道的頂部，再挑時間用火燒掉木樁，順利的話就能讓牆倒塌。堡外的護城河或壕溝主要用來防止敵人從下方挖掘。

** 著名的布里斯托灣引水船（Bristol Channel pilot cutter）以混凝土灌在船底壓艙。中間的混凝土需要重，因此摻入廢鐵和打孔碎片；船首和船尾的混凝土需要輕，因此摻入啤酒空瓶。我在自己花園裡的雕塑和花瓶底座，通常會在混凝土摻入廢棄的鐵絲網和啤酒空瓶，效果似乎還不錯。

會隨著長度線性增加。大小變成兩倍時，應力也會變成兩倍，不久就會造成大麻煩。**假如結構有可能因為材料斷裂導致破壞，我們在預測結構的強度時，就不能用模型，或是根據前例來等比例放大。**

這個原則稱作「平方—立方法則」（square-cube law），最初由伽利略發現。我們在設計車輛、船舶、飛機和重機械時，必須使用正確的現代分析方法，有一部分是因為這個法則所致。也許正因如此，這些東西，或者說，這些東西的現代形式到了相當晚近才開始發展。但是，大多數石造建築可以完全不管平方—立方法則，因為如前文所述，建築破壞的原因多半不是因為材料被壓碎。石造結構裡的應力非常低，低到我們可以不管應力，一直等比例放大這些結構。石造建築和大多數其他結構不同：它們會破壞，是因為它們不夠穩定，而不論建築有多大，我們都能用模型來推測它們的穩定度。

用比較純粹的思考角度來看，建築的穩定度，和桿秤等秤重機器的穩定度差不多（圖十七）。當兩端達到平衡後，秤臂上重量的改變必須是尺度變化的四次方，才會改變平衡。假如我們把整個體系都等比例放大，一

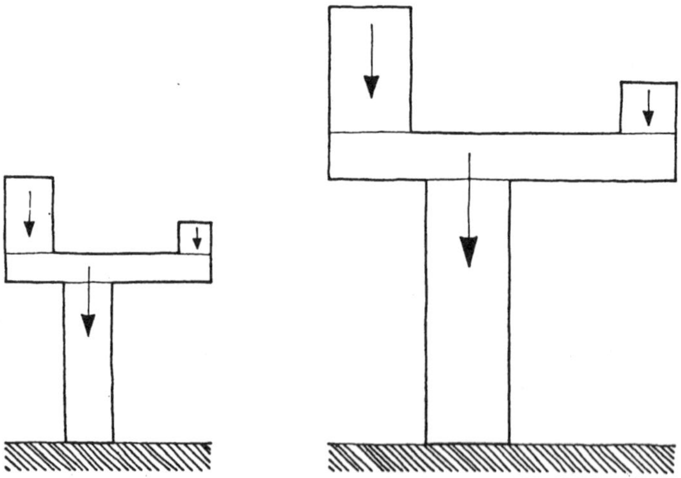

圖十七／建築的穩定度可以用天平來類比；等比例放大後，平衡不會改變。

切都會維持平衡。因此，只要小型的建築不會倒，把它等比例放大也照樣不會倒。中世紀建築工所謂的「祕法」，其實就是把這樣的經驗化為各種規則和比例。不過，我們也確知他們會用石材或灰泥做模型，這些模型有時候甚至長達六十英尺（十八公尺）。即使出奇複雜的建築，像是蘭斯大教堂（**Rheims Cathedral**，圖十八），這種作法都能適用。

古希臘人大多不在重要建築裡使用拱，而是改用石製的梁或楣。這種梁內的拉應力相對高，有時接近安全的極限。即使在古代，許多橫梁早已出現裂縫。正因如此，有些大理石橫梁內會用鐵來強化，雅典衛城山門（**Propylaea**）便是一例。這個多立克式（**Doric**）建築的結構之所以沒有完全破壞，是因為石梁相當短，又相當厚，開裂後便形成拱（圖十九、照片八、照片二十三）。

古希臘橫梁結構（**trabeate**，源自拉丁文**trabs**「橫梁」）建築需要使用巨大的石塊。文明瓦解後，這種巨石就難以運送。中世紀的建築工會偏好建造哥德式的拱和圓頂，可能有這個現實的原因，因為拱和圓頂可以用相當小的石塊建造。

在將近兩百年前，約

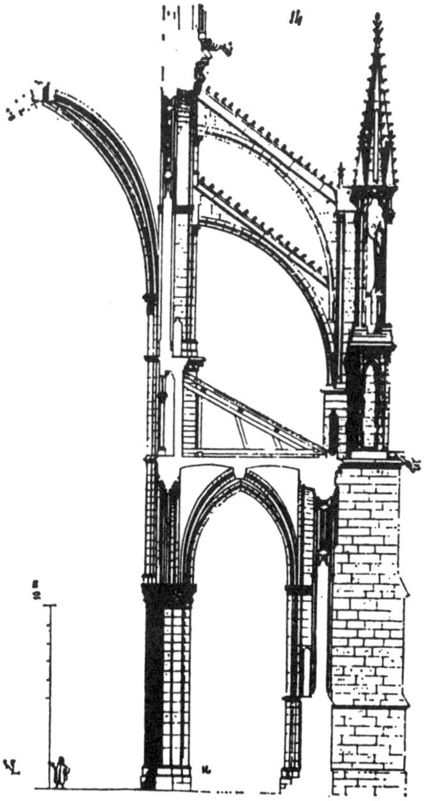

圖十八／蘭斯大教堂：飛扶壁（flying buttress）；歐仁．維奧萊－勒－杜克（Eugène Viollet-le-Duc）修復。

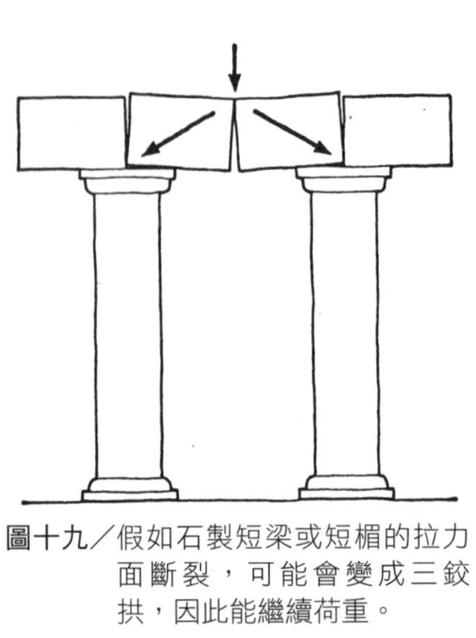

圖十九／假如石製短梁或短楣的拉力面斷裂，可能會變成三鉸拱，因此能繼續荷重。

翰．索恩爵士（Sir John Soane）在他的建築講座指出，雖然石梁有種種限制，但古代建築往往比類似的現代建築還要巨大。舉例來說，雅典的帕德嫩神廟就遠比倫敦的聖馬丁教堂（St. Martin-in-the-Fields）來得大。不過，若和附近的奧林匹亞宙斯神廟（Temple of Olympian Zeus）相比，帕德嫩神廟（約兩百三十英尺乘一百英尺，或六十九公尺乘三十公尺）還相形見絀：奧林匹亞宙斯神廟（三百五十九英尺乘一百七十二英尺，或一百〇八公尺乘五十二公尺）由羅馬皇帝哈德良（Hadrian）建造，面積幾乎和倫敦的特拉法加廣場（Trafalgar Square）一樣大。但奧林匹亞宙斯神廟又遠遜於高高矗立在後方的雅典衛城（Acropolis）城牆。單論規模的話，許多古羅馬橋梁和輸水道不論怎麼看都十分壯觀。

這些古代建築多半耐得住自然力量的摧殘，毀壞者多因人為因素，許多至今仍然狀況良好。但古人在建造這些結構時，大多只是依循他們熟知的前例而已。假如他們沒有前例可以參照，就很可能十分難堪。以我們現今的眼光來看，古代舟車又小又弱，簡直可悲。除此之外，創新的建築形式像古羅馬的因蘇拉（Insula），這種高樓公寓則太常倒塌，導致奧古斯都皇帝頒令限制它們的高度不得超過六十英尺（十八公尺）。

關於脊柱和骨骼

人類和動物的脊柱由一連串鼓狀、短小、堅硬的脊椎骨構成，脊椎骨之間的椎間盤是相對比較軟的材料，因此讓脊椎骨稍有一點活動空間。整體來說，脊柱會受到壓縮，其成因有一部分是它需要承受的重量，另一部分是各個肌肉和肌腱的拉力。

年輕人的椎間盤材料有彈性又有韌性，因此在需要的時候有辦法承受相當高的拉應力。假如脊柱因拉力而受損，此時會斷裂的通常是脊椎骨，而不是椎間盤。但是，過了大約二十歲後，椎間盤的材料會漸漸失去彈性，承受拉力的能力也會顯著降低。因此，我們年紀愈來愈大，脊柱就會愈來愈像教堂或神廟裡的柱子。脊椎骨有如柱子裡一截截的柱筒，椎間盤則是脆弱的灰泥。雖然椎間盤在有急需時仍然能承受一定的拉力，整體來說這種狀況要盡量避免才好。

因此，中年人最好讓自己的推力線盡量貼近脊柱的中心，也因此提重物有正確的方法。如果提重物的方法不對，脊椎骨之間的接合處就會出現過大的拉應力，有可能導致接合斷裂，結果就是「椎間盤凸出」，或是各種籠統稱作「腰痛」的莫名疼痛——往往會讓人疼痛不堪。

脊柱的狀態有如牆壁或石柱，因此受到「中間三等分」法則的限制。同理，如同將建築物等比例放大會碰到問題，假如我們將動物等比例放大，也會碰到相同的問題。如果我們拿個小型動物，漸漸把牠放大，脊椎骨所需的厚度也會依相同的比例增加。但像肋骨、四肢的骨頭，和大多數其他的骨頭會像神廟的梁或楣一樣，主要承受彎矩，因此它們負荷的重量會跟著動物的質量同比例增加，這些骨頭的厚度也因此需要大幅增加。

假如我們到博物館看同類型的動物骨骼，像是各種大小的猿猴和人類，我們會發現脊椎骨的大小約略和動物的大小呈現相同的比例，但當動物的體形愈大，四肢骨頭和肋骨會大幅增厚、增重（照片九）。

由此看來，大自然可能比古羅馬的建築師還要聰明：古羅馬人將神廟蓋得愈來愈大後，便放棄了厚重結實的多立克式建築比例，改用修長的科林斯式（Corinthian）風格，但這種纖細的橫梁經常會斷裂。

第10章 關於橋梁二三事（或稱：聖貝內澤和聖伊桑巴德）

倫敦橋要垮下來，垮下來，垮下來；倫敦橋要倒下來；我的美佳人啊！
用磚用石蓋起來，磚和石，磚和石；用磚用石蓋起來；我的美佳人啊！
派人駐守看整夜，看整夜，看整夜；派人駐守看整夜；我的美佳人啊！

（兒歌《倫敦鐵橋垮下來》英文歌詞直譯）

真要說起來，這首兒歌愈想愈詭異。這首歌相關的文獻最多只能追溯回到大約十七世紀，但歌謠的歷史絕對比這更老。這首歌在《牛津童謠辭典》（*Oxford Dictionary of Nursery Rhymes*）裡的條目有好幾頁長，而且內容實在有些血腥。世界各地的兒童歌謠都有和橋梁相關的內容，像是法文童謠：「在那亞

* 我現在寫下這些文字時，距離伯克郡羅伯里丘（Lowbury Hill）的羅馬碉堡大約只有一英里左右；這個碉堡的地基裡被人發現埋了一具女性屍體。在地基裡埋人的習俗一直持續到近代：在一八六五年時，義大利西西里的拉古薩（Ragusa）有傳言說，穆斯林會綁架基督徒的小孩，用來埋在碉堡的地基裡。即使到了一八七一年，有人嚴重懷疑某位雷伊男爵（Lord Leigh）將一位「有害之士」埋在沃里克郡（Warwickshire）斯通利（Stoneleigh）某座橋的地基裡。

維儂橋上，我們跳舞，我們跳舞」（on y danse，on y danse，sur le pont d'Avignon）而且歌詞若有提到活人獻祭，那可不只是傳說而已。我們曾在某座橋的橋墩裡，發現至少一具孩童骨骸。*也許正因如此，歐洲各地在中世紀都有專門的造橋修士兄弟會（拉丁文稱作 Fratres Pontifces）。這個兄弟有一位聖人，叫作聖貝內澤（Saint Bénezét），相傳亞維儂橋就是他設計的。根據後來的說法，聖貝內澤和泰爾福德一樣是牧羊人之子。幸好，從他以後就沒人在橋裡獻祭活人，但他還是保留了法國兒童至今仍然傳唱的童謠。法國的造橋兄弟會在巴黎附近有一間修道院，即聖雅各伯堂（Saint-Jacques-du-Haut-Pas）。

橋梁的實際功用，是讓像車輛的重物能越過地表上的大缺口或鴻溝。通常用什麼樣的技術或方法都可以，只要有辦法支撐重物的重量即可。事實上，造橋時可以派上用場的結構原理相當多樣。

至於究竟要挑哪一種方法，不只要看當地的實際和經濟條件，還要看時下的流行，和工程師本人的喜好。幾乎所有想像得到的造橋方法，都有人真的用來蓋真的橋。我們也許會覺得，總有一種方法最後會被公認為是「最佳辦法」，但事實並非如此，反而常用的結構系統隨著時間愈來愈多。

在有文明的國家裡，地表上處處是橋梁，數量既可觀，種類亦十分多樣，展現出各式各樣的結構原理。和橋梁相比，在大多數其他建築裡，主要的結構會藏在牆板、隔熱板、管線，或各種機關和設備的後面，我們不容易看到或推敲其樣貌。橋梁的一個好處是，我們能明明白白看到它們的結構，和它們的運作原理。

拱橋

拱橋一直相當熱門，現今仍然以各種形式流行各地。一座簡易的石造拱橋，跨距可以超過兩百英尺

（六十公尺），而且相當安全。在大部分的情況下，假如有反對的聲音，原因通常是成本、拱高和橋台或基礎能負荷的重量。

假如我們談論的是古羅馬和中世紀廣泛使用的簡易、半圓形石拱，從經驗可知拱高必須約為跨距的一半。換言之，跨距為一百英尺時，拱高至少要有五十英尺——實務上還要更高。假如這座橋要跨過一個超過五十英尺深的山谷，這不會造成問題，因為我們可以把拱放在山谷裡，讓拱頂與兩端的路面同高。但是，假如這座橋要蓋在平地上，我們就必須另外想辦法了：我們可以蓋一座高高凸起的拱橋，但這樣使用起來既不便又危險。或者我們得蓋很長的斜引道，但這樣造價昂貴。

鐵路問世以後，這個問題就變得更迫切，因為火車不喜歡高高凸起的橋，其實任何斜坡都不喜歡，但若要讓引道平坦，製造路堤需要大量堆土，所費不貲。有一種方法多多少少可以避開這個問題：把拱高壓低，建造出比較平緩的拱。一八三七年時，伊桑巴德．金德姆．布魯內爾為了讓大西部鐵路（Great Western Railway）在梅登黑德（Maidenhead）過泰晤士河，蓋了一座由兩個磚拱構成的拱橋，兩個拱的跨距各為一百二十八英尺，但拱高只有二十四英尺（照片十）。

不論是一般老百姓或專家看到都嚇壞了，報紙裡登滿了各種看衰這座橋的投書。布魯內爾為了炒作話題，也許還為了滿足自己的幽默感，刻意沒有拆除建造過程使用的木頭模板。當然，大家都說這是因為他不敢拆。大約一年後，一陣暴風雨把模板吹走了，但拱橋並沒有倒。此時布魯內爾才透露，他在磚塊全部砌完後，其實已經把模板降低了幾英寸，事實上模板已經有好幾個月完全沒有作用。這座橋現在還存在，而且現今承載的火車比布魯內爾當初規畫的重量大約重了十倍。

假如將拱壓平，讓拱高與跨距的比例降低，拱石之間的壓縮推力會大幅提高，這一點和預期相符。

但整體來說，壓應力仍然遠低於石材的壓碎強度，所以拱石幾乎沒有壓碎的危險。但模板移除之後，拱形穩定下來時可能會有相當大幅的變位，有時會高達數英寸。

「平」的拱如有毀損，比較有可能是因為橋台需要承受更大的推力。假如拱的基礎堅硬，像是蓋在岩盤上，這樣不會有問題，但蓋在軟土上就有可能因為沉陷太多，造成嚴重的問題。不過，通常最需要將拱蓋得又長又平的場合，正是平坦泥沼地帶的河流上方。

正因如此，橋梁通常會由許多小型的拱組合而成。事實上，中世紀幾乎所有的長橋都是多拱橋。這樣的缺點是，建造拱墩——拱墩通常會在水裡，而且常常要蓋在軟土上——的成本很高，而且大量的拱墩和狹窄的拱形會阻礙水流，除了有可能導致淹水，對水上交通更是危險。

鑄鐵橋

若要改善拱橋的某些缺點，我們可以改採傳統上比較少使用的材料來造橋。約翰·威爾金森（John Wilkinson，一七二八—一八〇八）改良鼓風爐，大幅降低了製造鑄鐵的成本後，從一七七〇年代便有人開始用鑄鐵製造拱石。鑄鐵與鍛鐵和鋼完全不同：鑄鐵極度易碎，和石材相似之處是受壓縮時強度高，但抗拉時強度低又不可靠，因此以鑄鐵當作建材時，性質有如石造。

鑄鐵的一個好處是可以鑄造中空構架的建築構件（像是拱石），因此與傳統石造相比，重量可以大幅降低。另外，鑄鐵的成本通常比雕刻石低。社會的品味在第一次改革法案[1]前後變差，但在此之前，鑄鐵的造形常常相當美觀。

鑄鐵給造橋工程帶來兩個好處。除了勞力和運輸成本降低之外，更大的優點是拱本身的重量降低，因此橋台承受的推力也降低，讓工程師能蓋出更平緩的拱形，橋墩基礎的造價也更低。

有趣的是，最先利用這種新技法的人，包括《人的權利》（*Rights of Man*）的作者湯瑪斯・潘恩（Thomas Paine，一七三七—一八〇九）。潘恩親自設計了一座鑄鐵大橋，打算在費城附近跨越斯庫爾基爾河（Schuylkill River）。他到英國來訂製鑄鐵構件；由於他支持法國大革命，在等候訂單完成的期間，他決定探訪巴黎的雅各賓黨（Jacobins）友人，但這些「友人」卻讓他鋃鐺入獄，還差點把他送上斷頭台。他後來沒死，只因羅伯士比（Maximilien Robespierre）的恐怖政權垮台。

經過這番拖累後，潘恩破產了，鑄鐵構件被轉賣，用來在桑德蘭（Sunderland）蓋一座跨越威爾河（River Wear）的拱橋。這座橋在一七九六年完工，橋拱的淨跨距為兩百三十六英尺，但拱高只有三十四英尺。四十年後，布魯內爾在梅登黑德造橋時沒有採用鑄鐵，有可能是因為他擔心火車的振動會讓易碎的鑄鐵斷裂。無論如何，他的磚拱效果非常好。

十九世紀的人打造了許多鑄鐵橋，而且幾乎都相當成功，但這個技法現今幾乎沒有人使用，主要是因為現在有更廉價的方法。不巧的是，鑄鐵拱如果做得非常平緩，看起來有如一根橫梁（見第十一章）。以結構來說，拱和梁截然不同，因為拱只會承受壓力——至少應該這樣才對——但梁的下緣會承受拉力。假如我們能確保建材有辦法承受拉應力，梁往往能達到相同的效果，而且重量比拱輕，造價也比較低。

1 此指英國一八三二年改革法令（Reform Act, 1832），此法令增加了工業革命後新興城市的國會代表人數，並取消了許多區域小、被富人把持的腐敗選區（rotten borough）。

有些早期的工程師看上了這一點經濟效益，因此試著用鑄鐵製梁，其中以羅伯特・史蒂芬生（Robert Stephenson，一八〇三—一八五九）[2]格外出名。由於史蒂芬生在業界享有盛名，在他的建議之下，各家鐵路公司建造了數百座鑄鐵梁橋。但如前文所述，鑄鐵的強度低，受拉力時風險極高，這些鑄鐵梁橋後來也確實非常危險，最後全部都得換掉，當然也重挫了各個鐵路公司的財務。

懸吊路面的拱橋

現今的大型拱橋傾向採用懸吊的路面。如果將拱圈分成兩個平行、由鋼或鋼筋混凝土製成的部分，就能像吊橋一樣，讓路面懸吊在拱上，而且要吊多高都行。這樣的話，拱高要多少都不受限制了。

紐約市地獄門大橋（Hell Gate Bridge）的跨距為一千英尺（三百公尺），雪梨港灣大橋（Sydney Harbour Bridge）的跨距為一千六百五十英尺（五百公尺），這兩座鋼製大橋都屬於這一類。在這樣的橋梁裡，主要的荷載會以壓力的形式由橋拱來承受，懸吊的路面完全不會有縱向應力。因此，大型橋梁的橋台會承受極高的推力，基礎必須非常穩固才行。地獄門大橋和雪梨港灣大橋的基礎都蓋在岩盤上。

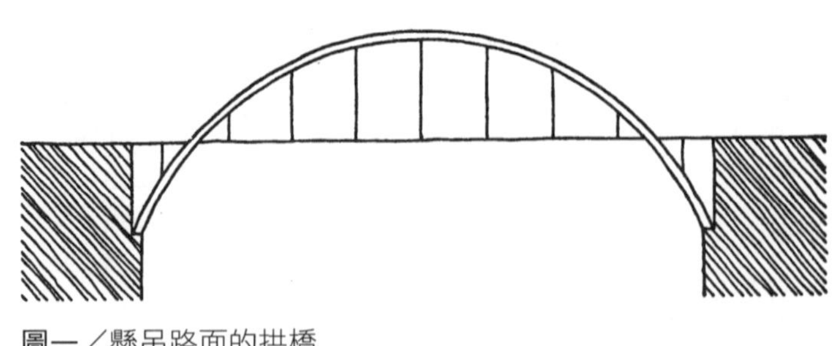

圖一／懸吊路面的拱橋

吊橋

石造拱有許多優點。如上一章所述，它們設計起來相對容易，因為只需要參照前例、等比例放大即可，而且這樣做還相當安全。事實上，如埃曼教授所言，要製造出會倒下來的拱其實很難。一七五一年時，有一位威廉・愛德華（William Edwards）確實在龐特普里斯（Pontypridd）完成這項壯舉，但就我所知，這種事之後沒有再發生過。這裡不妨再說一次：即使基礎有些移動，拱都不太會受到影響。雖然如此，拱還是需要有基礎才行，而且當土質鬆軟時，它們往往既麻煩又昂貴。

另外，石造結構雖然維護成本低，但初始成本一直非常高，大型橋梁更是如此，因為建造時需要架設精心製作的對心模板。因此，世人一直想要找到物美價廉的造橋法。原始的國家以往常見各種吊橋，這些吊橋會用繩索或其他植物纖維製成。軍事工程師若要臨時搭建橋梁，也會使用吊橋的形式，半島戰爭（Peninsular War）期間威靈頓公爵（Arthur Wellesley, 1st Duke of Wellington）旗下的工兵便經常如此。

新的繩索承受拉力相當強韌可靠，但植物纖維製成的繩索在露天環境下會迅速惡化，不再可靠，聖路雷大橋附近一些有趣的人物就發現了這件事。*固定的吊橋必須用鐵索或鋼索建造才行。鑄鐵太脆易碎，鋼要到相對晚近才能在市面上買到，但鍛鐵還算強韌，又十分剛硬，而且也特別能抗腐蝕。

2「鐵道之父」喬治・史蒂芬生之子。

*《聖路雷大橋》（*The Bridge of San Luis Rey*），桑頓・懷爾德（Thornton Wilder）著（一九二七）。

雖然一七四一年有人在蒂斯河（River Tees）上用鐵鏈搭建一座七十英尺（二十公尺）長的行人吊橋，但鍛鐵此時還太貴，無法廣泛用來造橋。等到攪煉法（puddling process）*在一七九〇年左右發展出來後，鍛鐵鏈就變得相對廉價。蒂斯河吊橋採用最原始的方法，將路面直接固定在鏈條上，所以這座牆無法讓車子使用，即使是行人走上去，也一定覺得又高又嚇人。現今的吊橋會用高塔撐起懸索，再把路面吊在懸索下方（圖二）；賓州的詹姆斯・芬雷（James Finlay）發明了這種建造法，並大約從一七九六年開始建造這一類的吊橋。

懸吊的平面道路，加上價格合理又容易取得的鍛鐵鏈，使得吊橋廣受歡迎，各地都有人用它讓車輛跨越寬闊的河面，因為這樣的吊橋往往遠比大型石造橋便宜，也更實用。吊橋廣為許多國家採用，其中泰爾福德更是著名的先驅，他的梅奈吊橋（照片十一）在一八二五年完工，中間的跨距長達五百五十英尺（一百六十六公尺），在當時遠比任何其他吊橋長。

泰爾福德用的鐵鏈和當時所有其他吊橋的鐵鏈一樣，以金屬板或鏈環製成，再用螺栓或插銷相連，和現今的自行車鏈條十分相似。由於銷接合會有應力集中，因此需要以鍛鐵等強韌的材料製成。這樣的鐵鏈確實相當成功，鮮少發生問題。鍛鐵雖然可以穩定承受拉力，但強度並不高，所以泰爾福德將鏈條內的最高標稱應力（nominal stress）維持在大約八〇〇〇psi（五十五MN／m^2）以內，也就是斷裂應力的三分之一不到。

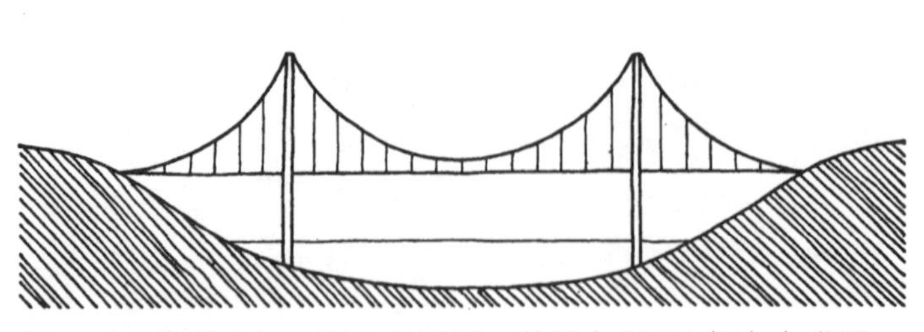

圖二／現代形式的吊橋由詹姆斯・芬雷在1796年左右發明，這種吊橋會用懸索吊起平坦、未架高的路面。

言，梅奈吊橋的距離差不多是安全的極限。布魯內爾後來證明泰爾福德可能謹慎過了頭。布魯內爾的克利夫頓吊橋（Clifton Suspension Bridge）跨距達到六百三十英尺，或一百九十公尺。但在此之前，梅奈吊橋的跨距多年下來無人能出其右，而且當時的人也明白知道他們已經接近鍛鐵的極限了。

在這樣的情況下，鏈條的強度有一大半用來支撐鏈條本身的重量，泰爾福德認為以當時的材料而

高拉力鋼索問世後，使得極長的公路吊橋現今成為潮流。高拉力鋼遠比鍛鐵或軟鋼強韌，因此即使鋼索極長，它仍然有辦法支撐自身的重量。高拉力鋼比鑄鐵更易碎，但這一點不太礙事，因為鋼索是連續性的長條，不是用銷接合相連的鏈環，因此沒有容易斷裂的接合處。鐵鏈吊橋的鐵鏈可能只是由三至四個平行的板鏈構成，但鋼索是由好幾百束獨立的鋼線交織而成，所以其中任何一條鋼線斷裂都不太會有危險（照片十二）。

這裡只舉一個現今的例子：新建的亨伯橋（Humber Bridge）淨跨距為四千六百二十六英尺（一千三百八十八公尺），是泰爾福德認為可行的跨距的八倍多。這是因為吊索可以安全承受的工作應力為八萬五千 psi（五百八十 MN／m^2），是泰爾福德鍛鐵鏈可承受的應力的十倍多。

拱和吊橋的推力線

吊橋的吊索會自動形成最佳的形狀，因為有彈性的繩索一定會被所有的荷載拉成最能承受重量的形狀。假如我們想知道吊索的形狀，可以像泰爾福德一樣，在模型上加上重量，或是在繪圖板上畫出「纜

*《高強度材料新論》，第十章。

索多變形」（funicular polygon）。這是一種相當簡易的繪製方法，除了可以用來設計吊橋之外——舉例來說，我們可以用這種方式來算出懸吊路面的吊索分別要多長——也可以用來設計拱。

看看吊橋，再看看拱，就不難發現吊橋其實就像上下顛倒的拱，或者拱像上下顛倒的吊橋。換言之，只需要將拱內所有應力的正負互換，也就是把壓力變成拉力，那麼拉力就能用一條弧形的繩索來承受，這樣就可以看成是一條承受拉力的「推力線」。如此一來，我們就能輕易推得拱橋或圓屋頂的壓力推力線。

這樣得出的推力線，可能會因為荷重的差異，像是橋上有沒有車輛通行而有些許的不同。只要推力線完全落在拱形之內，任何一條推力線都是安全的，否則就是不安全的。有些自恃甚高的人會說，這樣得出的推力線形狀是懸鏈線（catenary），所以圓形的拱是「錯的」。但事實不一定如此；在許多情況下，推力線確實會十分接近圓弧，所以羅馬人使用半圓形的拱才會那麼耐用，也沒有問題。但是，如果要做出非常纖細的拱，像是現今鋼筋混凝土橋常用的拱，拱的形狀就一定要非常精確才行，因為推力線沒有什麼變異的空間。

弓弦大梁（bowstring girder）的發展

吊橋在十九世紀初雖然起步飛快，但鐵路問世之後，吊橋的發展就中斷了將近一百年。維多利亞時期英格蘭境內的兩萬五千座大型橋梁，大多是鐵路橋梁。吊橋是一種彈性極高的結構，在極重又集中的荷載之下容易變形。如果是公路用橋，這一點的影響不太大，*但火車的重量通常是貨車或卡車的一百倍左右，因此它們造成的變位也會大一百倍，這樣實在不可行。英格蘭境內有少數的鐵路吊橋，但都在

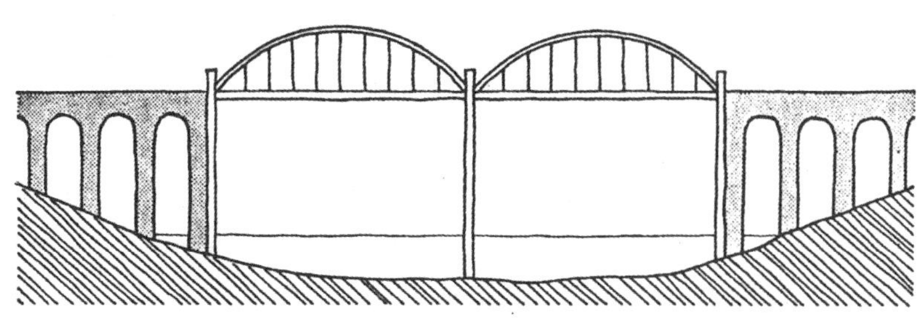

圖三／弓弦大梁或繫拱能減少橋台的水平推力，維多利亞時期的鐵路工程師常用這種橋梁。

眾目睽睽下破壞。美國的河流比較寬，那時的美國人也比較窮，信念卻更強，因此還多堅持了一陣子，但最後還是幾乎全部放棄。

正因如此，當時的人需要建造出又輕又便宜，但同時還夠堅固，又能橫跨極長距離的橋，「繫拱」（tied arch）或「弓弦大梁」因此發展出來（圖三）。拱本身當然夠堅固，但橋台承受相當大的向外推力。假如橋台是堅固的岩石，問題就不太大，但在建造鐵路時，狀況往往沒這麼理想。又細又高的拱墩無法抵抗太大的水平力，要在這樣的拱墩上蓋一個或多個拱實在不可行。

但是，維多利亞時期的工程師經常得想辦法這樣做，因為他們興建的鐵路經常要橫越超過一百英尺深的山谷。一種解決之道，是將拱的兩端用拉力構件相連，像是懸吊的路面。在這種情況下，路面就必須發揮結構上的作用了，因為路面本身需要承受拉力。

表面上，弓弦大梁看起來像懸吊著路面的拱，但它的運作原理十分不同。在這樣的橋梁裡，基礎只需支撐大梁本身和車輛的重量所造成的向下荷載，不需要承受水平向的推力或拉力。事實上，整座橋甚至可以

＊泰爾福德建造的橋，全是公路橋或運河橋。美國人在建造運河輸水道時經常使用吊橋，以懸吊的木製水渠承載水流。平底船行經梁底下時，淨荷載當然不變，因此變位也不變。

架在滾支承上，而且現實中也確實經常這樣做，讓金屬有熱脹冷縮的空間。這種大梁不會產生水平向推力，因此可以架在相對纖細的石柱上。

弓弦大梁本身可以是單獨、自成一格的構件，這一點讓大型橋梁更容易建造，因為大梁可以在遠離施工地點的平地上組裝完成，再放在木筏上運送到施工地點，用千斤頂抬到所需的高度即可。布魯內爾在索爾塔什（Saltash）建造大橋的時候就是這樣做的。[3]如下一章所述，繫拱其實是桁架（truss）或桁架梁（lattice girder）大家族的成員之一，這個家族在結構工程中處處可見。

3 此指索爾塔什和普利茅斯（Plymouth）之間的皇家亞伯特橋（Royal Albert Bridge），設計者為伊桑巴德・金德姆・布魯內爾父子檔中的兒子。

第11章 身而為梁好處多

——兼論屋頂、桁架和桅竿

所羅門……建造黎巴嫩林宮，長一百肘，寬五十肘，高三十肘，有四行香柏木柱，柱上有香柏木橫梁；廂房以上覆蓋著香柏木，在四十五根柱子之上，每行十五根。

〈列王紀上〉第七章，第一—三節（聖經和合本修訂版）

文明居住的必要條件之一是頭頂上有扎實堅固的屋頂，但永久的屋頂很重，這麼重的東西要怎麼支撐才好？打從人類有文明以來，這個問題就一直存在。我們看到華麗的知名建築時，其實看到任何建築都一樣，不妨記住一件事：建築師解決如何支撐屋頂的難題時，不只影響了屋頂本身的形狀，也影響了建築各方面的設計，包括牆壁、窗戶，甚至整個建築的特性。

追根究柢，支撐屋頂其實和造橋是相似的問題，差別在於建築物的牆壁通常比橋墩更薄、更弱，所以必須更小心處理屋頂可能會造成的水平推力。由第九章可知，假如屋頂對牆頂施加太多向外的推力，牆中的推力線就會彎成非常危險的地步，導致牆面倒塌。

許多古羅馬建築的屋頂使用圓頂，正式的拜占庭建築也幾乎都使用圓頂。這種結構有如拱，會大力把下面的支撐物向外推。在大多數的例子裡，圓頂屋頂會架在非常厚的牆壁上，這樣推力線便有很多彎曲的空間，而且還能確保安全。如前文所述，這些厚牆常常以巨積混凝土製成，有時候裡面會放置空酒瓶，一方面降低重量，另一方面增加厚度。這種牆壁的好處除了結構穩定外，在炎熱的環境裡更有隔熱的效果：希臘村莊裡唯一涼爽的地方往往就是拜占庭教堂內部。但是，在這麼厚的牆壁裡開窗戶並不容易，所以古羅馬和拜占庭建築的窗戶通常很小，而且離地面很高。

中世紀的城堡大致沿用古羅馬人的建造法；以科夫城堡（Corfe Castle）為例，城堡的牆壁以巨積混凝土製成，而且有好幾公尺厚。這種牆壁足以支撐圓頂屋頂的推力，而且以禦敵的觀點來說，沒有窗戶還比較好。早期諾曼人（**Normans**）或「仿羅馬式」（**Romanesque**）的教堂差異也不大，使用厚牆、小型圓拱和小窗戶，這些特徵都直接承襲羅馬晚期的形式。早期仿羅馬式的教堂還算堪用，至今許多仍然矗立。*出現問題的多半是後來的建築，而且大多是因為後來的人漸漸喜歡更大、更好的窗戶。

陽光國度的居民對窗戶的感受當然和北方人不一樣，至今還是有許多人好像選擇讓自己的住所永遠昏暗。想必是地中海地區長年的傳統，因為從古希臘、古羅馬和拜占庭時期以來，這個地區建築物的窗戶通常都很小，又沒什麼效果。**就我們所知，這不完全是因為他們缺玻璃。

但到了北歐，驍勇好戰的騎士和貴族不想整天待在陰暗無窗的城堡裡。他們想要照明和陽光，所以對陰沉的羅馬式建築感到厭煩。窗戶變成了一種偏執，也因此工人在建造大廳和教堂時，競相裝設愈來愈大、愈來愈華麗的窗戶。中世紀的工匠也許完全沒有科學頭腦，但有時候他們的創意超出我們的想像。最起碼，他們讓我們看到窗戶可以多麼美妙、精采。

但是，如果要在一面厚牆裡打出像隧道一樣的開口，才能安裝窗戶，這面窗戶再怎麼壯觀、昂貴，效果都會大打折扣。假如要在比較薄的牆壁裡安裝這種大型的窗戶，當然會導致推力線出狀況。諾曼式建築基本上和羅馬式建築差不多，所以不可能做到這件事，因為這種建築就是需要厚牆才能安全穩固。雖然如此，建築師還是執意嘗試。有人說看到晚期仿羅馬式的建築，我們該問的問題不是「高塔會不會倒下來？」，而是「高塔什麼時候會倒下來？」

中世紀的石匠到底知不知道這些事情為什麼會發生？我們並不清楚。他們的認知八成不明不白又流於主觀，不然同樣的錯誤不會代代相傳。無論如何，總算有人找到讓窗戶大、牆壁薄的方法：使用扶壁（buttress），從外面幫牆壁抵擋屋頂向外的推力。*** 扶壁運作的方式等於讓牆壁變厚，功能有如古羅馬人的空酒瓶，只是運作方式不同。

一般常見的厚實扶壁，其實只是將窗戶中間的牆壁局部增厚而已。假如建築只有一個廊道，像國王學院禮拜堂那樣（圖一和照片十三），這樣的效果非常好。但是，假如建築有側廊，問題就出現了。建造哥德式建築的石匠發明了飛扶壁，才能撐起教堂中殿（nave）的屋頂，又不會遮蔽高側窗（圖二一）。飛扶壁使用一連串的拱將扶壁直立的部分與建築的牆壁分開，拱能將推力傳遞到扶壁，同時又不會遮掉

---

* 當然，許多小型的諾曼教堂只有簡易的木造屋頂，但這種屋頂往往還是會將牆壁向外推，而且向外的推力不亞於石造圓頂。

** 龐貝城內建築的窗戶都沒什麼作用，人工照明也一定不堪用，室內牆壁幾乎全都漆成深紅色或黑色。為什麼會這樣，大概也不難想像。

*** 墨爾本子爵（William Lamb，2nd Viscount Melbourne）：「我不是國教教會的柱子，而是國教教會的扶壁，因為我從外部支持它。」

太多光線。

建築有了飛扶壁和大面窗戶後，就有了更多添加裝飾的空間，而且如前文所述，建築還可以適時增添雕像和尖頂。石匠八成有發現，雕像和尖頂的重量，能幫助推力線安全順著錯綜複雜的石造結構向下。後來的窗戶大到牆面所剩無幾，牆壁本身幾乎無法支撐建築。這種細長的石造牆壁有如現代的船桅，必須完全仰賴橫向的支撐結構。細長的桅竿需要有複雜的索具才能運作，細長的牆壁也需要拱和扶壁才能穩固。

不論古人是怎麼知道要這樣做，從結構和藝術層面來看，他們的成就卓越非凡。中世紀全盛時期的石造大師創造出來的哥德式建築，完全看不出古典建築的淵源。舉例來說，如果拿坎特伯里大教堂（Canterbury Cathedral）和古羅

圖一／劍橋大學國王學院禮拜堂（King's College Chapel）

圖二／側廊（side aisle）和高側窗（clerestory）出現後，扶壁因應而生。

馬長方形教堂（basilica）相比，兩者的樣貌簡直天差地遠，但前者明明白白承襲後者。

這類的建築往往相當優美，但也一定貴得驚人，再說私人住宅通常不適合用拱頂或圓頂。用梁來支撐屋頂，遠比用拱來得便宜又簡單。在整個空間加上長桿或托梁（joist）後，梁就能從兩端將屋頂的重量向下傳遞到石造牆裡，完全不會有向外或側向的推力，因此推力線不會受到干擾，牆壁也可以蓋得比較薄，而且不需要扶壁（圖三）。

光從這個原因來看，梁就足以成為結構工程裡至為重要的構件之一。不過，梁和作用相同的桁架的應用，不只有建築屋頂而已。事實上，科技文明之所以能存在，有一大部分拜梁與梁理論之賜。像這樣的想法在生物學裡也不斷出現。

在古英文裡，beam 的意思是「樹」，現今有些樹名還保留這個字義，像是白面子樹（whitebeam）和千金榆（hornbeam）。現今的梁常用鋼或鋼筋混凝土製成，但長久以來，「梁」一字在結構上會指一長條的圓木，而且常常是一整根樹幹。和蓋石拱或圓頂相比，砍一棵樹便宜多了，也不會那麼費工，但適合拿來做梁的大樹數量有限，長條的木材總有一天會難以取得，此時就不得不用比較短的材料來建造屋頂了。

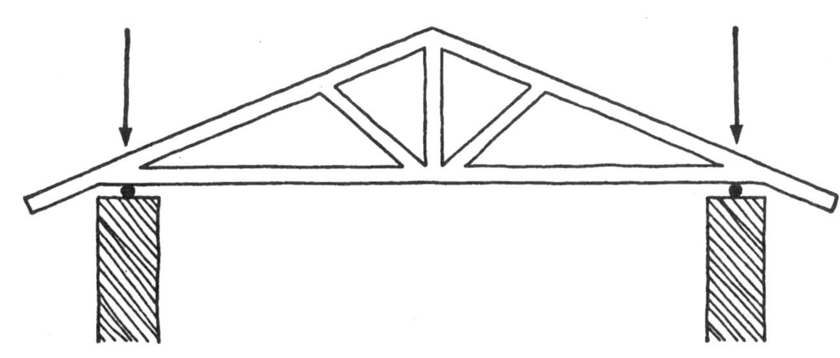

圖三／簡易的屋頂桁架。此例刻意架在滾支承上，突顯牆壁不會承受向外的推力。

屋頂桁架

如果要用短的木條橫跨屋頂的跨距，現代人可能會覺這樣當然要像Meccano組合玩具一樣，將短木條相接，形成像圖四一般的三角形結構。其實，這個就是桁架梁的雛形。我們都看過鐵道鐵橋的桁架梁，任何像這樣的三角形格狀結構都稱作「桁架」。屋頂桁架只要設計妥當，功能會和一體成形的長梁一樣，而且還能在大跨距上用最省錢的方式搭建屋頂，同時不會讓支撐的牆面承受危險的向外推力。正如梁和梁理論一般，現代科技處處應用桁架，除了搭建屋頂外，還會應用在船、橋、飛機和各式各樣的結構裡。上一章提到的繫拱，其實也是桁架的另一種樣貌。

但在建築史上，桁架或桁架梁的概念很慢才發展出來，讓人實在有些訝異。平凡的木製屋頂桁架是最原始的桁架形式，我們可能覺得理所當然，但我們的老祖先花了很久才想到這個。但反過來說，他們沒看過鐵道橋，也沒玩過Meccano玩具。事實上，建築桁架雖然是羅馬晚期的發明，但到中世紀才真正開始廣泛應用。在人類大半的歷史裡，建築師沒有用過桁架。

古希臘的建築師根本沒想過桁架這個東西。古希臘著名的建築師，包括設計雅典衛城山門的穆內西克萊斯（Mnesicles），和設計帕德嫩神廟與巴賽（Bassae）的阿波羅伊比鳩魯神廟（Temple of Apollo Epicurius）的伊克提諾斯（Ictninus）。他們在設計屋頂的時候刻意不採用拱或圓頂，卻又完全沒有發明

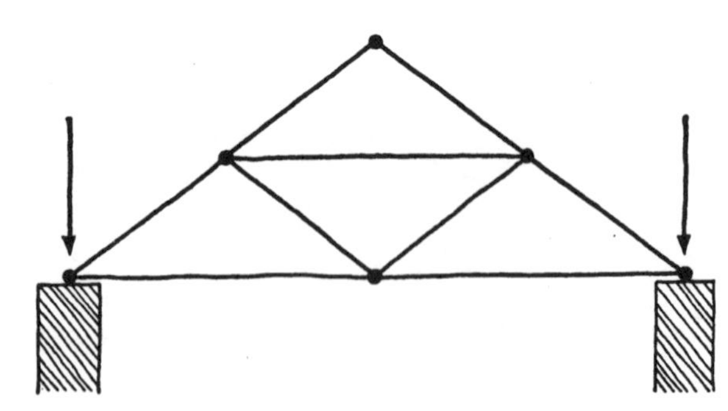

圖四／假如無法取得長條的木材，我們可以像組合玩具一樣，用短木條搭建屋頂桁架。

出屋頂桁架，或找到其他替代方案。古希臘的建築縱使精采，好像到橫梁（architrave）就戛然而止，古希臘的屋頂只能說沒有頭腦。

最單純的石梁或石楣，安全的跨距最多只有八英尺（二點五公尺）左右，超過這個距離容易斷裂。因此，雖然木材在古代和現代希臘都一樣難以取得，但古希臘的建築還是得用木梁。

假如古希臘人在蓋神廟的時候，有辦法取得夠多全跨距的木梁，他們會直接把木梁橫架在牆頂和圍廊的石楣上，再用板子蓋住橫梁和托梁，讓整個建築有平坦的天花板。天花板只是用一般的木板搭起來的，當然耐不住風吹雨打，所以他們還要在上面再堆大量摻水和乾草的黏土。以一般規模的神廟而言，這個黏土堆可以重達三千噸。堆好這一大堆土和草堆並填實後，會將它修成三角形斜屋頂，再直接在上面鋪上屋瓦，像是在花園的泥巴裡放石頭來製作步道一樣。他們大概只能希望在木頭天花板開始腐爛之前，這一大堆黏土可以先晒乾。屋頂乾了之後，各種害蟲都能在裡面躲藏，但這種屋頂的隔熱效果非常好，當地人在天氣炎熱的時候一定很喜歡。

當然，古人經常得用比較短的梁或椽。所羅門為了從黎巴嫩取得香柏木，和希蘭王（King

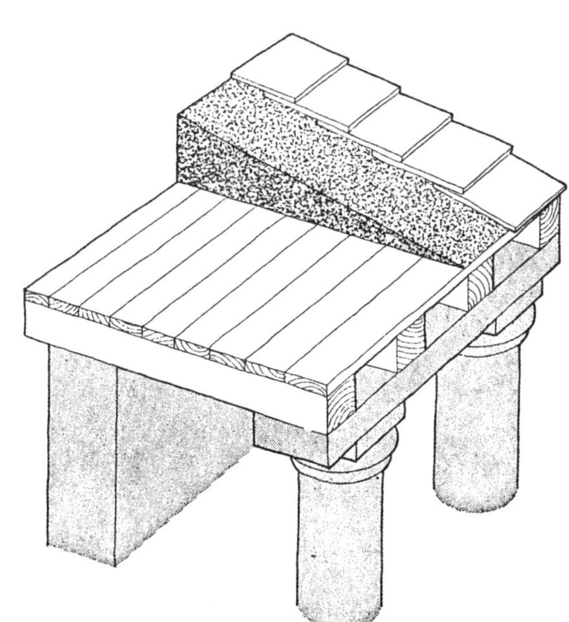

圖五／古希臘神廟的屋頂。

Hiram）有專門的政治協議*，但即使如此，他的屋頂木梁長度只有大約二十五英尺（七公尺，或十七肘）。許多古希臘神廟的木梁比這個還短：古希臘神廟和所羅門王的宮殿一樣，用一排排的柱子支撐比較短的木椽，完全不管這樣的建築結構是否方便使用。義大利南部的帕埃斯圖姆（Paestum）有一座著名的多立克式神廟，有一排柱子穿過中殿的中軸，將中殿分成兩個等寬的走廊。當時的人在這裡舉行宗教儀式時，一定覺得非常彆扭。比較晚期的神殿通常會有比較對稱、堪用的設計（圖六），但即使是帕德嫩神廟，裡面盡是我們會認為毫無必要的柱子。

簡易的A形屋頂桁架在中世紀發展出來，這種桁架下方橫向的拉力構件稱作「繫梁」（collar beam或tie beam）。跨距不長時，通常可以找到夠多、夠長的木板，來搭建圖七那樣的三角形簡易桁架，但

圖六／公元五世紀設計比較精良的神廟不需要桁架，也能支撐屋頂的重量。

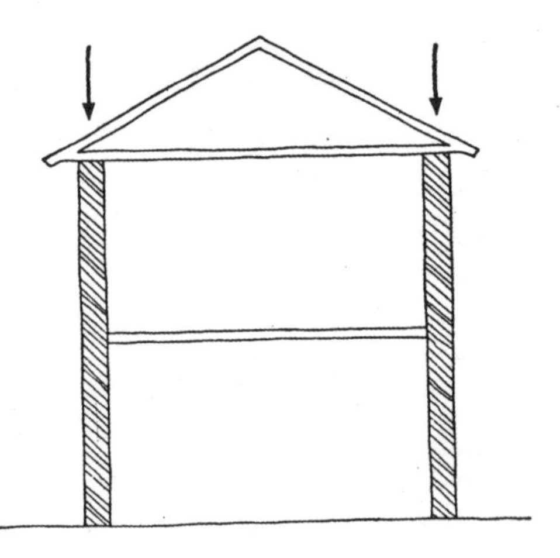

圖七／簡易的雙層房屋，屋頂桁架的繫梁架在牆頂上。

兩層樓高的小房子如果採用這種方式，建築比例往往不太美觀，而且屋頂可能會白白占用不少空間。因此，工人通常會把繫梁調高，使得上層的房間有一部分在屋頂裡，再依需求設置老虎窗（dormer）。這樣沒什麼問題，但假如繫梁的位置太高，屋頂梁容易被屋頂的重量壓彎或向外彈開，因而將牆壁向外推（圖八），可能需要花大錢才能解決。當然，繫梁的位置愈高，屋頂梁外推的情況可能會愈嚴重。

中世紀的大廳和教堂往往跨距非常大，因此屋頂要怎麼搭建變成一個難題。桁架屋頂可能比石造的拱頂或圓頂便宜，但就算有辦法找到木材當作全長的繫梁，這些繫梁勢必得架在建築裡比較低的位置，教堂中殿或大廳壯觀的感受會大打折扣，而且繫梁還會擋住東、西兩側大窗戶的視野。當時的人太落後，不重視建築的「效能」，只在意建築好不好看，所以歐陸的建築師依舊堅持使用石造圓頂，再用華麗、昂貴的扶壁來支撐。

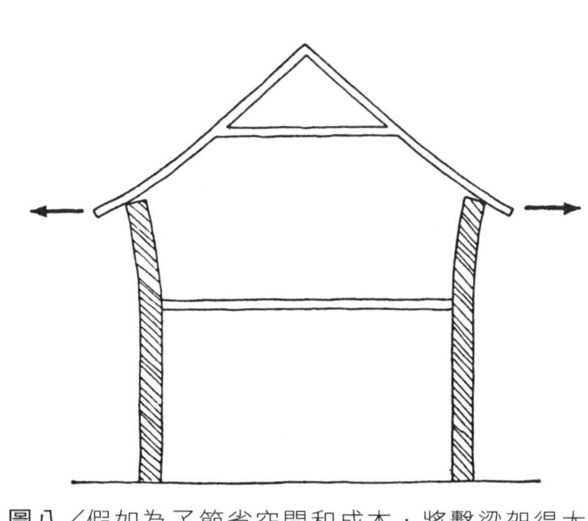

圖八／假如為了節省空間和成本，將繫梁架得太高，會變成這個樣子。（誇大的示意圖，但沒有誇大太多。）

*〈列王紀上〉第五章（其中暗示所羅門王付出非常高的代價）。

英國的建築師則是發揮英國人的個性，發明出一種妥協或掩飾之道，有人說這種木製屋頂「與其說符合科學，不如說是耍小聰明」。他們的發明是托臂梁屋頂（hammerbeam roof；圖九）。托臂梁屋頂在英格蘭的大型建築裡相對常見。現今在西敏廳（Westminster Hall）、牛津和劍橋大學許多學院和一些大型私宅裡可以看到這種屋頂。有藝術氣息的人非常喜歡這種結構，也許有一部分是因為木匠常常在這種屋頂的「關節」處揮灑他們的想像力。偵探小說作家桃樂西·榭爾絲（Dorothy Sayers）的粉絲會記得芬喬奇聖保羅教堂（Fenchurch St. Paul）托臂梁上的木雕天使，以及彼德·溫西爵爺（Lord Peter Wimsey）穿梭在天使之中的精采故事。*

從結構的作用來看，比起其他高繫梁的大型桁架，托臂梁桁架能將向外推力的作用點（point of application）移到牆壁上比較低的位置，讓最關鍵的推力線不會受到那麼嚴重的影響。這種作法在實務上相當管用，但重邏輯的歐陸人一向不喜歡，所以英國以外的地方很少看到托臂梁屋頂。

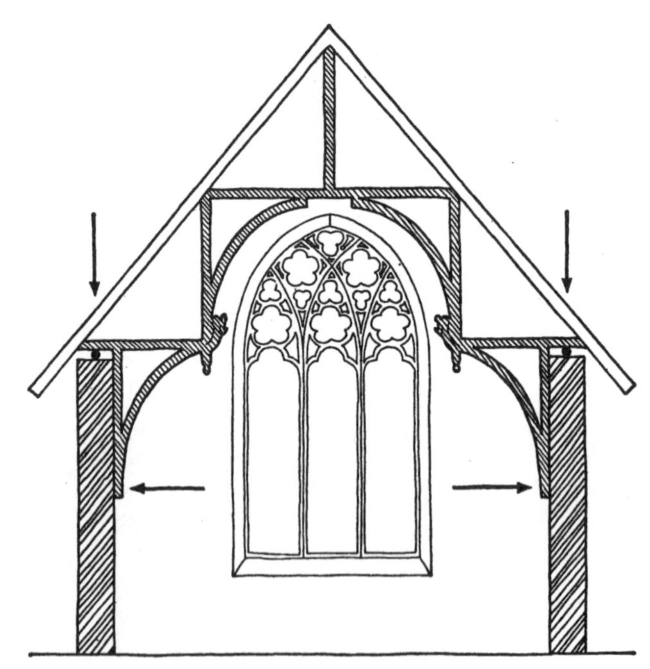

圖九／簡易的托臂梁屋頂，其作用是將向外推力的作用點向下移，以減少向外推力對推力線的影響，同時牆上的窗戶不會被擋住。

傳統托臂梁屋頂的接合處會使用木釘，有時候會用鐵片。這種接合的效率不太高，但以這種結構的需求來說，重點不是強度，而是勁度，所以接合處弱一些也無妨。在現代的工廠、倉庫、穀倉等大型建築裡，屋頂桁架常常會使用角鋼或其他鋼材，所以不會發生什麼問題。但現代小型房屋的桁架幾乎一定是木製的，而且木材的厚度往往會減到最低，甚至低於安全值，天花板小梁有時更是勁度不足，導致灰泥被天花板的重量壓到龜裂。現代常見的習慣是把頂樓變成一間臥室，但高勁度的樓地板會成為問題：屋頂桁架不太可能會斷裂，但房間裡多了人和家具的重量後，產生的變位可能會對房子造成損傷，而且需要花大錢才能修復。各位業餘工匠，請多加留意。

用桁架造船

禍哉！古實河的那一邊、翅膀刷刷作響之地，
差遣使者在水面上，坐蒲草船過海。

〈以賽亞書〉第十八章，第一—二節（約公元前七四〇年；《聖經》和合本修訂版）

事實上，早在造房工匠和陸上的建築師懂得運用桁架之前，造船工匠已經使用各種桁架好幾百年了。造船史書裡最早的例子，通常是埃及人用來航行尼羅河的船。先知以賽亞應該知道，這種船是將許

*《九曲喪鐘》（*The Nine Tailors*, Gollancz, 1934）。不過，伯克郡（Berkshire）威克罕（Wickham）聖斯威辛（St. Swithin）小教堂屋頂桁架的裝飾不是木雕天使，而是維多利亞時期製作的巨型紙漿大象。

多束蒲草或蘆葦並排綑緊而成，但事實上這種從草筏演變而來的蘆葦船，歷史可以上溯到公元前四千至三千年。白尼羅河（White Nile）和南美洲的喀喀湖（Lake Titicaca）還有人在用類似的船。由於一束束的蘆葦本來就兩端比中間細，這樣綑起來後就會自動形成船的形狀。蘆葦束細長的末端常常會再綁成向上捲曲，替船首和船尾做一點造形。地中海地區現今的划槳船還維持這種高首柱和尾柱的造形，而且有些形狀幾乎完全沒有改變過，著名的例子包括威尼斯的貢多拉（gondola）和馬爾他的代薩（dg ajsa）。

船身的中段會提供大半的浮力，細長的兩端相對沒有幫助漂浮的作用，但總是會有人想在船首和船尾放置重物。正因如此，許多船會「拱曲」（hog）：兩端會往下掉，中間會拱起。這種情況正好和屋頂和橋梁相反，因為桁架的中段會想要凹下去，工程師稱此為「下垂」（sag）。拱曲和下垂的作用力方向相反，變位的方向也相反，但兩種情況都是梁或桁被彎曲，所以可以用相同的原理來分析和討論。

以結構而言，船身是一種梁。古埃及人採用高彈性的蘆葦船身，拱曲作用一定非常明顯。拱

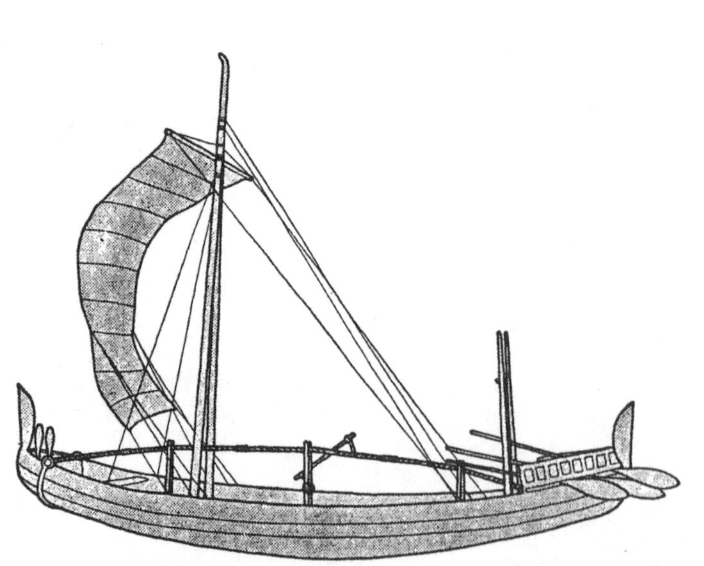

圖十／埃及航海用船，約公元前2500年。這一艘船是木製的，但船首和船尾仍保有蘆葦船典型的直立裝飾。船身的木板很短，而且彼此扣接不穩固，所以也需要埃及傳統的拱曲桁架。A形的桅是另一個特點。

曲的船光是看起來就讓人難受，而且拱曲效應還會造成更多問題，所以即使是公元前三千年的人也得設法避免這種情形發生。事實上，古埃及人處理這個問題的方式非常有道理。他們在船上加了我們現在會稱為「拱曲桁架」（hogging-truss）的東西：一條結實的繩索穿過船身裡的許多立柱，繩索的兩端再纏繞在船首和船尾，防止船首和船尾往下掉（圖十）。這條繩索可以用像「西班牙式絞車」的裝置拉緊：這是一束綑在一起的繩索，中間插了一根長棍或槓桿，用來將整束繩索扭得更緊，也因此縮短繩索的長度。如此一來，巨大的蘆葦船身可以依照船長所需，任意調整成比較直或比較彎曲的形狀。造船技術演進後，古埃及人不再用一束束的蘆葦造船，改成用木材。但由於木板大多非常短，而且扣接多數也很不穩固，這樣的船仍然需要拱曲桁架。

古希臘造船工匠的技術比埃及工匠更精湛；他們的三排槳戰船（trireme）精良無比，是雅典海上霸權的主力。但是，這些船同樣以短木板製成，輕薄的船身非常有彈性，相當容易漏水。因此，希臘人仍然保有改良後的拱曲桁架，稱作「下撐纜」（hypozoma；複數 hypozomata）；這是一條繞在舷緣下方的厚重纜索，並且可用西班牙式絞車依需求調整鬆緊。古希臘人的海戰主要是用船去撞敵船，因此戰船的結構需要能承受巨大的衝擊。下撐纜便是戰船船身的重要構件。沒有它的話，希臘人就無法打海戰，甚至根本無法出海。若要卸除現代戰艦的武裝，以前的作法是移除戰艦的砲栓。同理，古代負責裁撤軍備的官員若要讓三排槳戰船無法使用，就是卸除它們的下撐纜。

由此可知，在比雷埃夫斯（Piraeus）港口工作的雅典造船工匠一定熟知桁架的原理。這樣的話，像穆內西克萊斯、伊克提諾斯等雅典建築師，怎麼沒想到用桁架來搭建神廟的屋頂？也許他們沒發現拱曲和下垂是一體的兩面，或者他們只是都沒跟造船工匠打過交道？畢竟，現今有哪個蓋房子的建築師會跟造船工程師聊天？

脆弱的划槳戰船消失後，拱曲桁架也跟著消失。但是，美國十九世紀河川上的蒸汽渡輪，彈性完全不輸古希臘的三排槳戰船，或古埃及人在尼羅河上的蘆葦船。蒸汽船薄淺的木製船身跟古船有一樣的問題，美國人的解決方法也和古埃及人一樣：所有的蒸汽渡輪都具備古埃及樣式的拱曲桁架，差別只在拉力構件不是蒲草繩索，而是鐵棒，而且調整鬆緊的裝置不是西班牙式絞車，而是金屬螺絲。互相較競速度的船長常會說，他們調整拱曲桁架螺絲的鬆緊，就有辦法讓自己的船速再快個半節。蒸汽渡輪的船身也因此比三排槳戰船更容易漏水，但這不太要緊，因為船上會有蒸汽水泵。

各種帆船的各類索具也會運用桁架的原理。帆很可能又是另一個古埃及人的發明，因為在尼羅河上，風大半年會往上游的方向吹，因此貨船可以藉風往上游航行，再順著水流往下漂流——古代如此，至今依然如此。

打造帆船第一件要處理的事，是要立起一根能掛帆的桅。第二件事是要讓桅能維持不動；這遠比第一件事困難。整體來說，傳統帆船的桅是單純的長竿或立柱，並用「牽索」（shroud）、「拉索」（stay）等繩索往許多方向拉伸固定，水手稱這個系統為「固定索具」（standing rigging）。只要船身的剛性夠高，足以承受牽索和拉索的拉力，這通常會是最好的方法，而且如第十四章所述，我們可以用數學證明這種作法的重量最小，成本也最低。但是，古埃及人沒有這種數學，而且對這個議題也沒有預設立場。他們只知道自己厭倦了划槳，想找個方式把「帆」這個新玩意固定在他們的蘆葦船身上。

我曾經為轟炸機上的充氣橡皮救生帆艇設計過索具*，知道桅竿是多麼棘手的問題，因此可以理解古埃及人碰到的困難有多大。充氣艇的船身，彈性大概跟古埃及人的蘆葦船身一樣高。我們不可能把許多拉著重物的繩索綁在一顆濕答答的氣球上，或一束軟癱的蘆葦上，在這種情況下還要講「固定索具」簡直可笑。古埃及人相當睿智，他們只有在濕軟的船身上立起像三角架的裝置，或形狀有如A字的桁架（圖十）。如果要在尼羅河上航行，這種作法完全適合。我以前相當羨慕古埃及人可以這樣解決他們的問題，因為救生橡皮艇不可能這樣做，古埃及人不需要把所有的索具全部折疊起來，塞在一個小袋子裡，再想辦法把這個小袋子塞在一個已經塞滿的飛機裡。

古希臘和羅馬商船通常夠強韌，足以負荷傳統固定索具加諸其上的荷載，所以這些商船的桅會裝在船的中央，再以一般的方式用牽索和拉索固定。但不知為何，羅馬人的大船也大多只會用一條長繩拉一面方形的大帆，很少有超過單桅的例子。等到文藝復興時期的大航海時代，大型帆船才有了更多的桅和帆。此時的單桅變成了三桅，分別稱作前桅（fore mast）、主桅（main mast）和後桅（mizzen mast）。三個桅竿後來又分別向上延伸，在下面三個方形的主帆（course）之上先增加了中桅帆（topsail），再加了上桅帆（topgallant），最後又加了頂桅帆（royal sail）。（比這更高的天帆〔skysail〕和頂桅輕帆〔moonsail〕更晚才出現，這些是飛剪式帆船〔clipper〕盛行的年代才增加的。）

傳統上，每一面帆（主帆、中桅帆、上桅帆、頂桅帆）都會各有一段桅竿。換言之，每個下桅之上會有中桅，每個中桅之上會有上桅，依此類推。每一段架在上方的桅竿都各是一段木材，並以繁複的滑動裝具固定在正確的位置上。桅竿會這樣配置，用意是讓上方的桅竿和帆桁（yard）在有必要時可以拆下來，搬到甲板上。比較大的木材可能重達數噸，因此當船在汪洋中航行時，拆裝和升降這麼笨重的東

＊假如有哪位不幸的飛機駕駛有被迫用過這些東西，我只能說我現在會採用不同的設計方法。

西既需要技術，也需要膽量。不過，一艘大型的戰艦可能會有八百名船員，而且其中大多數可能會讓高樓建築工人和專業運動員無地自容。英國一八四〇年代的地中海艦隊已成為史上的傳奇。據說，艦隊司令吃完早餐後，常常會下令：「所有船隻拆下中桅。回報所需時間與受傷人數。」不論這個傳言是否為真，我們知道像馬爾伯羅號（H.M.S. Marlborough）等一流戰艦的船員只需要幾分鐘，就能把桅竿拆到只剩下下桅，而且將上桅裝回去的時間也一樣快。船上會有充足的備用木材，因此一艘船在危急時是否能安然脫險，或者是否能在戰役中勝過對手，一再取決於船員能多快替換壞掉的桅竿。平時訓練必然會有少數傷亡，就像騎馬或攀岩難免出意外。

這一切背後的結構科技絕對非凡，現今的工程師也許會對它嗤之以鼻，但他們實在要多多從中學習才對。晚期帆船甲板上的各種裝置和設備需要用極其複雜的索具才有辦法支撐，至於索具系統有多麼複雜，去看看勝利號戰艦（照片十四）或卡蒂薩克號（Cutty Sark）便知。舉例來說，勝利號主桅的高度大約兩百二十三英尺（六十七公尺），主帆桁長度為一百〇二英尺（三十公尺），但可以用滑動式輔助帆桿增加到一百九十七英尺（五十九公尺）。各種龐雜的機構一直順利運作多年，而且運作環境往往是極度惡劣的海象和暴風，卻比許多現代的機械還要可靠。

大型帆船的桅竿可能是史上最精密的桁架系統，至少絕對名列史上最美的桁架系統。甲板上方結構的總重量因此得以降低到安全的範圍，但代價就是整個系統過於複雜。到了一八七〇年左右，戰艦需要配置旋轉砲塔和大砲，但大砲的射擊範圍會被各種錯綜的繩索限制住。因此，有些鐵甲艦將桅竿改成三腳桅，以增加大砲的射擊範圍，其中以上校號（H.M.S. Captain）最著名。這種作法有如回到古埃及人立桅的方式。但是，三腳架結構讓上方的重量過大，對原本就已經不太穩定的船身更沒有幫助。上校號在比斯開灣（Bay of Biscay）航行時，有一天晚上不幸沉沒，重量不穩一定是原因之一。這起意外造成將近五百人喪生。

懸臂梁（cantilever）和「簡支梁」（simply-supported beam）

「梁」是一根連貫的長條物，像是一根樹幹、鋼棍、管子或托梁，或者是結構開放、多孔的桁架，以功能而言顯然沒什麼不同。其中，後者可以是木製的屋頂桁架，海上船隻的繩索和桅竿，或者像現代Meccano組合玩具的桁架梁，例如橋梁或高壓電塔。除此之外，以下我們會看到這兩種梁也在動物界裡出現。橋梁、屋頂桁架、馬的背和臘腸狗主要呈水平狀，船桅、電線杆、電塔、鴕鳥的脖子通常是垂直的，但不論水平或垂直，這些結構的主要功用都一樣：**荷載作用的方向與梁的軸向垂直，而且當荷載受支撐時，該荷載不會對負責支撐該梁的構造施加任何軸向的作用力。**所有的梁都有這種功用。

我們也許會認為船桅一類的東西是例外，因為桅竿會對船身施加極大的向下推力。但是，牽索和拉索也會對船身施加相同的向上拉力，所以船身的淨垂直作用力為零，船身也不會因此在水面浮起更多或沉得更深。許多動物的結構亦是同理。舉例來說，馬的脖子和船桅十分相似：頸椎受到壓縮，會對馬的身體施加向後的推力，但脖子裡的肌腱會對身體施加大小相同、方向相反的拉力，這一點與船桅被繩索拉撐的道理一樣。

照這樣說，不論梁是死是活，它們的作用都一樣。不過梁通常可以分成兩大類：「懸臂梁」和「簡支梁」。相關的變體和分類還有更多，在分析討論或其他用途時往往可以再細分，但我們在此先暫且不提。

圖十一／懸臂梁和分布載重。

圖十二／簡支梁。

圖十三／簡支梁可以看成兩個相連、顛倒的懸臂梁。

「懸臂梁」是一端固定像牆壁或地面的堅固支撐物裡的梁。工程師描述這種「端部固定」的情況會用encastré一字，即法文「嵌入」的意思。懸臂梁的另一端會向外伸出支撐載重。高壓電塔、電線杆、船桅、渦輪葉片、動物的角、牙齒、脖子、樹木、玉米和蒲公英的莖都是懸臂梁，鳥、飛機、蝴蝶的翅膀和老鼠、孔雀的尾巴也是。

簡支梁（圖十二）是兩端都受支撐的梁。

以結構來說，這兩種梁密切相關。從圖十三可知，簡支梁其實有如兩個相連、顛倒的懸臂梁。

橋桁架

粗糙的棧橋將這條路高高架在數百英尺深的山谷之上，火車的重量讓棧橋嘎吱作響。世界上幾乎找不到比這些棧橋更不牢固的結構，每次只要安全越過一座橋，我都會深深嘆一口氣。望向車窗外的深谷實在可怕至極，每次都覺得車輪下的結構脆弱到隨時會倒塌，而且只要真的倒塌，我們一定會全身粉碎，不可能生還。即使是東部各州也還有不少這種老舊的橋梁，據說它們在使用時很少出意外。不過，從火車頭落下的燃煤卻很容易把橋燒毀。

山繆．曼寧（Samuel Manning）牧師，《美國圖像》（*American Pictures*, 1875）

英國的鐵路在興建時大量採用岩石與土壤切割的工法，建造路堤和壯觀的石造和鐵工高架橋。要這樣毫不手軟進行工程，必須有充足的資本和勞力，兩項在維多利亞時期的英國都源源不絕。但美國就完全不同了*：那裡需要橫跨的距離遙遠無比，資本難以取得，而且即使是沒有技術的粗工，工資都相當高。在這個自由的國度裡，人人都是外行人，幾乎找不到歐洲那樣的精湛工匠。鐵的成本很高，但廉價的木材取之不竭。最重要的是，美國的鐵道工程師和蒸汽渡輪工程師一樣，敢用別人的性命和財產來冒險，如果給英國工程師看到，他們大帽子下的頭髮八成都嚇到豎起來。不過，那些英國工程師倒也沒有多謹慎。以我們現在的眼光來看，會覺得他們太魯莽。十九世紀的美國人當然習慣在生活中冒險犯

* 美國的工資遠比英國高，但美國鐵路每英里的成本只有英國的五分之一。

難——但這比較是因為他們的工程師太草率，不是因為隨時會有印第安人或強盜來襲。

美國的鐵路竭盡全力，飛速向西增建，而且建造時也盡量避免昂貴的切割工法與路堤。地形合適的山谷上，會建造那種把曼寧牧師嚇壞的巨大木棧橋。這種棧橋一定會讓人想到美國的鐵路，而且還有不少存活至今（照片十五）。美國鐵路建造完後，利潤非常可觀。中央太平洋鐵路公司（Central Pacific Railroad）的殖利率據說高達百分之六十。因此，各家鐵路公司不久後便將搖搖欲墜的棧橋改成扎實的路堤，施工的方式是用特殊的火車載土到棧橋上，再將土往下倒，一直到整個木造結構被土掩埋後，再放著讓木頭腐蝕掉。

遼闊洶湧的河面無法蓋棧橋，所以美國的鐵路需要跨距長的大橋。由於資金和高技術勞工皆不足，歐洲常見的永久性橋梁在這裡通常不適合，因此美國的鐵路需要大量跨距長、廉價的木製桁架，因為一般的木工工人就能製造這種桁架。由於建造桁架有可能賺大錢，美國人又最不缺創意，許多十九世紀的美國人便投入心力來研發桁架。教科書裡可以看到大量的桁架設計，每一種都稍有不同，而且每一種都以發明者為名。這裡不需要逐一詳述，因為這些桁架的原理大同小異，但有兩、三種值得我們在此特別一提。

博爾曼桁架（Bollman truss；圖十四）是早期發明的桁架之一，這種桁架在美國廣為使用，但這也許要歸功於博爾曼的政治手腕，不是他的技術能力。博爾曼不知用了什麼方法說服美國政府，只有他的設計才是「安全」的桁架，政府甚至還一度強制要求採用這種設計。要通過這種強制令可能沒有我們想像中那麼困難，因為專業工程師多年來一直深信一個工作原則：美國國會議員對科技的無知，可以直接看成是個無底洞。*

圖十四是簡化的博爾曼桁示意圖，圖中的範例只有三個桁格（panel）。現實中的桁格數量會遠比這個多，因此整個結構會變得相當複雜。另外，這種桁架的拉力構件往往比實際所需還要長。芬克桁架（Fink truss；圖十五）的效果和博爾曼桁架一樣，但使用的構件比較短，因此比較優越。

我們還可以在芬克桁架的下面再加上一根連續的構件，這樣就有如普拉特桁架（Pratt truss）或郝氏桁架（Howe truss）（圖十六）。

傳統的雙翼飛機（biplane）機翼通常就是像這樣的桁架。只要用常理採取一些預防措施，普拉特桁架或郝氏桁架上下顛倒後，照樣

圖十四／博爾曼桁架。

圖十五／芬克桁架。

* 即使到了一九一二年，美國政府在調查鐵達尼號沉沒時，還發生過以下的問答內容：
某參議員：你說，船上有水密艙？
專家證人：是的。
某參議員：你能不能說明，船沉沒的時候，乘客為什麼沒辦法躲進水密艙裡？

可以運作——換言之，可抗拱曲，也可抗下垂。另外，假如我們讓所有的構件都能承受拉力和壓力，就能把結構簡化成為華倫桁架（Warren girder或Warren truss），一般鋼製桁架通常會採用類似這樣的形式。

到目前為止，我們都把這些橋梁當作簡支梁，許多也的確是簡支梁。但是，有不少桁架橋其實是懸臂梁橋。不知為何，木造工程向來不太喜歡用懸臂梁，但現今用鋼和混凝土的結構會廣泛使用。許多跨在公路上方的陸橋是鋼筋混凝土懸臂梁。這種橋梁通常會有一個中段的簡支梁，架在兩個懸臂梁的末端（圖十八），這是因為這種作法比較能因應變位。不過，少數橋梁是兩個懸臂從兩邊伸出，在中間相接。

以前建造很長的鐵路橋時，鋼製懸臂梁大橋蔚為風潮，最有名的例子是一八九〇年完工的福斯鐵路橋。這是第一座採用平爐鋼（open-hearth steel）的重要橋梁*，而且使用的平爐鋼高達五萬一千噸。但是，公路橋的剛度通常不需要像鐵路橋那麼高（據信，福斯橋是世界上唯一一座火車可以全速通過的大橋），所以現代的長橋多半是吊橋，因為吊橋的建造成本通常比較低。福斯公路橋於一九六五年完工，跨距和旁邊的鐵路橋差不多，但使用的鋼只有兩萬兩千噸。

桁架和梁內的應力系統

以上可以清楚看到，各式各樣的梁和桁架扮演舉足輕重的關鍵角色，撐起全世界的重擔。但是，我們不太清楚它們是怎麼做到這件事的。梁裡的應力會怎麼運作，整個結構又為什麼不會倒？如前文所述，桁架梁和實心的梁幾乎所有的情況都能互換，也因此我們大概會覺得桁架裡的應力系統，和實心梁裡的應力系統差不多，只是桁架的應力系統比較容易視覺化而已。另外，懸臂梁可能比簡支梁更容易理解，但如圖十三所示，我們可以輕易看出這兩種情況其實相關。

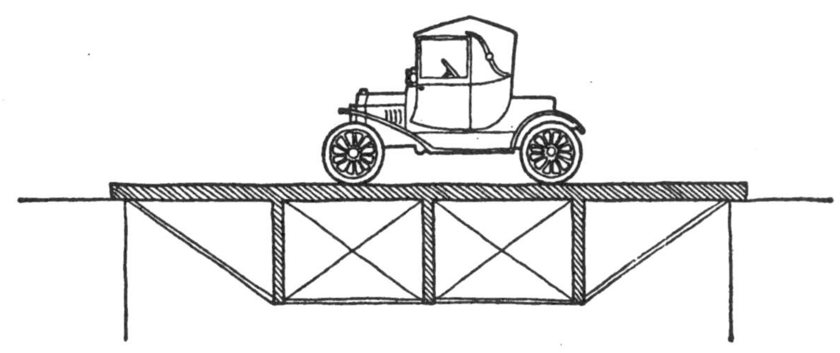

圖十六／普拉特桁架或郝氏桁架。

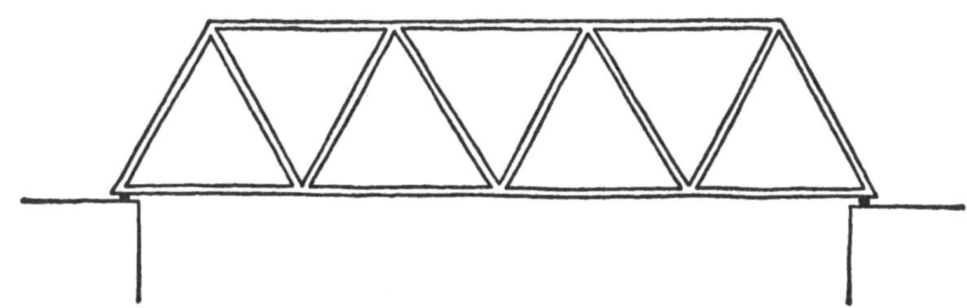

圖十七／華倫桁架

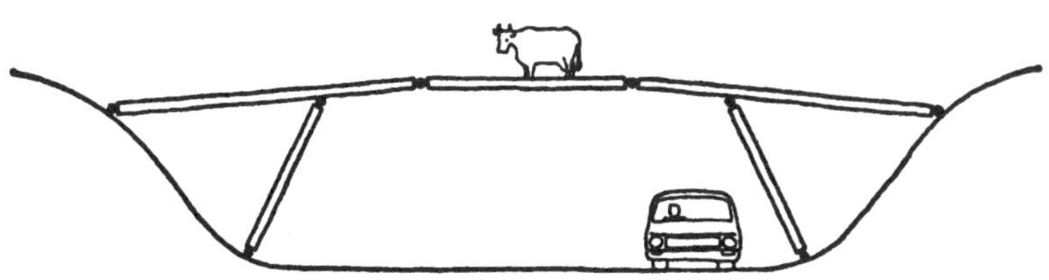

圖十八／中段為簡支梁的懸臂梁橋。

*《高強度材料新論》，第十章。

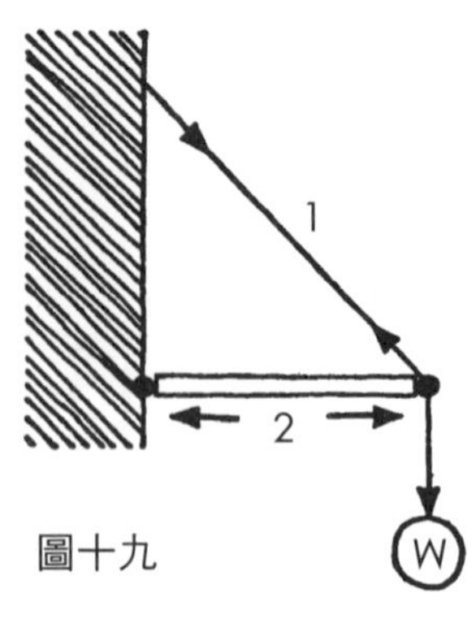

圖十九

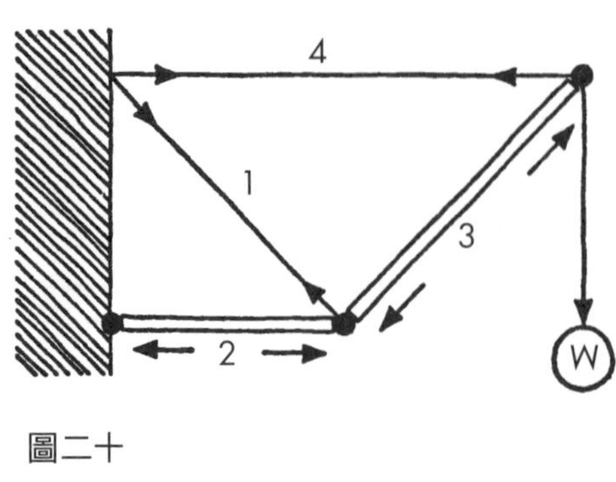

圖二十

我們現在來看看一個桁架，這個桁架是一端固定（即 encastré）在牆上的懸臂梁，從牆上凸起的另一端支撐了重量 W。我們先從最雛形或最初階的懸臂梁開始，如圖十九的簡易三角形架構。在此例中，傾斜拉力構件 1 向上的垂直分力會直接拉著重量 W，讓它不會掉下去。水平構件 2 的壓力只能水平作用，因此不能**直接**支撐重量。但是，即使構件只能水平推擠，也並非完全無作用，構件 2 的作用雖然不是直接的，但仍然十分有必要，因為它讓桁架維持伸長的狀態。換言之，桁架能保持從牆上凸出的形狀，是因為有這個構件。

我們現在在桁架上多加一個桁格，如圖二十所示。我們可以看到，負責**直接**撐起重量的力，是構件 1 向上的拉力，**加上**構件 3 的壓力。* 構件 4 當然承受拉力，但它和仍然承受壓力的構件 2 一樣，不會直接幫助支撐重量，但是桁架沒有它們的話就不能維持。

假如我們像圖二十一那樣再加幾個桁格，整體的情況大致相同：構件 1 和 5 承受拉力，構件 3 和 7 承受壓力，重量依然由這幾個構件負責直接支撐。這幾個構件合起來抵抗「剪力」（shear），這是下一章會再詳細討論的主題。在此我們會先看到，這些斜構件的力數值都差不多，不論懸臂梁多長、桁格數量有多少，這一點都不會變。

但水平的作用力就不一樣了。構件 2 的壓力大於構件 6；同理，構件4的拉力大於構件8。懸臂梁愈長，構件2承受的壓力就會愈大，構件4承受的拉力也會愈大。

假如懸臂梁非常長，固定端附近的水平或縱向拉力

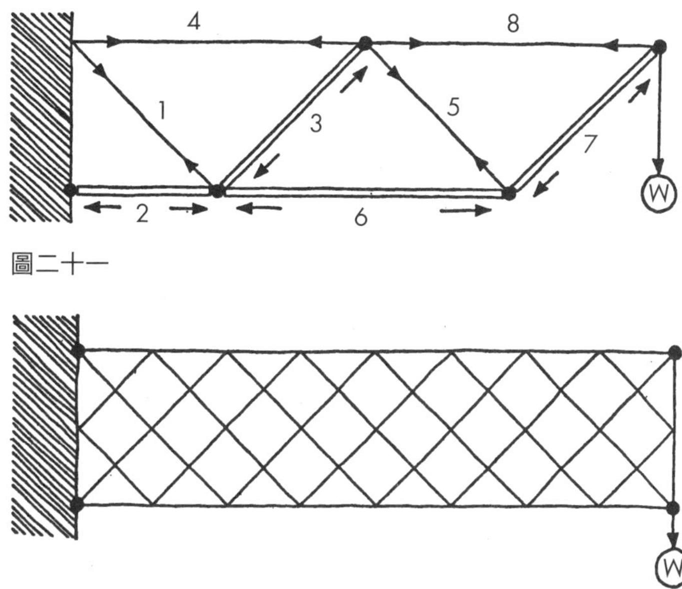

圖二十一

圖二十二／多重格狀結構或一整面連續的板同樣可以承受剪力。

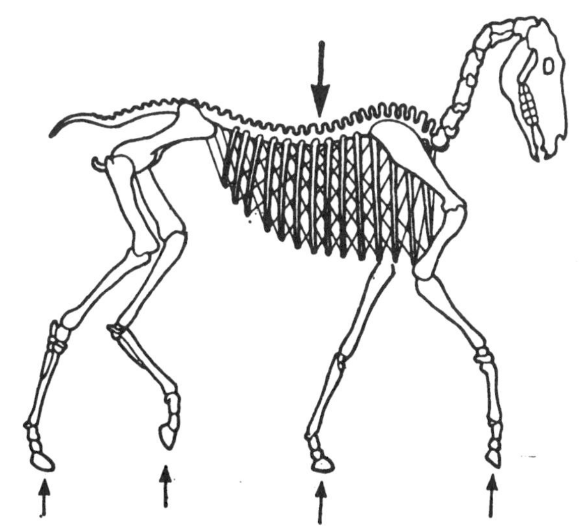

圖二十三／許多脊椎動物的結構有如芬克桁架，肌肉和肌腱會在肋骨的空隙裡形成一個複雜的斜角支撐結構。

＊審訂者註：事實上構件3的向上分力和構件1的向上分力一樣大，都剛好平衡重物的重量。

和壓力與應力會非常高。換言之，這樣的懸臂梁可能會在根部附近斷裂，這只是常識而已。但這裡有個看似矛盾之處：沒有直接負責支撐重物的構件，所受的作用力反而最高。

在圖二十一裡，往下拉的力即「剪力」，直接被斜向的構件1、3、5、7支撐，這一點如上文所述。但是，我們大可以再增加更多相同作用的構件，把這個傾斜的格子結構弄得更複雜，而且這種事情其實確實因為各種原因經常發生（圖二十二）。大自然就常常會做這種事。大多數脊椎動物的軀幹和肋骨架可以看成一種簡支梁。我們看看馬就能明白：整個結構有如一個相當繁複的芬克桁架，脊椎骨和肋骨是這個桁架裡的抗壓構件（圖十五和二十三）。肋骨之間的空隙由錯綜的肌肉纖維網狀架構填滿，纖維的走向與肋骨大約呈±45°。

在工程結構裡，下一步是把桁架中間的空隙填滿，但不是用格狀的架構，而是用鋼、三夾板等材料製成的連續板或「腹板」（web）。這樣的梁有許多種形式，但最常見的可能是H形梁或工字梁（圖二十四）。梁中間的板面或

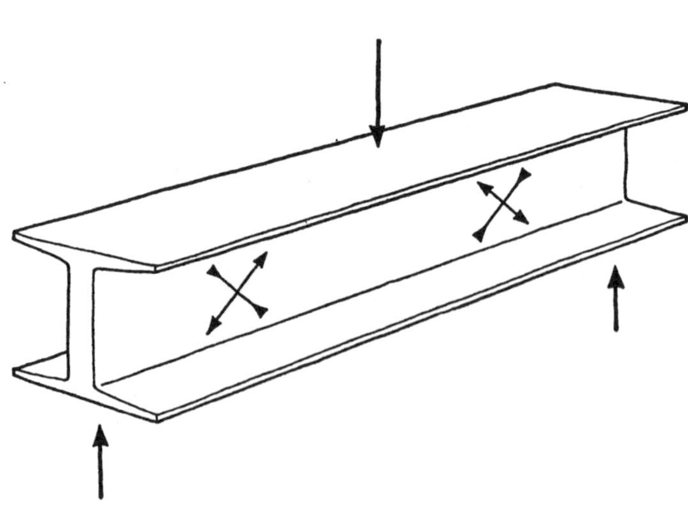

圖二十四／工程使用的梁多半以一片連續的腹板抵抗剪力，但因剪力而產生的拉應力與壓應力仍然呈±45°。

腹版，作用和桁架中間交錯的格子結構一樣，所以荷載與應力在板面或腹板裡的作用方式大致上也一樣。

因此，在這種H形梁裡，上、下兩片翼板的作用是抵抗水平或縱向的拉力與壓力，中間的「腹板」主要用來抵抗垂直的剪力。

縱向撓曲應力

如前文所述，沿著梁的軸向作用的縱向拉力與壓應力，雖然不會直接幫忙支撐荷重，卻經常比剪力更大、更危險。以現實中容易遇到的普通梁來說，最常導致破壞的原因通常是縱向應力，所以工程師最先計算的通常是縱向應力。

截面呈H形或工字形的梁（圖二十四）相當常見，但梁的截面可以是任何形狀，而且用普通梁理論的計算方法適用大多數簡易的形狀。事實上，縱向應力沿著梁的厚度的分布，大致上與縱向應力沿著石造牆厚度的分布相似（見第九章），主要的差別在於石造牆無法承受拉應力，但梁可以。

所有的梁在荷載時，一定都會撓曲，呈現彎曲的形狀。梁撓曲時，凹面（壓力面）上的材料會縮短或受壓縮應變，凸面（受拉面）的材料則會變長或受拉應變（圖二十五）。假如該材料遵

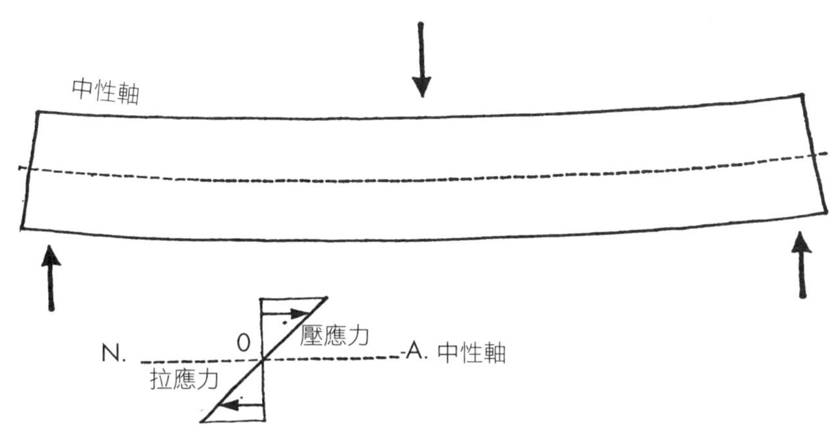

圖二十五／應力沿著梁的厚度的分布

守虎克定律，應力與應變在梁的任一截面上的分布會呈現一直線，而且一定會有一個縱向應力與應變皆為零的點，這一點上既無拉力也無壓力，而且會落在梁的「中性軸」（neutral axis）上。

中性軸在梁內的位置至為重要，還好這個相當容易算出來。我們用代數就能輕易得知，中性軸必須經過梁的截面的重心。假如截面呈方形、圓形、管狀、H字形等簡單的形狀，中性軸會在截面的中間，與梁頂和梁底等距。如果是鐵軌、船舶、飛機機翼等非對稱的截面，我們就必須計算出中性軸的位置了——但這並不困難。

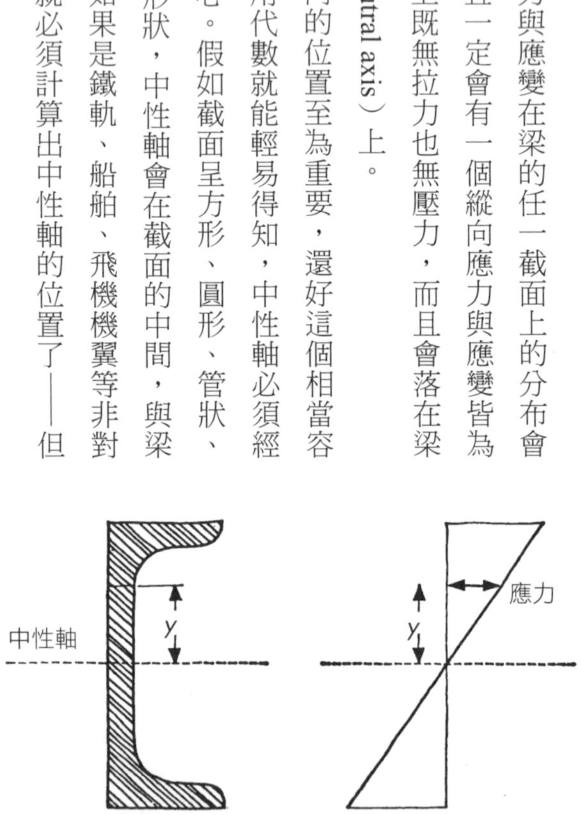

圖二十六／某一點與中性軸的距離為y，該點上因撓曲而產生的拉應力或壓應力為s：

$$s=\frac{My}{I}$$

其中，M＝彎矩（bending moment）
I＝截面的面積二次矩（second moment of area）
關於M與I的計算方式，參見附錄二。

由圖二十五可知，距離中性軸愈遠，縱向應力也會愈大。這個距離在梁理論裡通常以 y 表示*。假如我們追求的是結構的「效率」，可能指材料的重量、成本或代謝能，我們就不會想要白養一堆不會抓老鼠的貓。換言之，我們不想徒增幾乎不會承受應力的材料。因此，我們會盡可能設法減少中性軸附近的材料，但增加離中性軸遠的材料。當然，我們必須在中性軸附近保留一些材料，以承受剪力，但在實務上這不需要太多材料，一個薄網很可能就夠了（圖二十六）。

這是為什麼工程用的鋼梁通常是H形梁、槽梁（channel beam）或Z形梁，其優點是輥軋機能輕易將軟鋼製成這種截面形狀。這種梁通常稱作「型鋼梁」（rolled steel joist），現今可以做得非常巨大。和

H形梁與槽梁相比，Z形梁的翼緣比較容易用鉚釘固定在板子上，所以船體肋骨常用Z形梁。

如果這種簡單的截面不合適，常見的作法是用組合起來呈箱形的截面。第一個使用這種箱形梁的重要結構，是羅伯特．史蒂芬生蓋在梅奈海峽（Menai Strait）的不列顛大橋（Britannia Bridge）（一八五〇年；照片十六，與第十三章圖十一）。防水膠和可靠的三夾板問世後，木造結構經常會使用箱形梁，像是木製滑翔機的翼梁（第十三章圖五）。

使用薄板材的時候，當然也有相同的考量。金屬薄板的強度不高，彎曲時容易變形。為了減輕重量，我們會盡可能把截面加深，常見的作法是在軋板時加上波紋，最後便形成難看的波板鐵皮。** 金屬浪板以往會用來製作船身和飛機機身的外皮，容克斯（Junkers）公司早期的單翼飛機（monoplane）就是著名的例子。但這樣明顯難看又難用，所以現今造船和航太工程強化金屬外皮時，通常會在外皮的內部用鉚釘或銲接的方式接上金屬加勁肋（stringer）。

在以上各種情況下，梁通常只會承受單向的荷載，所以梁的截面會針對荷載的方向來調整。但是，有些工程結構需要承受的荷載可能來自任何方向，許多生物結構也是如此：像這樣的結構包括燈柱、椅腳、竹子和腿骨。這種情況最好使用空心的圓管，事實上也的確如此。百幕達帆的桅竿介於上述兩種情況之間。這種桅竿的形狀通常是截面呈橢圓形或梨形的管子。很多人以為這種比較「流線」的形狀是為了減低風阻，但其實是因為現今的桅竿比較容易橫向固定，縱向即船首—船尾的方向會困難許多，因此桅竿的截面需要針對船首和船尾的方向增加強度和勁度。

* 參見附錄二。

** 另外，貝殼和許多像是千金榆的樹葉也有波紋。

第12章 剪力與扭矩之祕辛（或稱：北極星與斜裁的睡袍）

纏呀，搓呀！就這麼做，
纏繞喜悅和哀愁，
盼望、恐懼，安與憂，
全在生命的織線之中。

華特·司各特爵士（Sir Walter Scott），《蓋伊·曼爾寧》（*Guy Mannering*）

美國詩人朵樂希·帕克（Dorothy Parker）據說曾經寫過一篇書評，開頭如下：「這本書描述的會計準則，超過我想知道的範疇。」至於物體碰上剪力會有什麼樣的反應？我敢說，大多數人的想法會和那篇書評一樣，認為這種事留給專家去想就好。拉力和壓力我們也許還能理解，但一談到剪力，我們的頭腦可能就負荷不了。

不幸的是，彈性力學教科書提到剪應力的時候，只會針對曲柄軸或比較枯燥乏味的梁而已。這種討論方式雖然有用，卻也少了幾分吸引力，而且會有剪應變的物體不只有梁和曲柄軸而已，我們做的所有事情都有可能出現，有時還會造成出乎意料的後果：船會漏水，桌子會搖晃，衣服會在不該凸起的地方凸起，都是因為剪力。只要大家願意好好正視剪力，受益的不只有工程師，生物學家、外科醫生、裁縫師、業餘木匠和替椅子製作椅套的人也能有更充實的人生。

拉力關乎拉扯，壓力關乎推擠；同理，剪力關乎滑動。換句話說，剪應力的數值表示固體的一部分是否容易滑過另一個部分，像是把一疊紙牌丟到桌子上，或是從別人的腳下抽走地毯時所發生的事。另外，物體被扭轉時，像是腳踝、汽車傳動軸，或是任何機械構件的扭轉，幾乎一定會產生剪應力。受剪力或扭矩的材料通常會有相當直接、合理的行為，但在討論這種行為的時候，當然用適合的語彙會比較好，所以我們要先下幾個定義。

剪力的語彙

剪力的彈性力學，與拉力、壓力的彈性力學相似，因此剪應力、剪應變、剪力模數等概念可以對應到相同的拉力概念，不會更難以理解。

剪應力——N

如前文所述，剪應力的數值表示固體的一部分是否容易滑過另一個部分，如圖一所示。因此，截面面積為A的物體受剪力P時，物體內任一點所受的剪應力為

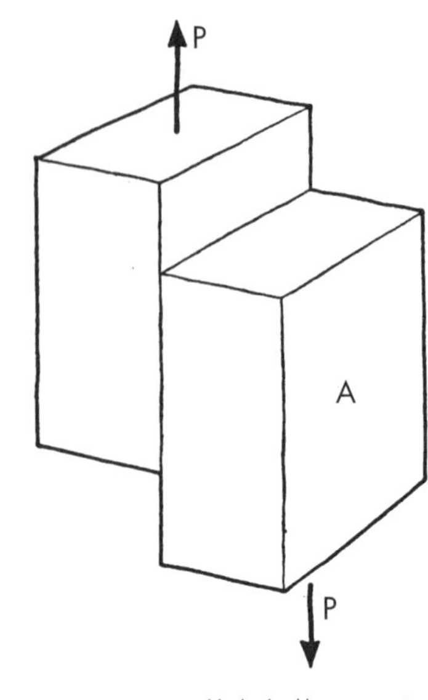

圖一／剪應力＝$\frac{\text{剪力負荷}}{\text{受剪力的面積}}=\frac{P}{A}=N$

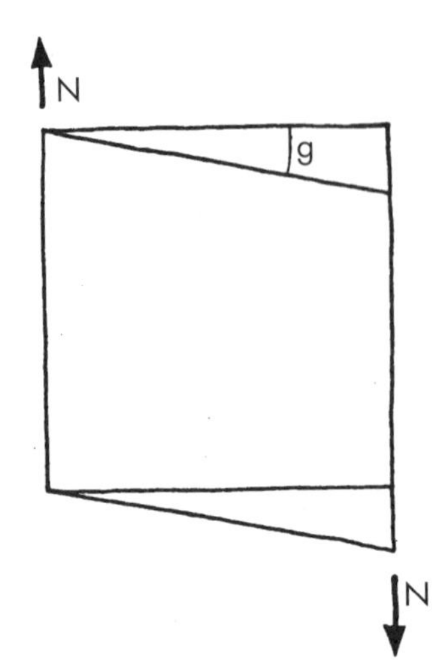

圖二／剪應變＝材料受剪應力N後變形的角度＝g，此為角度，通常以徑度表示。

這和拉應力一模一樣。另外，使用的單位也和拉應力一樣，可以是psi，MN／m²，或任何類似的單位。

剪應變——g

所有的固體受剪應力時，都會像承受拉應力一樣，產生降伏（yield）或應變。但受剪力時，應變會是角度，因此使用的單位是角度或徑度（radian），以徑度較常見。徑度只是一個數值、分數或比例，當然沒有因次。本書以g表示剪應變。基於上述的原因，g和拉應變e一樣，是一個沒有因次的數值或分數，因此沒有單位。

在金屬、混凝土，或骨頭等堅硬的固體裡，彈性的剪應變通常小於1°（1／57 rad）。當剪應變超過這個數值時，這一類的材料通常會斷裂，或是像奶油一樣，發生塑性、不可回復的流動。但是，在橡膠、紡織品、生物軟組織等材料裡，可回復或彈性的剪應變可能遠比這個數值高，甚至高達30°至40°。至於糖蜜、卡士達、塑泥等濕軟的材料或流體，剪應變為無限大，但也不可回復。

剪力模數（shear modulus）或剛性模數（modulus of rigidity）——G

當應力不太大時，大多數的固體受剪力和受拉力一樣，會遵守虎克定律。如果將剪應力N和剪應變g的關係以圖形表示，我們會發現應力應變曲線一開始會呈一直線（圖三），此一直線的斜率即材料受剪力時的勁度，稱作「剪力模數」，有時亦稱作「剛性模數」。因此：

$$\text{剪力模數} = \frac{\text{剪應力}}{\text{剪應變}} = \frac{N}{g} = G^{*}$$

由此可知，G可以直接對應到楊氏模數E，因次也與應

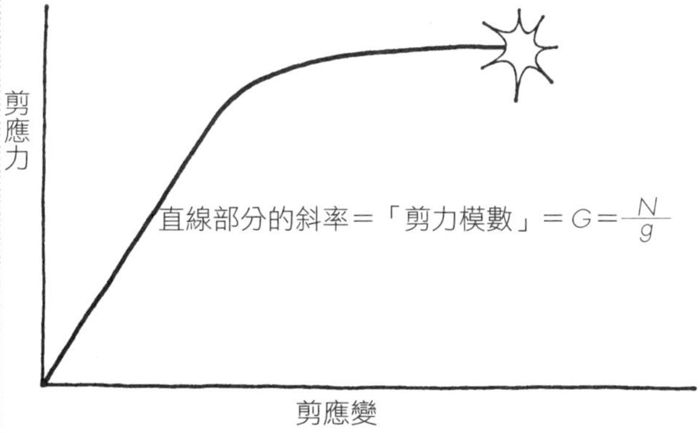

剪應力

直線部分的斜率＝「剪力模數」＝$G=\frac{N}{g}$

剪應變

圖三／剪力的應力應變圖，與拉力狀態相似。直線部分的斜率等於剪力模數。

* G和E之間也有關係。以金屬和其他等向性材料而言：$G=\frac{E}{2(1+q)}$
其中，q為帕松比。

力相同；換言之，單位為psi，MN／m²，或任何類似的單位。

抗剪腹板──等向性（isotropic）和異向性（anisotropic）材料

如上一章所述，梁或桁架的上、下兩端可能會承受極大的拉力和壓力，但真正產生向上推力，讓結構得以抵抗向下荷重的部位，是在中間銜接上、下兩端的腹板。梁的腹板會是一整片連續的固體，像是一片金屬板；桁架則會以格網架構達到相同的作用。

「材料」和「結構」之間的界線並不明確，因此在梁內負責承受剪力的東西是一片連續的腹板，或是一片用短棒、纜索、木條等製成的格網，以功能來說並無差異。但兩者有一個非常重要的差別：假如腹板是一片金屬板，這片板子的方向不會有任何影響。換言之，如果這個腹板是從一大片金屬切割下來的，我們從哪個角度裁切都沒差，因為金屬內部不管什麼方向都有相同的特性。這種材料包括金屬、磚塊、混凝土、玻璃，和大多數的石頭，稱作「等向性」或「均質」的材料，isotropic一字的字源為希臘文「所有方向皆相同」。由於金屬是等向性或接近等向性的材料，此一特性讓工程師的工作更簡單一些，也因此工程師會偏愛金屬。

但如果採用格網狀的腹板，我們可以明白看到格網架構的每一條支架必須與上下弦桿的長邊呈大約±45°，否則腹板受剪力時幾乎無勁度可言，此時荷重格網會疊合，桁架很可能會破壞。這一類的材料是「異向性」的，英文anisotropic和aeolotropic的字源皆為希臘文「不同方向有差異」。木材、布料，和所有的生物材料各有不同，但幾乎都是異向性的材料，也因此生命會變得那麼複雜，不只讓工程師的工作變難，許多其他人亦是如此。

布是極常見的一種人工材料，而且是高度異向性的材料。如先前一再重複，「材料」與「結構」的界線模糊不清。裁縫師雖然會說布料是一種「材料」，但嚴格來說它是一種由一條條的紗或線以直角交錯而成的結構，因此荷載時的反應很像梁或桁架的腹板。

將一塊普通的布，像是一條手帕拿在手上，就會發現它荷載時變形的方式，會因為拉力方向的不同出現顯著的差異。若精準沿著經紗（warp）或緯紗（weft）的方向拉，*布料不會拉伸得太長。換言之，它抗拉的勁度高。另外，此時細看會發現拉力並不會造成太多的橫向收縮（圖六），故此時的帕松比低（第八章談論動脈的時候提過）。

但是，如果沿著經緯方向的45°拉，即裁縫師所謂的「斜向」（bias），布料拉伸的幅度會更大。換言之，此時抗拉的楊氏模數低。不過，這時橫向收縮的幅度也很大，因此這個方向的帕松比高，而且有可能接近一．〇（圖七）。一般來說，布料織得愈鬆，斜向與經緯方向受拉的

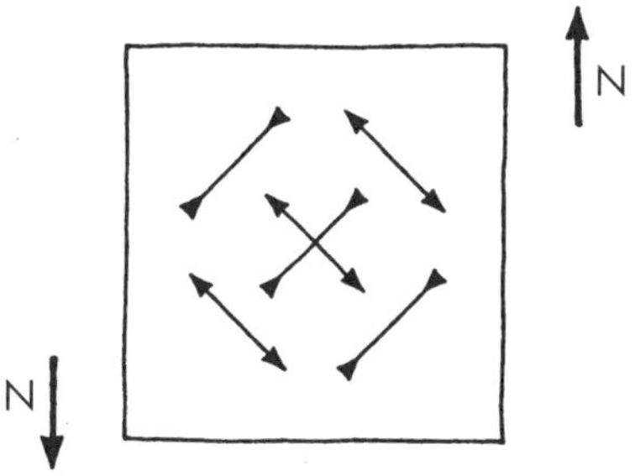

圖四／剪力作用時，平面上與剪力呈45°的方向會有拉應力與壓應力。

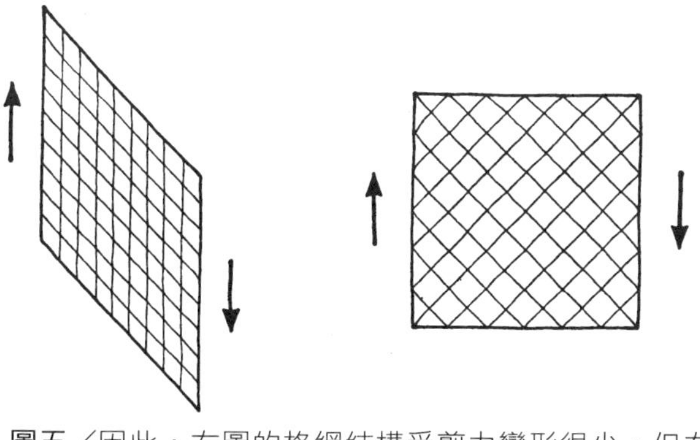

圖五／因此，右圖的格網結構受剪力變形很少，但左圖的格網結構受剪力變形會很大。

* 在一捆布當中，與布長平行的紗線為「經紗」，與此垂直、橫跨布幅的紗線為「緯紗」。

反應差異愈大。

知道「異向性」是什麼意思的人可能不多，但千百年以來，大家應該都知道布有這種特性。但奇怪的是，紡織布料的異向性對科技與社會帶來的影響，似乎到相當晚近才有人發現和利用。

好好想一想就會明白，用織布或帆布製作物品時，若能盡量讓關鍵的應力沿著經緯方向走，就能把變形的程度減到最小。若要這樣做，通常要將布料「平裁」。如果布料是「斜裁」的，也就是剪裁的方向與經緯方向呈45°，變形的程度會很大，但是會對稱。假如剪裁布料的能力太糟，導致剪裁的方向落在這兩者之間，變形不只會嚴重，還會不對稱，這樣布料會拉成難用的奇形怪狀。*

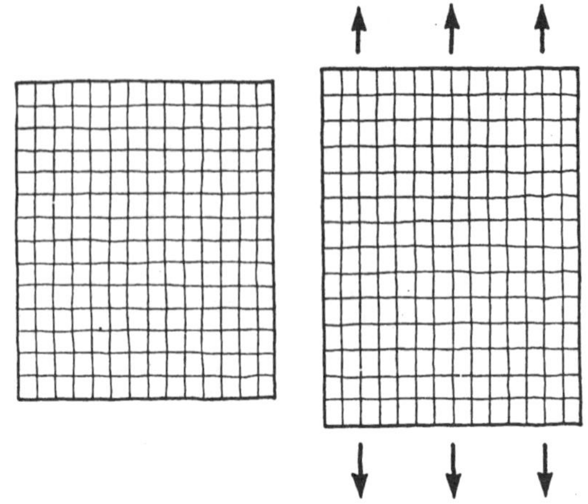

圖六／當拉力的方向與一塊布的經紗或緯紗方向平行時，布料具有高勁度，橫向收縮的幅度不大。

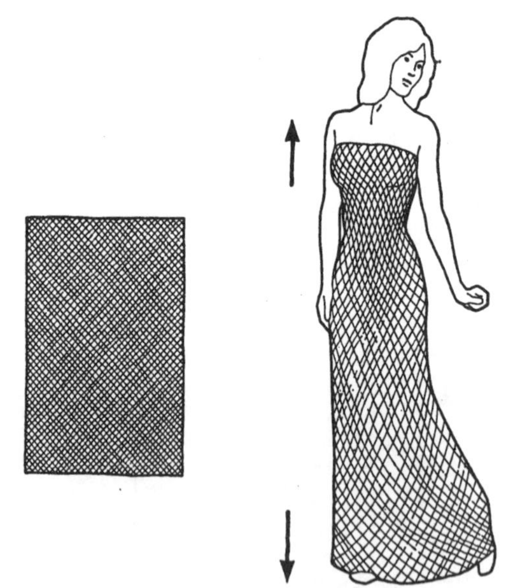

圖七／布料受到「斜向」拉力，與經紗或緯紗的方向呈 ±45° 時，布料拉伸的幅度很大，帕松比很高，因此橫向收縮的幅度也很大。「斜裁」的衣著即由此而來。

自古以來，製帆一直是一項重要的工藝，但歐洲的製帆師從來沒有完全明白帆布有這種基本特性。不管是哪個年代的製帆師，拉帆布的時候一直都拉成與經緯方向傾斜，使得帆會迅速變得鬆垮，當帆頂著風的時候幾乎無法整理。歐洲人又偏好用亞麻布製帆，但亞麻布織得不密，因此格外容易變形，使得帆更難以平整。

到了十九世紀初，美國人才開始用追求理性的現代方法製帆。美國的製帆師採用密織的棉布，縫線也設計成與應力作用的方向相符。因此，和英國的帆船相比，美國的帆船更能頂風而行。但英國的製帆師非得等到碰上驚天動地的大事，才明白他們應該改變作法。這件驚天動地的事，是縱帆遊艇（**schooner yacht**）美立堅號（*America*）在一八五一年從紐約到英國的考斯（Cowes），和英國最快的遊艇競賽。比賽的路線繞行懷特島（**Isle of Wight**）一圈，優勝者會從維多利亞女王手中得到一個實在不怎麼好看的銀盃。在這場比賽之後，這座獎盃成為「美洲盃」（America's Cup）的獎盃，名揚四海。當女王得知第一艘抵達終點的是美立堅號，便問：「第二名是誰？」

「陛下，第二名還沒出現。」

從此之後，英國的製帆師就改變作法了——而且是徹徹底底的改變，沒幾年後，美國的遊艇手就開始跟考斯的拉特西先生買帆。[1] 美國製帆師帶來的震撼教育影響至今。雖然現今的帆大多採用聚酯纖

* 用膠布製造汽球和充氣艇時，這個原則極為重要。假如剪力造成變形，橡膠塗層受到的應變會導致膠布漏氣。

1 此指喬治．羅傑斯．拉特西（George Rogers Ratsey）於一七九〇年在考斯創立的製帆廠，一八八九年時與英國南部的另一間製帆廠合併，成為拉特西與拉普索恩（Ratsey and Lapthorn）製帆公司。

維，不再使用棉布，但只要仔細看（圖八）就會發現剪裁的方式會讓緯紗盡可能與帆的自由邊平行，因為這個方向的應力通常最大。

不論是製帆或製衣，都需要讓布料符合某種特定的立體形狀，這方面會碰到的問題十分相似。但是，裁縫師在這一方面似乎比製帆師聰明多了。裁縫師向來會盡可能平裁布料，讓周邊應力直接落在紗線的方向上。如果衣服需要貼身，裁縫師會再外加一個拉力系統。換言之，就是用各種繫帶。維多利亞時期仕女身上的繫帶，有時候幾乎像帆船索具系統的繩索一樣多。

二十世紀初以後，使用大量繫帶的衣著幾乎完全消失，也許是因為女僕人力短缺，女性服裝看似不可能像之前一樣有「形」。但在一九二二年時，一位叫瑪德琳．薇歐奈（Madeleine Vionnet）的裁縫師在巴黎開業，並發明了「斜裁」服裝。薇歐奈八成沒聽過帕松的名字，更不可能知道法國這位著名科學家提出的帕松比，但她憑直覺知道讓衣服貼身的方式，不是只有用繫帶和扣環而已。衣服布料受到的垂直向應力，其成因除了布料本身的重量以外，還有穿衣服的人的動作。假如將剪裁的方向調整成與垂直應力呈45°，就能利用布料大幅橫向收縮的特性，讓衣服貼緊身體。這種方法絕對比之前的作法更便宜也更舒適，而且有可能影響更顯著（照片十七和十八）。

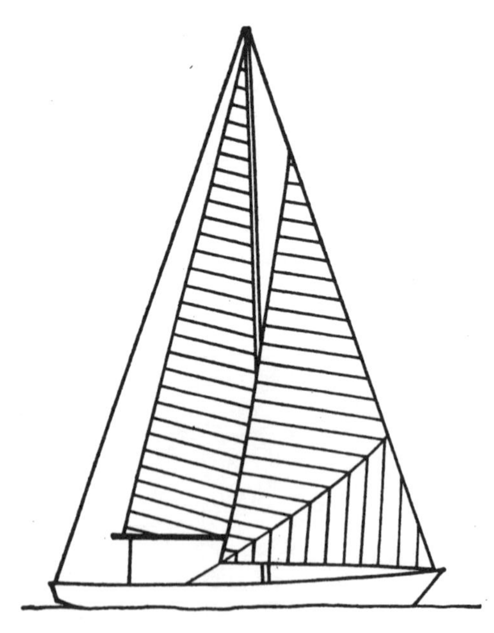
圖八／現代製帆術通常會將帆布的緯紗與帆的自由邊平行。

設計大型火箭時，類似的困難也會出現。有些火箭採用煤油、液態氧氣等液體燃料，但這種燃料需要用複雜又容易發生問題的管路，所以使用「塑性推進劑」（plastic propellant）等固體燃料可能更便利。這種燃料燃燒猛烈但緩慢，產生的大量熱氣從噴嘴排放時會將火箭往前推送，並產生轟然巨響。推進劑和產生的氣體會放在高強度的火箭殼體裡，殼體有如圓柱型壓力容器，但不能接觸到火焰或高溫。因此，固體推進劑必須做成一條巨大的管子，緊緊塞在火箭殼體內。火箭發射時，管狀燃料會從內壁開始漸漸向外燃燒，所以在燃料用罄以前，火焰不會燒到殼體本身的內壁。

塑性推進劑看起來像塑泥，摸起來也像，而且還像塑泥一樣易碎，在低溫中更容易碎裂。火箭發射時，殼體很可能會因為內部的氣壓向外膨脹，有如動脈因血壓擴張。在這種情況下，管狀推進劑也必須跟著一起向外擴張。假如推進劑的內部溫度沒有升高，當火箭殼體的周邊應變達到大約百分之一．〇時，推進劑就可能會裂開，導致火焰沿著裂縫燒到殼體，將殼體燒毀，我們又能看到壯觀的爆炸畫面。

大約在一九五〇年時，有些人想到改良火箭殼體的方式。如果不是一條金屬管，而是用強韌的玻璃纖維交織成雙螺旋狀，再用樹脂黏著劑黏合，製成圓柱型的容器，只要能正確計算纖維交錯的角度，就能將圓柱管壁受壓時向外擴張的幅度縮小。在這種情況下，圓柱容器的直徑不太會增加，但長度會變長，就像薇歐奈女士的衣服一樣，而且長度拉長比較不會讓推進劑受損。我記得我們當時會有這個想法，靈感來自當時流行的斜裁睡袍。

以承受應變的能力而言，火箭和血管的需求基本上相反。如第八章所述，當血壓變化時，動脈的長度必須維持不變（但直徑的變化並不重要）。只要使用交織成螺旋狀的纖維，上述兩種情況的需求都能解決。這種問題不斷在生物學中浮現。杜克大學（Duke University）史蒂夫．溫萊特（Steve

Wainwright）教授的研究專長是蚯蚓，不過他獨立發展出來的數學架構，正好和我們二十多年前針對火箭的數學一模一樣。*細究之下，我發現他的想法來自畢格斯教授，而且靈感來源同樣是斜裁睡袍。

薇歐奈女士發明的斜裁法，讓她在時尚界聲名大噪。她不久前才以九十八歲的耆壽離世，但她八成不知道她對航太科技、軍事科技和蚯蚓的生物力學貢獻良多。

剪應力就是拉力與壓力以±45°作用；反之，拉力與壓力以±45°作用就是剪應力

如果再看看梁與桁架的腹板結構，不難發現剪應力就只是拉力和／或壓力以±45°作用；另外，每一項拉應力與壓應力，都會有一個呈45°的剪應力在作用。

事實上，固體特別是金屬如果在承受拉力時破裂，往往就是因為這個45°的剪應力。金屬棍棒和薄板會「頸縮」，以及金屬的延性力學，都是因為剪力所致（見圖九與第五章）。

如下一章所述，壓力也會造成相同的情況。換言之，許多固體受到壓力時會破裂的原因，是剪力導致材料往遠離荷載的方向滑動。

皺褶，與華格納拉力場（Wagner tension field）

厚板和整塊厚實的金屬能抵抗壓力，所以當這種東西受到剪力荷載時，與剪力呈±45°的方向會同時有拉應力和壓應力。薄板、薄膜、布料等材料幾乎完全無法在本身的平面上抵抗壓力，所以受到剪力時容易發生皺褶。金屬薄板受剪力經常會產生皺褶，飛機機翼和機身的表面通常會有剪力造成的皺褶或

折疊狀紋路（照片十九），工程師稱此為「華格納拉力場」。

衣服、不緊貼的布套、桌布、剪裁不當的帆等等，更是常常見到這種情況。我想裁縫師平常不太會談到華格納拉力場，但他們有時會提起一種帶有幾分神祕色彩的特質，紡織業界稱此為「懸垂性」（drape）。布料的懸垂性取決於它的剪力模數。服裝設計師會使用各種不同的布料，但應該沒有人說得出這些布料的剪力模數 G 為何，不管是國際單位，或是任何其他的單位。不過整體而言，一個「材料」的剪力模數愈低，就愈不容易發生不雅觀的皺褶。我們如果把紙張或玻璃紙當成衣服來穿，看起來一定會非常荒謬，主要是因為這些材料抗剪力的勁度太高，所以沒有什麼懸垂性。相較之下，針織布和縐布的楊氏模數和剪力模數都很低，所以很容易就能製成服貼的衣物——像是女孩子的毛線衣。同理，年輕人皮膚一開始的楊氏模數與剪力模數都低，因此更容易會緊貼身體的形狀。** 等到年紀大了，皮膚抗剪力的勁度會變高，造成的效果也顯而

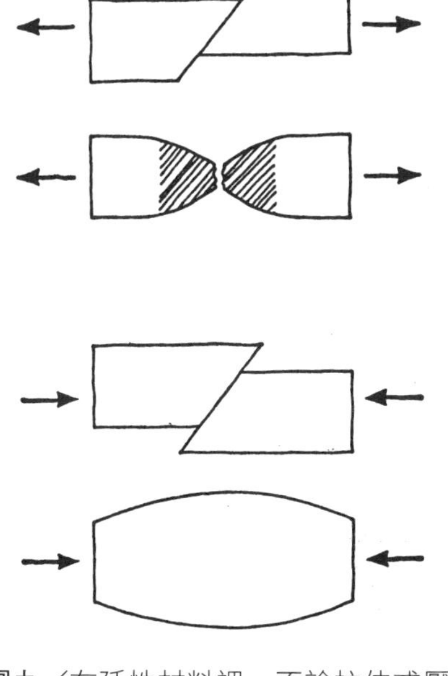
圖九／在延性材料裡，不論拉伸或壓縮破壞，通常都是因為剪力造成的。

* 許多蚯蚓和軟體動物的表皮，會有螺旋狀的膠原蛋白纖維來強化（見第八章）。蚯蚓面對的問題和裁縫師十分相似，但牠們的解決方法往往比較成功，讓蚯蚓有皺褶是一件相當困難的事。

** 若要讓原本平面的薄膜服貼在一個兩向曲率明顯的曲面上，楊氏模數和剪力模數必須都很低才行。麥卡托（Gerardus Mercator）在一五六〇年左右發明他的地圖投影法時，基本上也是碰到相同的問題。

易見。史翠斯克萊大學的羅伯特・馬克西米利安・肯內迪（Robert Maximilian Kenedi）教授近年深入研究了人類皮膚的彈性服貼特性，這也許是史上第一次用量化的方式研究年齡帶來的皺紋。

扭矩（torsion）或扭轉

飛機原本是個不可能存在的東西，在短短十餘年後就演變成為不可忽視的軍事武器，而且演進的過程幾乎完全沒有仰賴科學。許多飛機的老前輩是出色的業餘愛好者和傑出的運動家，但懂得科學理論的人不多。他們和現今的汽車狂一樣，比較重視又吵又不可靠的引擎，對飛機的支撐結構既缺乏認知，又漠不關心。飛機的引擎只要有正確加溫，當然幾乎一定能讓飛機升空，但飛機升空後是否有辦法維持在空中，看的是飛機的操控、穩定性和結構的強度，但這些概念相當難以理解。

許多早年的勇夫，像是查爾斯・史都華・勞斯（Charles Stewart Rolls），和山繆・富蘭克林・柯迪（Samuel Franklin Cody），紛紛因為這種心態而葬送性命。早在一八九〇年代，弗雷德里克・威廉・蘭徹斯特（Frederick William Lanchester）就已經發展出空氣動力學的基礎理論，但重視實作的人多半完全不懂他在說什麼。*早期先烈碰到的意外有不少是失速或螺旋失控，但結構損壞也一樣常見。當時有用降落傘的人不多，所以這種意外通常會出人命。

飛行需要又輕又確實可靠的工程結構，這樣的需求當然是史上首見。首先，飛機的機翼會像橋梁一樣受到彎矩。這個事實相當明白，而且造橋的技術有許多先例可循，彎矩還有辦法安全處理。但當時的人很少注意到一件事是除了彎矩之外，機翼還會承受巨大的扭矩，假如沒有設法抵抗扭矩，機翼會從機身扭斷。

戰爭在一九一四年爆發後，軍事飛行迅速增長，意外發生的頻率也變成嚴重的問題。幸好，英國的法恩堡（Farnborough）有個年輕的小團隊解決了這方面的問題，團隊的成員日後紛紛功成名就，包括徹韋爾子爵（Frederick Lindemann，1st Viscount Cherwell）、傑弗里·泰勒爵士（Sir Geoffrey Taylor），亨利·蒂澤德爵士（Sir Henry Tizard），和暱稱「耶和華」的葛林上校（Major F. M. "Jehovah" Green）。在他們的努力之下，到了一九一八年，傳統的雙翼飛機發展成為非常安全的結構，一般認為不可能斷裂。德國人就沒那麼幸運了，他們當時的飛行科技權威被人認為迂腐不前。無論實際情況為何，他們的飛機不斷發生結構意外，許多是因為他們沒有理解機翼承受扭矩的問題。

到了一九一七年，第一次世界大戰的同盟國在西線戰場上取得一定的制空權，一部分是因為他們的戰鬥機製造技術比較優越。但在此同時，傑出的飛機設計師安東尼·福克（Anthony Fokker）開發**D.VIII**單翼戰鬥機，其技術先進，性能超越同盟國任何現役或即將服役的機型。由於當時戰局緊迫，德國加速福克**D.VIII**的生產，沒有經過適當的試飛程序就直接分配給幾個菁英戰鬥機中隊。

福克**D.VIII**投入空戰後，德軍馬上就發現，這種飛機在纏鬥中從俯衝拉起時，機翼會脫落。因這種意外喪命的人太多，而且有不少是德國最菁英、經驗最豐富的飛行員。這對當時的德軍是個嚴重的問題。即使到了現今，這種意外的成因也值得我們深究。

雙翼飛機在當時是主流，因為雙翼飛機的重量比較輕，結構也比較可靠。但當引擎的推力一樣時，

* 工程學者多半也聽不懂。即使到了一九三六年，格拉斯哥大學造船學系仍然拒教和禁用蘭徹斯特和普朗特（Ludwig Prandtl）的旋渦流體力學理論。年輕人可能不相信這種事當年會發生，但我要指出兩點：一、當年我在那裡就讀；二、現今許多工程學系也用相似的方法封殺「現代」的破壞力學理論（見第五章）。

單翼飛機的速度通常會比雙翼飛機快，因為雙翼飛機的兩組機翼之間會有氣動干擾，導致空氣阻力比單翼飛機高。因此，當時各方急切想要開發出單翼戰鬥機。不過，自從山繆・蘭利（Samuel Langley）的飛機在美國波多馬克河（Potomac River）上空機翼斷裂，導致他的飛行壯舉兩度失敗後，就算當時的人不清楚失敗的原因究竟為何，大家也心知肚明單翼飛機的結構不可靠。

福克D.VIII和當時大多數的單翼飛機一樣，機翼用布料包覆，其作用只是讓機翼的形狀符合空氣動力學。這層布料張在一個骨架結構上，蒙布本身不會承受任何荷載。負責承受大部分彎矩的構件，是從機身伸出來的兩條平行翼梁或桁架，每間隔幾英寸會有一片定型用的翼肋薄板，蒙布再固定其上（圖十）。

德國軍方知道D.VIII發生這樣的意外後，當然立刻下令進行結構測試。測試的方式依照當時的習慣，將一整架飛機倒掛在支架上，再沿著機翼的長度放置一疊疊的鋼珠袋，用以模擬飛行中的氣動荷載。用這種方式測試時，機翼看不出有任何弱點，而且荷載達到飛機本身重量的六倍才折斷。現今的戰鬥機必須承受自身重量十二倍的荷載，但一九一七年的人會認為六倍的「安全係數」綽綽有餘，絕對超過當時戰況最惡劣時的荷載。換言之，飛機照理來說應該安全無虞才對。

不過，等到測試用的D.VIII結構最後斷裂時，靠機尾那一側的翼梁確實看得到破壞的跡象。為了以防萬一，德國軍方下令將所有福克D.VIII的後翼梁換成更粗壯的材料，但改裝完成後，意外並沒有減少，反而還增加了，德國的空軍總部不得不面對一件事實：強化結構用的元件，反而讓結構更脆弱。

此時福克已經明白，官員的想法只會幫倒忙，於是在自己的工廠裡架起另一架D.VIII，由他親自監督測試。這次測試時，他測量了機翼荷載時的變位，結果發現在荷載狀態下，雖然沒有明顯的扭轉荷載，機翼除了會彎曲，亦即從俯衝拉起時，翼尖和機身相比會往上彎，還會扭轉。從空氣動力學來看，關鍵在於扭轉的方向會導致機翼的入射角（angle of incidence）或攻角（angle of attack）顯著增加。

那天晚上，福克思索這一切的時候，突然想到這是D.VIII和許多其他單翼飛機墜毀的原因。飛行員將操控桿往後拉的時候，機頭會升高，機翼的荷載也會增加，但機翼同時還會扭轉，導致機翼的荷載飆升，因此機翼扭轉的幅度會更大，導致荷載再進一步飆升，最後飛行員就會完全失控，機翼就會扭斷。福克發現的情形稱作「發散或不穩定狀態」（divergent condition或unstable condition），這種狀態有可能非常致命。

那麼，從彈性力學的角度來看，這到底是怎麼一回事？

彎曲中心（center of flexure）和壓力中心（center of pressure）

假設有一對相似的平行懸臂梁或翼梁，每隔一段間隔由水平的肋條橋接（圖十）。假如有一個向上的作用力施加在外側肋條的某個點上，除非這個點剛好與兩個翼梁等距（圖十一），否則兩個翼梁分別承受的荷載不會相等，其中一條翼梁承受的向上推力會比另一條大。在這種狀況下，荷載較重的翼梁向上變位的程度必定比另一條大（圖十二），如此一來橋接的肋條就不再是水平的，整個機翼會扭轉。若要讓梁結構荷載時不會扭轉，荷載必須施加在某個定點上，這個點稱作「彎曲中心」。

假如翼梁不只兩個，或翼梁的勁度不一樣，彎曲中心當然就不會在兩個翼梁的正中間，而是在機翼弦線（chord line，即前後軸向的切線）上的其他位置。**無論如何，所有的梁一定都有一個彎曲中心。**垂直荷載如果施加在梁或機翼的彎曲中心上，梁或機翼就不會扭轉。荷載如果落在前後軸向的任何其他位

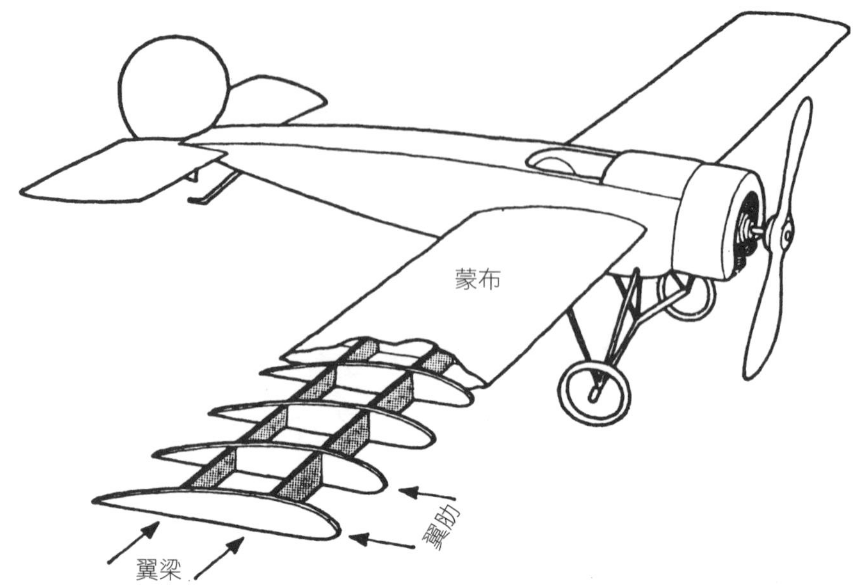

圖十／單翼飛機的蒙布機翼

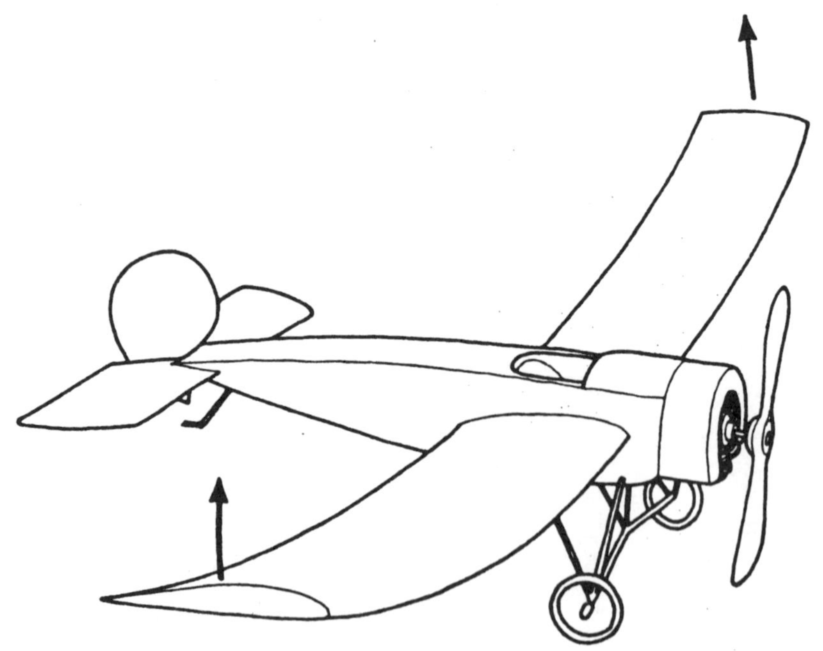

圖十一／彎曲與扭轉結合。只有當垂直力作用在「彎曲中心」上（以此例而言，正好是兩個翼梁的正中間），機翼向上彎曲時不會一併造成扭轉。

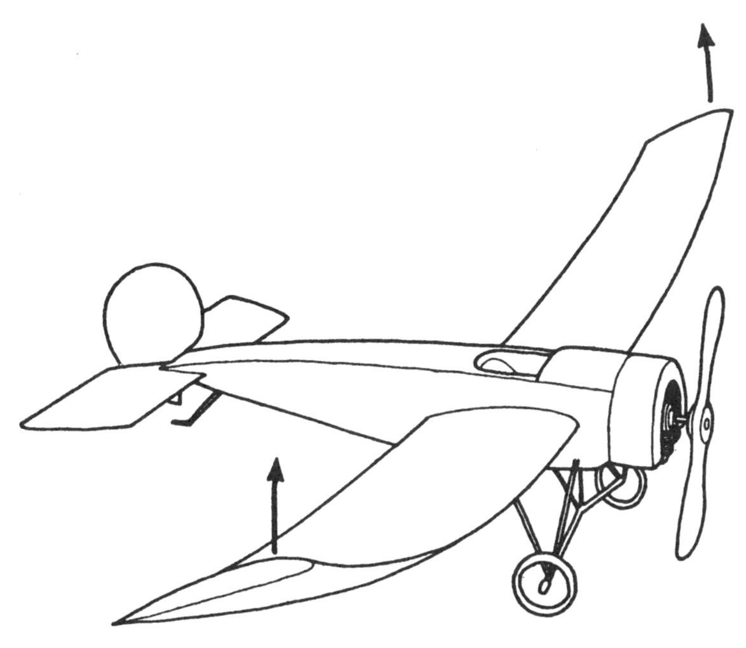

圖十二／升力作用的位置如果不在彎曲中心上（像是機翼前緣附近），機翼（或任何的梁結構）在彎曲時還會扭轉。如果這樣會導致氣動不穩定狀態加劇，結果可能會出人命，就像福克D.VIII一樣。

置，除了造成彎曲之外，也會造成一定程度的扭轉。

到目前為止，我們談論的是梁或機翼上承受單一的點荷載（point load）。當然，飛機在飛行時，將機翼向上推的氣動升力會作用在機翼的整個表面上。不過，為了討論和計算方便，這些力可以全部合併看成作用在機翼表面的單一定點上，這個點稱作「壓力中心」。

不熟悉這個概念的人可能會以為，機翼表面承受的所有作用力，其壓力中心會落在與機翼前、後緣等距的正中間，也就是弦線的中心點。但學過空氣動力學的人，一定都知道情況絕非如此。事實上，機翼升力的壓力中心比較靠近機翼前緣，通常會在所謂「四分之一弦點」附近；換言之，在前緣後方、弦線總長之百分之二十五處。*

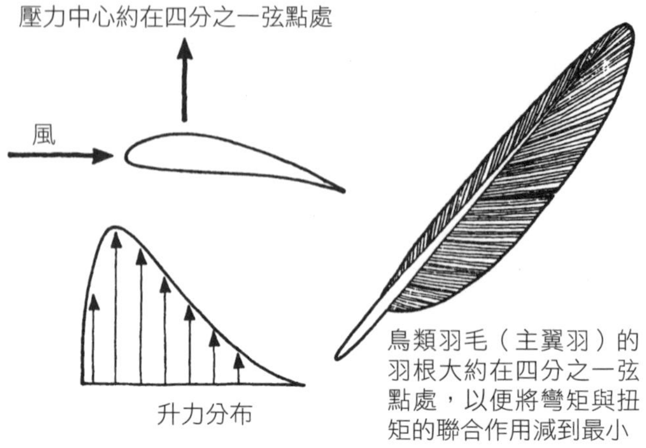

壓力中心約在四分之一弦點處

風

升力分布

鳥類羽毛（主翼羽）的羽根大約在四分之一弦點處，以便將彎矩與扭矩的聯合作用減到最小

圖十三／翼形（airfoil）的升力分布

由此可知，機翼的結構必須讓彎曲中心接近四分之一弦點，不然機翼一定會扭轉。扭轉的程度取決於機翼承受扭矩時的勁度，但一般而言，飛機機翼發生任何扭轉都不是好事，因此設計師必須設法將扭轉減到最小。這也是為什麼羽毛的羽根通常在四分之一弦點附近（圖十三）。

在蒙布的單翼飛機機翼裡，彎曲中心的位置和抗扭矩的勁度幾乎完全取決於主要翼梁抗彎曲的相對勁度。福克D.VIII機翼的彎曲中心在壓力中心的後面，除了距離壓力中心太遠之外，也太靠近弦線中心點。機翼的勁度不足以抵抗飛行時產生的扭矩，因此會被扭斷。後來的修正提高了**後**翼梁的強度和勁度，卻也導致彎曲中心再向後移，反而讓情況變得更糟。福克發現了這件事後，採取的措施我們現在會覺得理所當然：他設法**減少**後翼梁的厚度和勁度，藉此讓彎曲中心往前靠近壓力中心。這樣一來，D.VIII和以前相比變得安全，更讓英國和法國的空軍吃足了苦頭。

根據空氣動力學的定律，升力在機翼上作用時，其壓力中心幾乎一定會在四分之一弦點附近。若要降低機翼內的扭應力，機翼的結構必須讓彎曲中心落在機翼的前方，並且靠近壓力中心。但副翼（aileron；控制飛機的翻滾，亦即傾斜的角度）會使得翼尖承受的向上或向下作用力大幅增加，而且作

圖十四／副翼會對機翼後緣施加巨大的垂直荷載，而且位置遠在機翼彎曲中心的後方，因此會讓機翼扭轉，產生出與飛行員預期**相反**的空氣動力。

用的位置靠近機翼的後緣，換言之就是彎曲中心的後方，而且距離很遠。因此，飛行員每次將飛機傾斜轉彎時，副翼必定會讓機翼的扭轉荷載大幅增加。由圖十四可知，此時扭轉的方向會改變機翼整體的氣動升力，但扭轉造成的效果會與副翼應有的作用相反，因而降低副翼的效果。如果機翼抗扭矩的勁度不足，副翼甚至還有可能造成反效果：飛行員的操作是想要讓飛機向**右**翻滾，但飛機卻往**左**翻滾。這種情況稱為「副翼反向」（aileron reversal），既讓人恐慌又危險，而且確確實實會發生，在現今高速飛機的設計裡是個嚴重的問題，解決或預防之道是確保機翼結構抗扭矩的勁度夠強。

在D.VIII和其他早期的蒙布單翼飛機裡，機翼的抗扭矩勁度幾乎完全取決於兩個翼梁的「彎矩差」。這實在不太能調整。就算加上纜線索具，這種系統能產生出來的抗扭勁度相對有限。正因如此，這一類的飛機多少一定有危險——而且危險到幾乎所有國家的政府單位都不願意製造單翼飛機，有些國家甚至還直接禁止。

因此，早期雙翼飛機之所以盛行，不是因為各國空軍保守反動又愚蠢，而是因為其結構特性讓雙翼飛機更強韌，特別是抗扭矩的強度和勁度更高。以實際情況來看，雙翼飛機有很長一段時間比單翼飛機更輕、更安全，而且早期兩者飛行速度的差別並不大。

＊這是枯葉或厚紙板以那種方式掉落地上的原因。

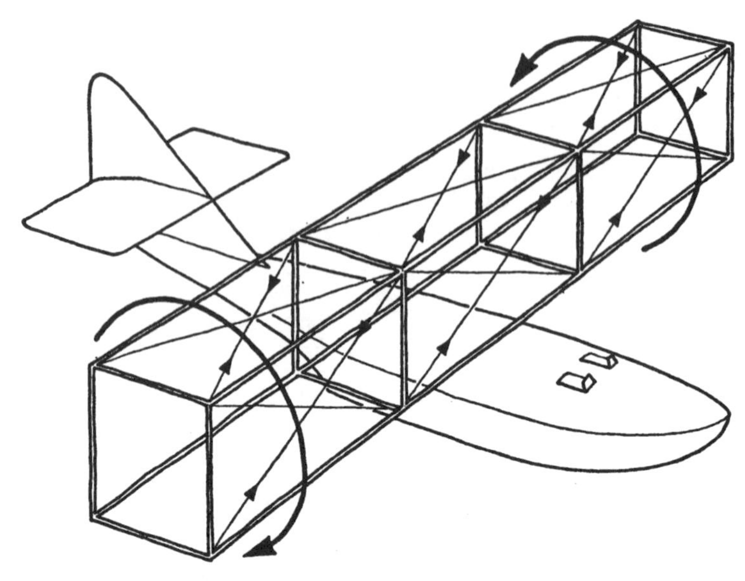

圖十五／以纜索支撐的雙翼飛機機翼，主要結構承受扭力（像是副翼造成的扭力）之示意圖，整體形成所謂的「扭矩盒」。

雙翼飛機的構造採用支柱來支撐，讓整個結構有如一個非常強韌的籠子或「扭矩盒」（torsion box），除了能抵抗彎矩外，還能抵抗扭矩。如圖十五所示，四個主要翼梁（兩邊的機翼各有兩個翼梁）連接盒狀架構的角，中間的空間則形成以支柱支撐的桁架梁。機翼的上、下兩個表面當然看不出傾斜的支柱，因為內部的結構被機翼的蒙布蓋住了。但機翼裡面確實會有橫向的支撐結構，用來承受機翼結構受扭轉時產生的剪力，其抗扭轉的方式如圖中所示。由此可知，盒狀架構的每一邊會分別受到剪力，這與桁架腹板受彎曲時十分相似。要注意的是，盒子的四邊會同時受到剪力，而且四邊會相互依賴。假如其中一邊不見了，整個結構就完全無法抵抗扭矩。

在雙翼飛機裡，這些抗剪力的板會以撐桿和金屬線製成。不過，假如這樣的結構不需要飛上天，只需抵抗地面上的扭矩即可，那麼撐桿和金屬線的格網結構可以換成整片的金屬或木板。以結構而言，這就像梁或桁架中間的腹板，兩者的效果是一樣的。因此，不論是盒狀或管狀的結構，也不論這個結構是整片連續或格網結構，都有可能抵抗扭矩，盒壁或管壁抗扭矩時會承受剪應力。從重量、強度和勁度來看，這種抗扭矩的方法遠比仰賴兩個翼梁的彎矩差來得有效。

附錄三列出各種棒和管受扭矩時的強度與勁度公式。要特別注意的是，管或扭矩盒被扭轉時，其強度和勁度與截面面積的**平方**有關。由此可知，截面面積大的扭矩盒，像是古老的雙翼飛機不需要使用太多材料就能製成，因此重量很輕。我們現今製造單翼飛機時，等於是把機翼本身變成一個表面為連續金屬板或木板的扭矩管。這樣的機翼必須遠比雙翼飛機的機翼厚，但即使如此，這種扭矩管的截面面積還是遠小於雙翼飛機的扭矩盒。為了增加抗扭矩的強度與勁度，我們必須使用相對厚重的蒙皮。正因如此，現代飛機的結構重量有一大半的作用是抵抗扭矩。

汽車抗扭矩的勁度不足，可能不會像飛機那麼嚴重，但汽車的懸吊系統和操控性能大半與抗扭矩的能力有關。第二次世界大戰以前的老車不乏出色的名作，但它們和老飛機有一樣的問題：當時的人比較關注引擎和變速系統，但忽略了車架和底盤的結構。和福克D.VIII相同的是，這些老車的底盤若要有抗扭矩的勁度，靠的通常是扭矩梁的彎矩差，但這些梁往往彈性太高，容易彎曲。由於底盤的勁度不足，這些老車操控起來非常不穩，開起來才會那麼累。

為了讓老賽車的車輪緊貼地面，車子的避震器和彈簧會弄得非常強勁，甚至到了幾乎不會動的地步。當然，這種車開起來會顛簸不堪。這種特性也許和震耳的排氣聲一樣，女孩子見識到了會覺得相當震撼，但這樣不會讓車子貼在路面上。現今的汽車大多不再使用強度那麼低的底盤，改以壓製鋼的轎車外殼來承受扭矩與彎矩負荷。加上車頂後，這樣的車體外殼便形成像老式雙翼飛機一樣的扭矩盒。有了這樣高勁度的結構後，汽車設計師就能專心設計符合科學的懸吊系統，讓車子開起來既安全又舒適。

如前文所述，結構承受扭矩時的強度與勁度，與結構截面面積的平方成正比。如果結構像飛機機翼、船身、轎車等物體那麼大，這不會是什麼問題。但如果是引擎或機械裡的軸桿，直徑通常不大，因此截面面積也不大。所以這一類的構件必須全部以鋼製成。即使如此，這樣的構件就算夠大，有時也不一定夠強韌。引擎和機械為什麼會那麼重，這便是原因之一。大多數經驗老道的工程師會說，一個結構如果必須有一定的強度和勁度來抵抗扭矩，這種需求一定有如詛咒：這樣會導致重量和成本變高，也讓工程師的工作難度更高，徒增工程師的焦慮感。

大自然大概不在意工作是否耗時又麻煩，更是完全不懂金錢有什麼價值。但大自然對「代謝成本」的高低，也就是結構需要消耗的食物和能量非常敏感，而且通常也十分在意重量。正因如此，大自然對於扭矩唯恐避之不及，而且幾乎都會設法讓結構不需要考慮抵抗扭矩的強度與勁度。大多數的動物只要不承受「不自然」的荷載，即使抗扭矩的強度低了一些也無妨。沒有人喜歡手臂被人扭轉的感覺，而且在平常生活裡，我們雙腿負荷的扭矩很小。不過，一旦我們把一種叫「滑雪板」的長條槓桿穿在腳上，然後滑雪的時候摔得亂七八糟，我們的雙腿就很容易受到非常大的扭矩。滑雪腿部骨折的原因以這個最常見，現代的安全鞋套便因此開發出來，當滑雪板受到扭矩時會自動鬆開。

無法抵抗扭矩的不只有雙腿而已。事實上，幾乎所有的骨頭承受扭矩時都脆弱得出奇。若要屠宰一隻雞或任何的鳥類，最簡單的方式就是扭斷牠的脖子。這件事情應該大家都知道，但很少人知道頸椎抗扭矩的能力有多差，所以新手發現雞頭一不小心就被扭斷的時候，難免感到錯愕和難堪。不過，脖子被扭轉和滑雪一樣，都是非自然的危險事，在自然狀態下不會發生。大自然和工程師不同，對於轉動沒什麼興趣，也因此自然界不屑發明出輪子（這點和非洲人很像）。

第13章 各種壓力破壞的方式

（或稱：三明治、顱骨和尤拉博士）

我們……因性質懦弱，不能時常穩立。

顯現日（主顯節）後第四主日祝文

一般的認知無誤：結構因壓力荷載導致破壞時，破壞的性質和拉力造成的斷裂不太一樣。我們對固體施加拉應力時，當然是把固體內的原子和分子拉得更開，此時材料裡的原子間鍵結會受到拉扯而延展，但它們能安全延展的程度有限。當拉應變超過百分之二十後，所有的化學鍵都會變弱，最後就會斷裂。拉力斷裂的過程細節相當複雜，但整體來說，當拉力超過原子間鍵結的斷點時，材料本身就會斷裂。剪力造成的斷裂也是相同的道理。不過，嚴格來說，壓力一般不會造成相對應的情況，原子間鍵結不會純粹因為壓力而斷裂。固體被壓縮時，固體內的原子和分子會因壓迫而靠得更近，在一般的情況下，壓應力升高時，原子之間的斥力會不斷增加。只有在天文學家所謂的「矮星」（dwarf）內，極大的重力才有辦法導致壓力超越原子互斥的力量，最後結果簡直像惡夢。*

雖然如此，許多再平凡不過的結構確實會因為「壓力」導致破壞。這種破壞的原因，其實是因為材料或結構找到方法來擺脫過高的壓應力，而這個方法通常是從荷載之下「溜走」。換言之，就是利用幾乎一定會有逃脫路線側向跑走。從能量的觀點來看，結構會「想要」弄掉過高的壓縮能量，因此會根據當下任何有可能實行的能量交換機制將這個能量弄掉。

正因如此，受壓縮結構往往生性多「移」，研究受壓縮破壞基本就是看東西怎麼從夾縫中逃走。正如一般的認知，逃走的方法往往不只一種。結構會用哪一種方法來逃走，當然要看結構的大小、比例，和它所採用的材料而定。

前面的章節已經對石造結構大所著墨。建築基本上是受壓結構，而且石造結構必須保持在受壓的狀態下，但它們假如會破壞，不可能是因為壓力導致的。弔詭的是，它們只會因為受拉力而破壞。牆面受到拉力會有個壞習慣，就是出現鉸，也因此就會傾斜、塌落。和牆壁比起來，拱顯得比較平穩又負責任，但它們最多只能一次出現四個鉸，在此之後它們消除應變能和位能的方式是把自己折疊起來，變成一堆廢石。無論如何，我們在第九章已經算過，石造結構內的壓應力通常其實很低，遠低於材料真正的「壓碎強度」。

＊最後的結果可能會導致材料密度極高，使得星星自身的重力場強到不僅任何材料都逃脫不了，甚至連所有形式的輻射都無法脫離。這樣的地方無法有雙向的通訊，因此我們永遠無法得知宇宙這些區域。（譯註：與現今天文學研究有所出入。）這種稱作「黑洞」的地方，就像詹姆斯・巴利爵士（Sir James Barrie，譯註：即《彼得潘》〔*Peter Pan*〕的作者J. M. Barrie）在詭譎的劇作《瑪莉・蘿絲》（*Mary Rose*）描述的小島一樣，它們「喜歡有人造訪」，但任誰都是一去不復返。

壓碎應力（crushing stress）——或稱：各種支柱受壓狀態下的破壞

但如果拿一塊相當扎實的混凝土，並讓它負荷巨大的壓力，可能是用測試機器，也可能是用其他方法，材料最終會斷裂，這樣俗稱「壓力破壞」。石、磚、混凝土、玻璃等脆性固體被壓碎時，通常會變成一堆碎片，甚至變成粉末，但嚴格來說，這樣的破壞並不是壓力導致的；事實上，真正造成斷裂的力量幾乎一定是剪力。如上一章所述，拉應力和壓應力必然會造成45°的剪力。短柱假如「壓力破壞」，一般來說是因為這種斜向剪力造成的。

前面也說過，現實中的脆性固體其實處處是裂縫、刮痕和各種瑕疵。就算全新、剛剛製造出來的時候沒有瑕疵，也很快就會因為種種不可能避免的原因而受損。這些裂縫和刮痕在材料內當然會朝著各種不同的方向，因此當材料受到壓應力時，一定會有一些裂縫的方向和壓應力呈對角斜向，也就是和壓應力造成的剪應力平行（圖一）。

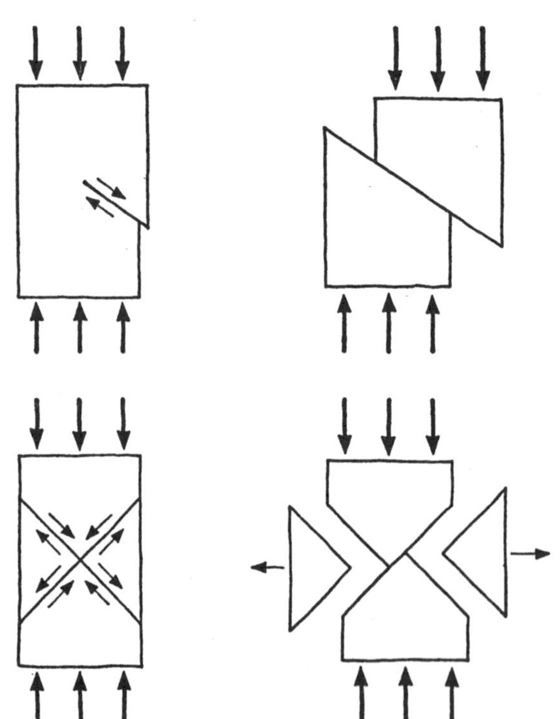

圖一／水泥、玻璃等脆性固體常見的「壓力破壞」方式。事實上，產生斷裂的力量是剪力。

正如拉力造成的裂縫，這種剪力

造成的裂縫也會有「格里菲斯臨界長度」。換言之，當某個特定長度的裂縫承受臨界值的剪應力時，裂縫就會在材料內四處擴展。脆性固體如水泥碰到這種狀態時，剪力裂縫就會突然、激烈地擴展，甚至有可能會爆開來。剪力裂縫斜向橫貫柱子或其他抗壓構件，將柱子一分為二時，這兩個部分當然會滑開來，導致柱子無法再承受壓力荷載。這種結構破壞時，很可能會釋放出巨大的能量。這就是為什麼玻璃、石頭、混凝土等脆性材料被槌擊時，碎片會四處飛散，而且有可能相當危險。事實上，當應變能這樣釋放出來時，「支付」出來的能量有可能被材料花光，讓材料變成一堆粉末，就像我們用槌子或麵棍打碎黏成一大塊的糖一樣。

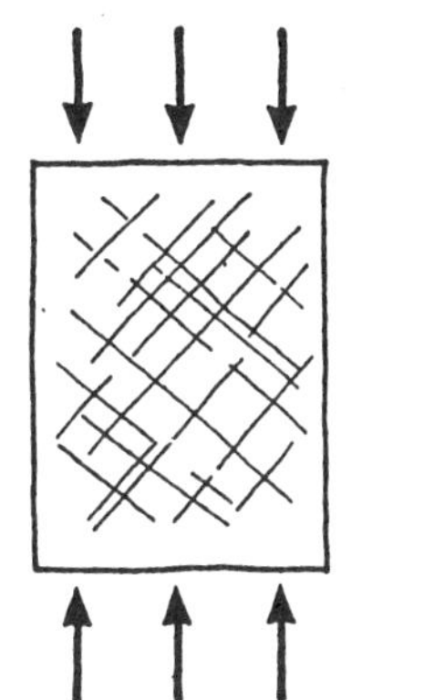

圖二／延展性材料如金屬被壓毀；導致破壞的原因同樣是剪力，但此時會讓金屬向外凸起。

高延展性的金屬、奶油或塑泥亦是同理，受壓應力破壞時，原理大致相同：金屬會因為剪應力的關係，在自身內部出現滑動（這是因為差排機制所致），滑動的平面也大約與壓力荷載的方向呈45°。正因如此，金屬製的短支柱會從中間向外凸，變成桶狀（圖二）。由於延展性金屬的破裂功很高，這一類的材料被壓毀時不太會噴出碎片，破裂時不會那麼激烈，也遠遠不像脆性材料那麼危險。我們把金屬鉚釘頭槌平，或用液壓機攤平時，就是利用金屬受壓時會向外凸起的特性。

木材和人工複合纖維材料像玻璃纖維和碳纖維被壓毀的方式不太一樣。在這些材料裡，強化纖維在壓力荷載下會

「挫曲」（buckle）或共同折合，導致壓折痕（compression crease）貫穿整個材料。壓折痕的方向可能與壓應力的方向呈對角斜向、呈90°，或有時也可能介於45°和90°之間（圖三）。因此，這種材料往往「抗壓強度弱」，使用時必須將這點列入考量。

材料受拉和受壓時的斷裂應力

教科書和參考書通常會用一個大表格，浩浩蕩蕩列出各種常見工程材料的「抗拉強度」，但一般而言，這些書籍往往不太會談到抗壓強度，有一部分是因為在實驗室測量抗壓與抗拉強度時，試片的形狀對破壞壓應力的影響更大，有時影響甚至大到論斷材料本身的抗壓強度毫無意義。雖然謹慎處理抗壓強度確實有理，但這樣不免會輕忽一些和結構有關的事實，其中一件事實如下：材料的抗拉與抗壓強度，兩者其實沒有什麼關聯。*表五列出一些常見材料的約略數值，其中測量抗壓強度所採用的試片，長度與厚度的比例可能是三或四比一，假如試片遠比這個厚或薄，斷裂應力可能會差非常多。

(a) 90°「壓折痕」　(b)斜向「壓折痕」

圖三／纖維材料如木頭或玻璃纖維被壓毀；要注意的是材料的體積必須減少才能出現90°的折痕，因此這樣的折痕只能出現在有空隙的材料裡，像是木頭。完全「固體」的複合材料必須像圖(b)那樣破壞，這種破壞方法不會改變體積。

表五　一些抗拉與抗壓強度不相等的常見材料。（以下數值皆為約略值。）

材料	抗拉強度 psi	抗拉強度 MN/m^2	抗壓強度 psi	抗壓強度 MN/m^2
木材	15,000	100	4,000	27
鑄鐵	6,000	40	50,000	340
鑄鋁	6,000	40	40,000	270
壓鑄鋅	5,000	35	40,000	270
酚醛樹脂、聚苯乙烯，和其他脆性塑膠	2,000	15	8,000	55
混凝土	600	4	6,000	40

從表五可以明顯看到，假如我們要設計一個同時會承受拉力與壓縮力的梁，我們得小心，可能必須讓梁的截面看起來非常不對稱才行。維多利亞時期用鑄鐵製造的梁，通常受拉面會比受壓面厚非常多，因為鑄鐵抗拉強度遠低於抗壓強度。（圖四）反過來說，木製飛機像滑翔機的翼梁，通常上方的壓力面會比較厚，因為木材抗壓強度低於抗拉強度（圖五）。

＊假如材料不論被拉或被壓，都是因為剪力導致破壞（延展性金屬就是這樣的材料），這時抗拉和抗壓強度照理說應該一樣。但這個原則有太多例外，因此幾乎沒有用處。

木材與複合材料的抗壓強度

他說，他製桅已經超過五十年，就他所知沒有劣品。他說，會想要在最脆弱的地方把桅心挖出來，刻意毀掉一根好桅竿的人，我是他這輩子見過的第一個。他說，會想要做這種事的人，想必會（我用極其委婉的方式轉述他的話）在教堂裡高聲罵髒話，用桌布擤鼻子，測完糞

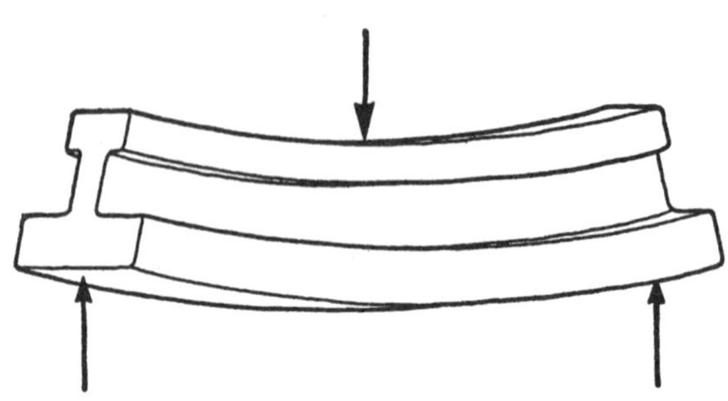

圖四／鑄鐵梁的受拉面通常會比壓力面厚，因為鑄鐵的抗拉強度比較弱。

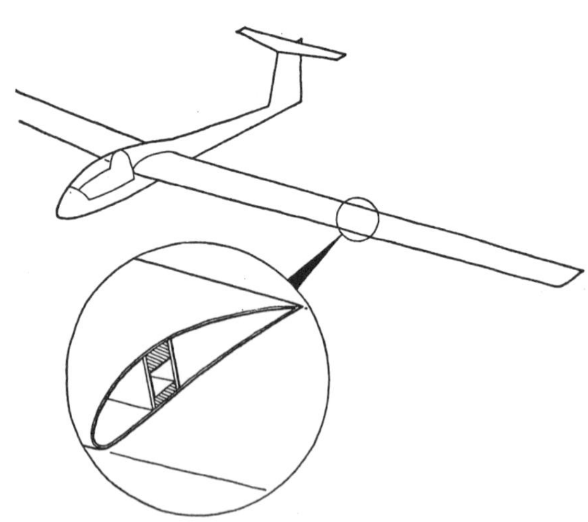

圖五／木製滑翔機的翼梁，通常受壓面比受拉面厚，因為木材的抗壓強度低。

坑有多深之後再把探深錘吃掉。

……就隨便他吧。喬治和我都暗中覺得桅竿太有彈性，感覺不太放心，但在多位專家面前，我們覺得還是不要說出來比較好。這樣確實比較好，因為專家就是專家。日後我們在墨西哥灣洋流碰上一陣惡風，主帆被風吹倒，那根桅竿一直彎——**一直彎**——一直彎——彎到變成S形，但就是不會斷。

韋斯頓．馬特爾，《南海水手》

在現實生活中，不管柱子有多長，柱和梁的差異都會有些模糊不清。稍有長度的柱子像動物的大腿骨幾乎一定多少有點彎曲，因此彎曲凹面處的材料承受的壓力會比其他地方高。反過來說，在梁或桁架裡特別是結構精密的梁或桁架，「受壓桿」要當作一根短柱來看。無論如何，不論結構被稱作「梁」或「柱」，假如材料本身的抗壓強度低，只要結構最弱處的總壓應力高得危險，結構就會開始破壞。若要看會彎曲的柱子，最好的範例是樹幹和傳統帆船的桅竿。樹幹必須直接承受樹的重量造成的壓力，但實際上風壓造成的彎矩可能還會更大、更關鍵。桅竿雖然理論上是只有承受軸向壓力的柱子，但由於還有帆船索具的拉扯，以及各種其他的原因，使得桅竿還得承受不少彎矩，假如索具有任何地方斷掉更是如此。

大型帆船像勝利號的桅竿得用鐵圈連接許多條木材拼湊而成，但如果桅竿沒有那麼長，傳統的製桅師會偏好使用一整棵松木或雲杉木，而且會盡可能保留樹木原狀。製桅師非常反對用拼接或挖空的方式，製作截面呈管狀、「高效率」的桅竿，甚至還會盡可能避免從外面削去太多，最多只是去掉樹皮而已。換句話說，他們會竭盡所能讓樹木保持自然狀態。

多年以來，專業工程師認為這一切都是傳統的屁話，因為只有工程師才懂得梁理論、中性軸和面積二次矩。事實上，現代工程師拿到一棵樹後，第一件事就是把它切成小片再黏起來——而且最好還把裡面挖空。一直到最近幾年，我們才發現樹木好像會一些我們不會的事，其中包括樹幹內某些地方在生長時會有「預應力」（prestress）。

滑翔機的翼梁基本上只會承受單一方向的彎曲荷載。我們製作像這樣的梁時，有可能將受壓桿做得比受拉桿厚，因為木材抗壓強度遠低於抗拉強度，只是這樣做不太有效率。不過，樹木和桅竿需要抵抗的彎矩來自四面八方，一切都要看風想要從哪裡吹，所以它們不能採用這種作法。更何況，樹木的截面需要對稱才行，而且通常會長得讓截面呈圓形。從截面來看，假如這樣的梁沒有預應力，當梁承受彎曲荷載時，應力會呈線性分布，如圖六a所示。此

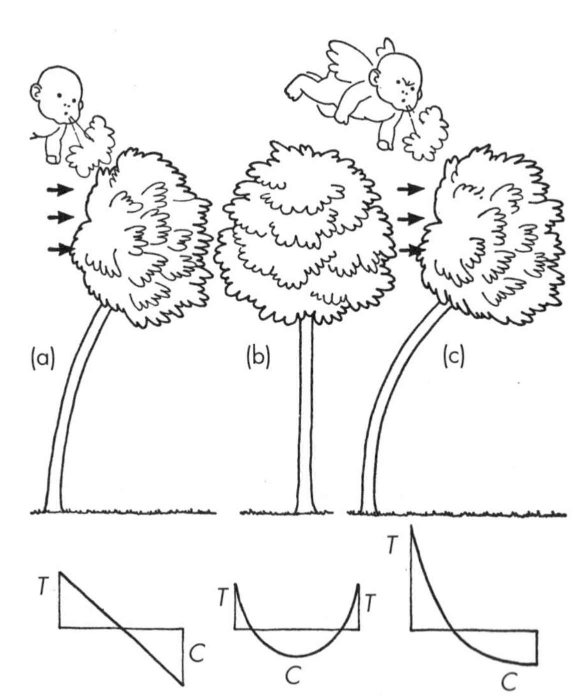

圖六／(a) 樹木內無預應力時，樹木被風吹彎。應力在樹幹內呈線性分布，最大拉應力與壓應力相等。
(b) 靜止狀態的預應力樹木。樹幹外部整圈承受拉力，內部則承受壓力。
(c) 強風中的預應力樹木。壓應力會減半，因此這棵樹可以彎曲的程度是(a)的兩倍。

時當壓應力達到大約四千psi（二十七MN／m²）時，梁在這裡就是樹木就會開始斷裂。

這時就要來看預應力了。樹木不知用什麼方法生長，最後讓外部的木頭處於受拉狀態（大約為兩千psi，或十四MN／m²），中間的部分則是受壓狀態，因此內外互補。在一般狀態下，樹幹內的應力分布如圖六b所示。（虎克彈性理論有一個重要的結論：一個應力系統可以安全且如實的加在另一個應力系統之上。）所以，把圖六a和圖六b加在一起，就會得到圖六c。

這樣一來，樹木的最大壓應力就大約減到**一半**（四千psi－兩千psi=兩千psi），因此有效的彎曲強度可以變成**兩倍**。樹木用預應力保護自己的方式，剛好和我們用預力混凝土梁相反：混凝土的抗拉強度低，但抗壓強度相對較高，但當梁彎曲時，受拉面的混凝土可能會破壞。為了防止這種事發生，我們會在梁裡放鋼腱，並讓鋼腱永遠受拉，藉此讓混凝土永遠受壓。這樣一來，梁必須非常彎曲，表面附近的壓應力才有可能釋放出來，變成拉應力。這樣就能延緩混凝土裂開的時間，因為梁必須非常彎曲才會達到拉應變的臨界點。*

如前文所述，木材和複合纖維材料壓毀時，通常是因為纖維彎曲或挫曲時會出現帶狀的折痕。我的同事李察．卓別林（Richard Chaplin）博士指出，壓折痕和拉力造成的裂縫有諸多相似之處，其中之一是壓折痕和裂縫的起點，經常是材料內的孔隙或其他瑕疵。一般來說，釘子、螺絲等固定裝置不會讓木材變弱，但前提是它們要緊緊固定在木材裡面。一旦將它們拔除，它們留下來的洞會更危險；木材裡的

* 海藻主要的成分是脆弱的藻酸（alginic acid）。許多海藻也會有預應力，其原理與預力混凝土相同。正如預力混凝土會節省鋼筋的用量，海藻這樣做的用意也是為了節省強壯但稀少的成分纖維素。

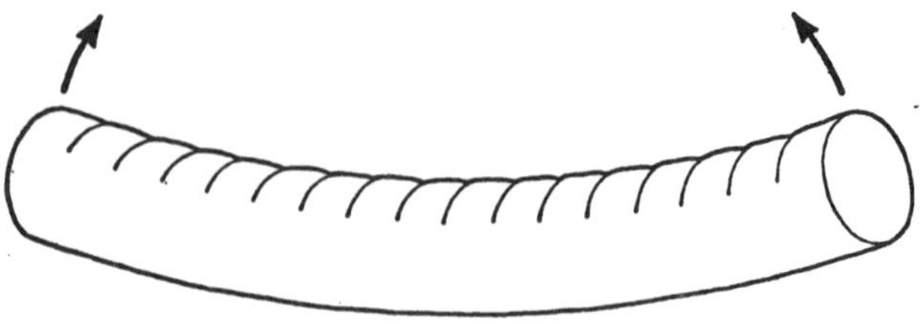

木節一定也會造成相同的問題。因此，假如木製結構需要承受極高的應力（像是滑翔機或船桅），釘在上面的釘和螺絲最好就留在上面，即使不需要也不應該拔除；如果真的有必要去除，應該要連木頭的表面一併削掉。

卓別林還說，在纖維材料裡弄出壓折痕需要耗費能量，而且所需的能量事實上比該材料承受拉力時的破裂功還多。由此可知，有應變能才能讓壓折痕擴展開來，而且壓折痕的行為模式有如格里菲斯裂縫。不過，兩者有些重要的差異。

就我們探討的材料而言，前面已說明壓折痕的方向可能會與荷載的方向呈45°或90°。（折痕的方向也有可能介於45°和90°之間。）呈45°的折痕可以看成剪力裂縫，只要條件適合，就會像承受剪力的格里菲斯裂縫一樣，在材料內擴散開來。但假如45°和90°的壓折痕深入材料內部的深度相同，90°的折痕會比較短，所消耗的能量也因此比較少。

圖七／圓木（像是樹木、船桅、船槳，或弓）壓力面上形成多道壓縮折痕。這些折痕可能無法擴展，因此木材不至於完全破壞。

正因如此，整體而言90°的折痕比較容易出現。但90°的折痕雖然起頭比較容易，卻也容易沒走多久就停下來。這是因為折痕在擴展時，折痕的兩邊容易緊靠在一起（也就是「變成一塊」），這樣就不太會再釋放應變能。因此，結構在這種情況下不太可能完全破壞，至少不會馬上破壞。

此時可能會發生的事情，是梁的壓力面會出現一條條並排的小折痕；木弓的壓力面會看到這個現象，船槳有時也會（圖七）。工程師往往會認為工字梁或箱形梁比較「有效率」，但採用這種形狀的梁有時可能是個錯誤。我們可以輕易證明，[*]截面呈圓形的梁（像樹幹）更不利於應變能釋放，因此能減少裂縫或壓折痕擴展。大多數的木弓截面之所以呈圓形，原因八成是這個；動物骨頭的截面也是圓形，想必也與這一點相關。

只要能讓材料一直承受壓應力，壓折痕的擴展就會一直受到各種阻撓；木材在一般情況下相當安全，這便是原因之一。不過，只要荷載的方向改變，危險就會出現。這是因為壓折痕裡挫曲的纖維幾乎沒有抗拉強度可言，所以一旦出現拉力，折痕就變成像裂縫一樣；另外，受拉時裂縫的兩邊可以彈開、分離，應變能釋放時完全不受阻，使得這種狀況格外危險。

假如想把木製滑翔機的機翼折斷，最好的方式就是讓它降落時重摔。滑翔機落地時如果用力撞到地面，機翼會在碰撞的一瞬間彎向地面，此時主翼梁平常的受拉面有可能出現壓折痕。如果真的出現壓折痕，例行檢查往往不會發現，但滑翔機下次飛行時，翼梁承受拉力時可能會在折痕處斷裂，機翼當然就會折斷。

李昂哈德．尤拉（Leohard Euler），與細柱和薄板的挫曲

以上的描述都是針對較短、較粗的柱子和其他抗壓構件。如前文所述，這些構件被壓毀時通常是因為壓力造成斜向的剪力，有時候可能還因為纖維裡形成局部的折痕。但有許多種類的抗壓結構採用細長

[*] 前緣為一直線的裂縫或壓折痕（像是鋸痕）進入圓形截面的結構時，裂縫或折痕的表面積增加的速度，可能比它後方的材料釋放應變能的速度還要快；格里菲斯於是就此挫敗。

的構件，它們破壞的機制又完全不同。長棍或薄膜像一片金屬薄板，或是這本書的一頁紙張壓毀時會挫曲，簡單實驗一下就能看到這個現象。（拿一張紙來，想辦法沿著長邊壓縮。）這種破壞的方式對科技與經濟有重大的影響，由於最先分析這個現象的人是李昂哈德．尤拉（一七〇七－一七八三）*，因此稱作「尤拉挫曲」（Euler buckling）。

尤拉來自瑞士德語區的數學世家，他本人也很快就成為知名的數學家，年紀輕輕就被俄國的伊莉莎白女皇（Empress Elizabeth of Russia）請去俄國。*他大半時間待在聖彼得堡的宮廷裡，但當俄國政局變得太「精采」時，他曾經到腓特烈大帝（Frederick the Great）在波茨坦（Potsdam）的宮廷避難一段時間。十八世紀中期開明專制君主的宮廷鐵定多彩多姿，但在尤拉等身的著作裡幾乎看不到這一點。就我所知，他的傳記裡完全看不到任何跟「人」有關的故事。他只是日以繼夜地在那裡鑽研數學，把他的發現全部寫成一份又一份的學術論文，而且論文數量多到他死後四十年還有在出版。

其實，尤拉本來沒有想要研究柱子，只是在他豐碩的數學成就裡，剛好有一個發明是「變分法」（calculus of variations），他想找個題目來試試。有一位朋友建議他用這個方法，計算一根細長、直立的竿子需要多長，竿子自身的重量就足以讓它挫曲。這個假設性的問題必須用變分法才能解決，因為如第三章所述，「應力」與「應變」的概念過了很久才發明出來。

用現代話來說，尤拉找到的東西是「長柱挫曲荷重的尤拉公式」，也就是：

$$P=\pi^2\frac{EI}{L^2}$$

（見圖九）

尤拉挫曲荷重理論值 $\infty \frac{1}{L^2}$

壓碎應力

破壞荷載

長度

圖八／柱子抗壓強度與柱長的關係。

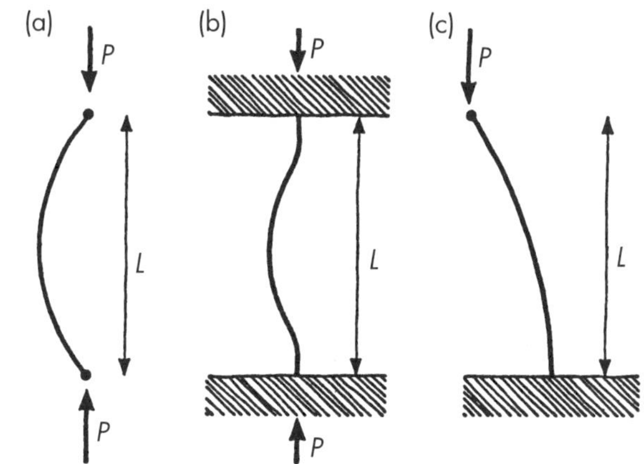

圖九／各種情況下的尤拉挫曲。

(a) 兩端皆銷接合。$P=\pi^2\frac{EI}{L^2}$

(b) 兩端皆不能轉不能動（固定端）。$P=4\pi^2\frac{EI}{L^2}$

(c) 一端嵌入（固定端），另一端銷接合且可自由側移。$P=\pi^2\frac{EI}{4L^2}$

＊原文有誤，尤拉在約十九歲時被俄羅斯皇家科學院請去聖彼得堡，但資助者女皇凱薩琳一世在尤拉抵達之前就駕崩。女皇伊莉莎白在一七四一年底政變奪權，尤拉在此之前幾個月就已經出發前往波茨坦。

其中，P＝柱子或板會挫曲的荷重

E＝材料的楊氏模數

I＝柱子或板截面的面積二次矩（即所謂的「慣性矩」〔moment of inertia〕）

L＝柱長

當然，每個項目都應該用相對應的正確單位。

（使用代數時，結構學許多重要的公式看起來非常簡潔，這相當有趣，卻也相當方便。）

尤拉公式適用於各種細長的柱子，不論實心或空心皆適用。可能更重要的是，這個公式也能用在薄板和薄膜上，像是飛機、船舶、汽車等等會用到的材料。

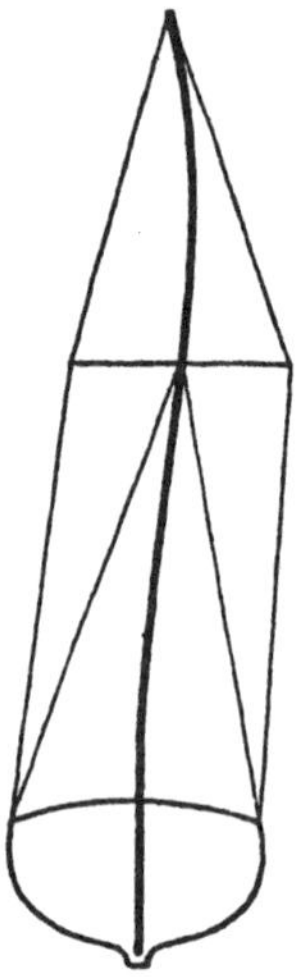

圖十／如果柱子的兩端被固定住，導致柱子歪曲，其挫曲荷重會降低。由於索具容易拉伸，現今上桅時通常不會在甲板和龍骨兩邊都固定住。

若將柱子或板子破壞荷載與長度的關係畫出來，會得到像圖八那樣的圖表，從中可以看到兩種破壞的方式。柱子短的話，破壞會是因為柱子被壓毀。但當長度與厚度比增至五至十之間，壓碎應力的直線就與尤拉挫曲的曲線交叉，此時挫曲所需的力量較小，因此較長的柱子會以挫曲的方式破壞。在現實中，壓碎和尤拉挫曲的分界並不明確，而是有一個轉折的區間，在圖中以虛線表示。

上列的尤拉公式假定柱子或板子的兩端為銷接合（pin joint），也就是兩端可以像鉸接合一樣自由轉動。一般來說，只要柱子或板子的兩端有東西防止它產生轉動，挫曲荷重就會增加。最極端的狀況是兩端都被牢牢固定住，此時挫曲荷重 P 最多會變成原本的四倍。不過，若要加強固定任何一端，通常需要增加不少重量才有辦法達到一些成效，這樣讓工程更複雜、成本更高，往往不值得。另外，如果採用「牢固」的端點接合，接合處的構件只要稍微沒有對齊，柱子也會跟著歪曲，這樣柱子可能一開始就被彎曲，也因此強度會減弱。正因如此，現在替帆船上桅時，通常已經不再在甲板和龍骨兩邊都固定住（圖十）。

我們可以看到，上列的尤拉公式裡沒有「斷裂應力」一項。當柱子或板子的長度固定時，會影響挫曲荷重的項目只有截面的 I 值（面積二次矩），和該材料的楊氏模數（即材料的勁度）。長柱挫曲時不會「斷裂」，而是以彈性彎曲來避開荷載。只要挫曲沒有超過材料的「彈性限度」（elastic limit），一旦荷載消失，柱子就會回彈、恢復原形，完全不會因為先前的經歷而受挫。這個特性有可能是個優勢，因為可以利用這一點設計「打不壞」的結構。地毯和踏墊大致上就是這樣運作的。想當然爾，大自然廣泛運用這個原則，特別是那種一定會被踩在腳下的小型植物，像是草。不管是人或牛碰到樹籬，幾乎都無法破壞又無法穿過，就是因為樹籬巧妙結合了荊棘和尤拉博士的原理。反過來說，蚊子和其他使用細長的武器刺人的昆蟲，必須想盡辦法降低那些細長結構的荷載，才能讓牠們在叮人的時候細嘴不會挫曲。

尤拉有生之年時，沒有什麼科技能應用這個公式。當時比較顯著的應用，可能只有船桅和其他形式的支柱而已。但當時的造船工匠早已用實務的手法解決這個問題了。十八世紀的造船教科書本身就是輝

圖十一／不列顛大橋：管狀的箱形梁。

煌的成就，像是大衛・史蒂爾（David Steel）的《製桅、製帆與索具基礎》（*Elements of Mastmaking, Sailmaking and Rigging*）。這種書裡會有表格詳列各種桅竿和橫梁的尺寸規格，數值全由經驗而來，就算真的用數學計算可能也不會比這個更好。

尤拉死後大約一百年，才有人認真開始研究挫曲現象，這主要是因為工程開始大量使用鍛鐵板，而鍛鐵板當然比工程界早已慣用的石材和木材薄了許多。第一個認真處理這個議題的案例是梅奈鐵路橋[1]，此時大約是一八四八年。這座橋的設計由三位名人共同負責：羅伯特・史蒂芬生（一八〇三—一八五九）；伊頓・霍金森（Eaton Hodgkinson，一七八九—一八六一），數學家與最早的工程學教授之一；以及威廉・費爾貝恩爵士（Sir William Fairbarin，一七八九—一八七四），鍛鐵結構的先驅。

在此之前，史蒂芬生的鐵路吊橋都失敗了，因為彈性都太高。這次海軍部堅持橋必須離河面一百英尺（三十公尺）以便讓船通行，不過這個要求倒也有道理。要讓橋的勁度夠，同時又能滿足淨空高度的需求，似乎只有一種解決方法：使用梁橋，但這座橋遠比以前任何一座梁橋還要長。每一根橋梁需要長達四百六十英尺（一百四十公尺）。基於種種原因，最好的方法似乎是用鍛鐵板製成管狀的梁，讓火車在管子裡面運行。

他們很快就發現這個設計有一個嚴重的問題：梁的壓力面也就是梁上方的鐵板會挫曲。如果是單純的板子和柱子，尤拉的公式夠精準，但這座橋的管狀梁形狀太複雜，當時沒有適合的數學理論可用。三位設計師沒有別的辦法，只能用模型做實驗。不出所料，他們的實驗既難懂又不可靠，三人甚至因此互相爭執，讓人覺得他們還沒設計出安全的管狀梁就會先拆夥。最後他們終於決定採用多孔箱形梁（圖十一），而且這個方法竟然沒有問題，讓大家鬆了一大口氣。這個結構一直維持到一九七〇年才重建。

在史蒂芬生以後，有許多研究用數學分析薄管壁的挫曲現象，但即使至今，我們在設計這種結構時仍然有相當高的不確定性。因此要發展這一類的關鍵結構，成本可能會很高，因為在設計定案以前必須做全尺寸的強度測試。

管子、船，和竹子——兼談布萊澤挫曲（Brazier buckling）

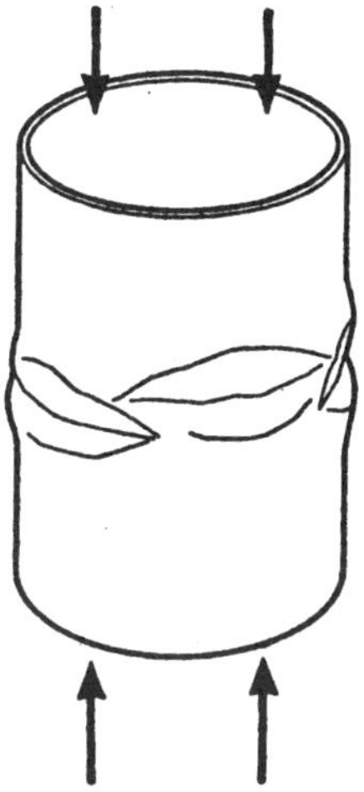

圖十二／薄壁的管軸向受壓時的局部挫曲（或稱「布萊澤挫曲」）。

從尤拉公式可知，柱子的挫曲荷載與EI/L^2成正比，因此長柱子的抗壓強度很可能非常低。我們只能設法增加EI——而且盡可能要跟著L^2等比例增加。大多數材料的楊氏模數（即E）大致是常數，所以在實務中我們得增加截面的面積二次矩（即I）。換句話說，我們得把柱子弄得更肥胖。石造建築就是如此，多立克式神廟裡扎實

1 這裡指的是不列顛大橋（見第十一章末），與梅奈吊橋相距約一英里。

穩固的柱子就是一個例子。但這樣會導致結構過重。假如我們想讓結構輕，我們就得設法讓截面展開。展開的方式有時是讓截面變成工字形或星形，有時也會變成方正的箱形。但一般來說，圓形的管子會比較好，也比較有效率。

工程師和大自然都愛用管子，管狀的柱子用途十分廣泛。不過，管子承受壓力時，可能的挫曲方式有兩種。它有可能照著前文描述的方式挫曲：換言之，用尤拉的方式沿著全長，像是一個長波形。但它

圖十三／空心的莖有兩種補強方式，以避免局部挫曲出現。
(a) 縱向加勁肋。
(b) 結節或「艙壁」——草和竹子常見。

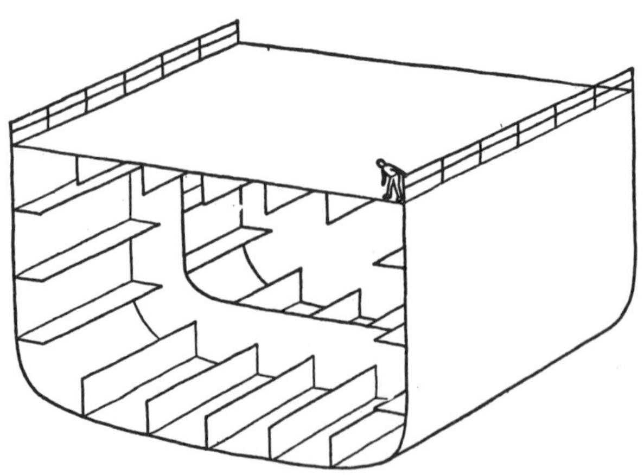

圖十四／建造船體、飛機機身等殼體結構時，通常會兼用橫向和縱向加勁肋。此一示意圖為油輪常用的伊修吾肋體系統。

也有可能以短波形的方式挫曲：換言之，就是只會在管壁裡出現局部的折痕或皺褶。假如管狀柱子的半徑大、管壁薄，柱子也許不會出現尤拉式的挫曲，但管壁的局部皺褶會導致它破壞。我們用一張薄薄的紙捲成管狀，就能輕易看到這個現象。像這樣的局部挫曲或皺褶，有一種稱作「布萊澤挫曲」。因為有這種效應，簡易的管子和薄壁的圓柱若需要承受壓力，用處就會受限。*

若要避免管子出現布萊澤挫曲，最常見的作法是在管壁加上橫向或縱向加勁肋或加勁材，讓管壁更強勁；繞著管子周長的橫向加勁肋在英文一般稱作**rib**，沿著管長走的縱向加勁肋稱作**stringer**（但植物學家會把縱向的稱作**rib**）。傳統的船殼板會用橫向加勁肋和艙壁來補強，但近年打造的大型油輪有些改成採用縱向加勁肋的「伊修吾肋骨系統」（**Isherwood system**）。飛機機身等複雜的殼體結構，通常會兼用橫向和縱向加勁肋。草和竹子的莖是空心的，彎曲時通常會攤平。莖裡固定間隔會有結節（node），有如隔板或艙壁，藉由這種巧妙的方式讓莖更強勁（圖十三與圖十四）。

葉子、三明治和蜂巢

大自然和人為科技一直不斷使用薄板和薄殼，這些結構愈薄、愈大，承受彎矩和壓力荷載時就愈容易撓曲或皺褶。原則上，任何能幫助柱子和板更強勁抵抗彎矩的構件，也能幫它抵抗挫曲，因此讓它更能承受壓力。若要做到這件事，一種方法是用繩索或纜線固定柱子或板，但沒有植物用這個方法。其他

*薄壁的管子出現局部挫曲時，管壁的應力通常等於：$\frac{1}{4}E\frac{t}{r}$ 其中，t＝管壁的厚度，r＝管子的半徑，E＝楊氏模數。

的方法——可能也是更好的方法，包括用加勁肋、將材料製成波浪形，或是使用多孔的結構。

木材就是一種多孔的材料，大多數植物的組織像是草和竹子的莖壁也是多孔材料。由於生物需要競爭才能生存，許多植物非常仰賴葉子的結構效率，因為它們必須在最低的代謝成本下，將暴露在陽光的面積最大化，這是為了進行光合作用。因此，葉子是極關鍵的板結構，而且它們為了增加抗彎曲的勁度，幾乎用上了所有已知的結構方法。幾乎所有的葉子都有繁複的肋骨結構，*而肋骨之間的薄膜以細胞構成，形成一種多孔結構，有時更會形成波浪紋來增加勁度。除此之外，從流體靜力學來看，植物汁液的滲透壓也能幫助提高葉子整體的勁度。

工程結構裡的板和殼經常會用加勁肋來增加勁度，這些加勁肋會用膠、鉚釘，或以銲接的方式固定在板上。但用這種方法來提高勁度，不一定重量最輕或成本最低。另一種方法是用兩層分開的殼板，中間再黏上一個連續的支撐結構，而且這個支撐結構通常愈輕愈好。這種作法稱為「三明治結構」或「夾心結構」（sandwich construction）。

近代最早認真看待三明治板的人，是德哈維蘭公司（de Havilland）著名的首席設計師羅納德．艾瑞克．畢夏普（Ronald Eric Bishop）。他最早將這種結構用在一九三〇年代的彗星型（Comet）飛機，但現在沒人記得這個機型。**三明治板比較著名的應用實例應該是這台後繼的機型，也就是戰爭期間開發的蚊式轟炸機（Mosquito）。在這兩個機型裡，三明治的中間夾層是輕木，外面是比較重、比較強韌的樺木層板。

蚊式轟炸機固然非常成功，但輕木很容易吸水和腐爛。另外，這種又軟又脆弱的木材來自熱帶地區，產量有限，而且品質不穩。三明治夾層和外板到底該用什麼材料？當時還有完全不相關的因素，催促了這方面的研究：機載雷達的出現。在飛機上裝載雷達時，可動的雷達反射器，亦即所謂的「掃描天線」必須用一個流線的頂罩保護，大家不久後便把radar和dome兩字合併，稱它為「天線罩」（radome）。頂罩當然要能讓高頻率無線電波通過，因此在實務上必須以塑料製成，通常會用玻璃纖維或有機玻璃（Perspex）。如果要讓雷達更容易穿透天線罩，罩殼的材料理論上可以用三明治結構，並且精心調整材料的厚度，讓它與雷達傳送的無線電波波長相配合——現代相機鏡頭鍍膜（blooming）的厚度與可見光的波長有關，道理和三明治天線罩的厚度完全一樣。

雷達幾乎完全無法穿透潮濕的輕木，或任何其他潮濕的木材；但在戰爭期間，輕木基本上不可能不潮濕。因此，天線罩不可能使用輕木，所以當時的人必須開發出其他輕量又防水的材料，開發的方式是讓各種人造樹脂「起泡」，結果看起來像蛋白霜或充氣巧克力棒（圖

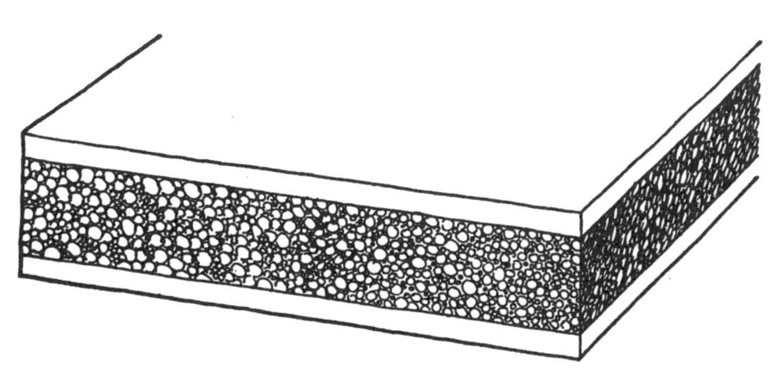

圖十五／發泡的樹脂常常用在三明治板裡，形成輕量的核心材料。

* 一般相傳約瑟夫．帕克斯頓爵士（Sir Joseph Paxton）在一八五一年設計水晶宮（Crystal Palace）時，靈感來自皇家睡蓮（*Victoria regia*）葉子的加勁肋。（譯註：*Victoria regia*為舊學名，現在改名為*Victoria amazonica*，即亞馬遜王蓮。）

** 這個機型和後來同名的噴射引擎客機沒有直接關聯。（譯註：德哈維蘭公司有兩個稱作「彗星型」的飛機：一個是一九三四年的木製雙人座飛機，另一個是一九四九年初飛、一九五二年上市的客機。後者比較著名，因為是史上第一架採用噴射引擎的客運飛機。但這種飛機最初採用方形的窗戶，後來多架飛機墜毀後，調查發現方形窗戶的四角有顯著的應力集中，進而造成機身出現細微裂縫。這是為什麼現代客機會使用橢圓形或圓角的窗戶。）

十五）。當時的人開發出不少像這樣的樹脂發泡體，這些各有優勢，除了用在天線罩的三明治夾層裡，還用在各種其他的三明治板裡，有些至今仍然有人使用。舉例來說，造船時會用這種材料的板，因為多孔結構的孔壁幾乎完全不透水。但若要讓三明治板有最高的結構效率，樹脂發泡體可能還嫌太重又勁度不足。換言之，市場上還可以有更多種輕量核心材料。

一九四三年末的某一天，一位叫喬治．梅伊（George May）的馬戲團老闆到法恩堡拜訪我。他先跟我講一個生態節目上會出現的小故事，說明巡迴馬戲團要避免猴子逃走有多麼困難，然後就拿出一個東西給我看，看起來像是書本和手風琴的綜合體。他拉了一下兩端，整個東西就像耶誕節彩色紙雕一樣打開來。事實上，那個東西是紙做的蜂巢結構，重量很輕，但強度和勁度驚人。他問我，飛機有可能用像這樣的結構嗎？他謙遜地說，主要的問題是這個用紙紮、用膠黏的東西完全擋不了水分，碰到水就會解體。

在此之前，歷史上應該不曾有一整群的航空工程師碰到馬戲團老闆時，會有衝動想給他一個大大的擁抱和一個吻。但我們忍住衝動，並跟他說：讓這個東西防水應該不會太難，只要用合成樹脂就可以了。

我們的確就是這樣做（圖十六）。在製作蜂巢結構之前，我們先把紙浸在未凝固的液體酚醛樹脂裡。我們做好蜂巢，並將它展開後，就把結構放進烤箱裡烤，讓樹脂凝固、硬化，紙就變得防水，而且強度和勁度也提高了。使用這種材料當夾心的三明治板後來用在各種軍事用途上，因此相當成功。現今的飛機雖然已經不再常用，但全世界大概有一半的住家門板，是在紙製的蜂巢結構黏上木製夾板或塑膠板。其他國家特別是美國更是比英國常用，因此紙製蜂巢結構在全世界的總產量一定非常可觀。

我們到相當晚近才開始在工程裡使用三明治結構、樹脂發泡體夾心和蜂巢結構，但生物體裡老早就在用了。所謂的「鬆質骨」（cancellous bone）就是利用這個原理，而且這種骨頭每個人的身體裡都有：顱骨就是鬆質骨，而顱骨當然必須承受彎曲與挫曲荷載。

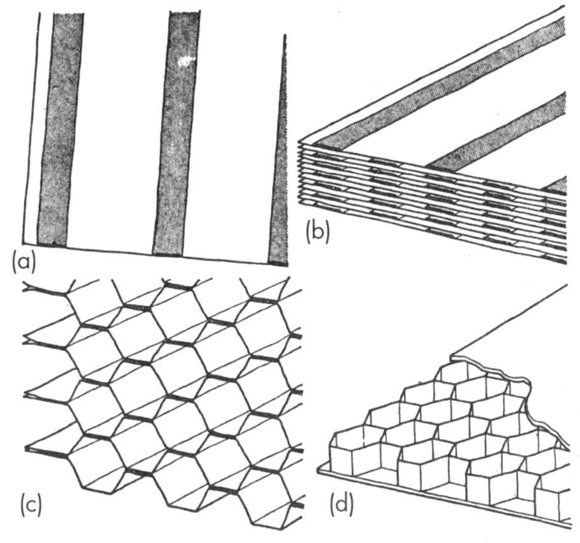

圖十六／紙製蜂巢的製法與用法

(a) 將紙浸在樹脂後，在表面印上一條條平行的黏膠。

(b) 將每一層黏膠的位置交錯排列，再將許多張紙相黏成一整塊。

(c) 黏膠乾了之後，將整塊的紙板拉開，變成蜂巢狀，再讓樹脂硬化。

(d) 在木夾板、塑膠板，或金屬板之間黏上蜂巢，形成三明治結構。

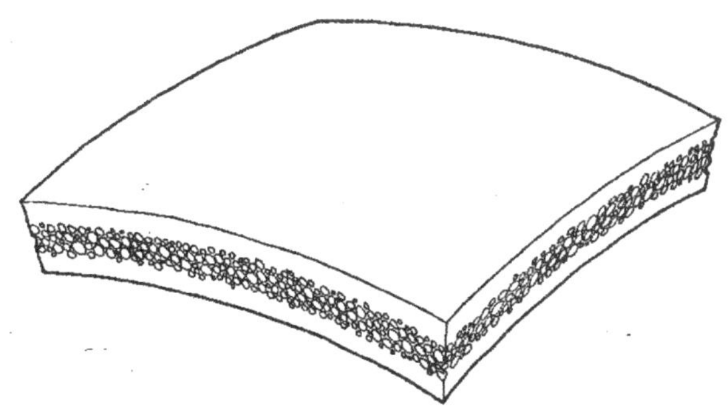

圖十七／鬆質骨。

第四部

結果如下……

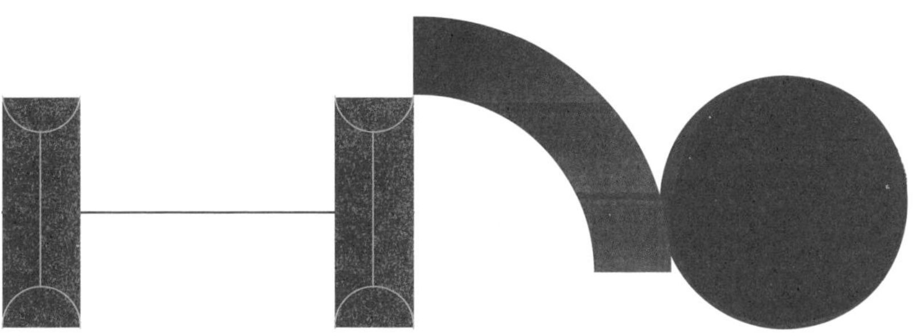

Part Four

And the consequence was...

4

第14章 設計的哲學（或稱：形狀、重量與成本）

哲學無他，謹慎而已。

約翰・塞爾登（John Selden，一五八四－一六五四）

如前文所述，結構理論最平凡、常見的應用，是分析某個特定結構的行為：這可能是一個預計要蓋的結構，可能是現存但安全性有疑慮的結構，或者是已經倒塌，讓人倍感難堪。換言之，只要知道某個結構的尺寸大小，以及該結構使用的材料，我們至少可以試著推測它應該有多強，以及變位會多大。這一類的計算當然在某些狀況下非常實用，但假如我們想知道為什麼某個東西會長成那個樣子，或是某個特定用途應該要選用哪個種類的結構，這種計算的用處不大。舉例來說，假設我們要製造一架飛機或蓋一座橋，我們應該用板子製作連續、無孔的外殼結構，還是用棒子或管子製作交叉的桁架梁，並用金屬纜線來支撐？或者，為什麼我們體內的肌肉和肌腱那麼多，骨頭卻相對少？另外，工程師可以選用的材料種類通常不計其數，這樣他該怎麼選？他想打造的結構應該用鋼或鋁，還是用塑膠或木頭？

動植物和傳統人造物品的「設計」並非偶然發生。整體來說，在這個充滿競爭的世界裡，只要某個結構隨著漫長的時間演化，其形狀和材料一定會漸漸最佳化，而最佳化的過程看的是它需要荷載什麼樣的重量，以及相關的金錢或代謝成本。我們會想要用現代科技實現像這樣的最佳化結果，但往往不太行。

我們現在探討的議題有時稱作「設計哲學」，但絕大多數人並沒有意識到，這個主題可以用科學方法來深究。這樣實在可惜，因為不論在生物學或工程裡，相關的結果十分重要。知道這件事的人不太多，但設計哲學相關的研究其實已經進行多年。大約在一九〇〇年前後，安東尼・喬治・馬爾登・米切爾（Anthony George Maldon Michell）是第一個從工程的角度來認真探討這個議題的人。*差不多打從伽利略提出以來，生物學家就不時會提到平方—立方法則（第九章），但到了一九一七年，達西・湯普森爵士（Sir D'Arcy Thompson）才出版他的美妙鉅著《生長與形態》（*On Growth and Form*；至今從未絕版）；這是首次有人綜合論述相關的需求如何影響動、植物的形狀。此書固然有讚許之處，但書中使用的數學往往欠佳，工程相關的論點也不一定可靠。《生長與形態》雖然備受好評，而且好評也確實有理，對生物學的影響卻不太大，即使過了許久依然如此。這本書好像也沒有影響工程界，這無疑是因為時機還不夠成熟，生物學界和工程界不太能互動。

近年以數學研究結構設計哲學的主要人物是H. L. 寇克斯（H. L. Cox）。他既是一位出色的彈性力學家，還是碧雅翠絲・波特（Beatrix Potter）的專家。希望他會原諒我這樣說。從某些方面來看，他有點像偉大的前輩湯瑪士・楊格，因為他不僅有點像楊格那樣有才華，也像楊格那樣不擅表達。假如沒有

* 例如：A. G. M. Michell, "The limits of economy of material in frame structures", *Phil. Mag.* Series 6,8,589 (1904)。

人幫他宣傳或轉譯，頭腦比較平凡的人恐怕難以理解寇克斯的論述。也許正因如此，他的研究理應廣為人知，但注意到的人卻不多。以下的討論大多直接或間接參照寇克斯的研究。我們先從他對抗拉結構的分析開始。

抗拉結構的設計

> 工程設計有一個奇異之處：我們若要製造一個簡易的抗拉構件，非得先設計出一個端構件（end fitting），這樣荷載才有辦法施加上去。而且不論端構件的材料是鍛鐵或藤蔓、鋼纜或繩索，端構件內的應力系統遠比單純的拉力還要複雜。抗拉端構件的設計有很多理論探討的空間，但也十分仰賴經驗。與理論較勁的也許是原始矮人民族用藤蔓編結的精湛技藝，也許是布魯內爾開發出高效率的眼桿（eyebar），但經驗往往會決定設計。雖然如此，話還是理論學家說了算。
>
> H. L. 寇克斯，《最輕量結構的設計》（*The Design of Structures of Least Weight*, Pergamon, 1965）

假如不需要考量端構件的影響，抗拉結構的哲學會非常簡單。首先，當一個抗拉結構準備好承受某個荷載後，該結構的重量會與結構的長度成正比：換言之，一條一百公尺長、可以負荷一噸的繩子，會比能承受相同荷重，但只有一公尺長的繩子重一百倍。另外，假設荷載的分配平均，不論支撐這個荷載的是一條繩子或拉桿，或是兩條截面面積各一半的繩子或拉桿，重量都會與長度成正比。

但這個簡單易懂的系統會被打亂，因為我們必須有端構件。換言之，我們得讓荷載從抗拉構件的一端進去，再從另一端出來。即使是一條單純的繩子，兩端至少也需要打個結或弄個接合，而這個結或接合的重量會相對比較重，也有可能需要增加開銷。如果我們要讓計算完全正確，我們不只要算抗拉構件本身的重量和成本，也需要把端構件的重量和成本算進去。因此，當其他條件相同時，抗拉構件愈長，**每單位**的重量和成本會比較**低**。換句話說，此時重量**不會**直接和長度成正比。

用代數和幾何來看這樣的系統時，我們可以看到一件事：**兩條**平行的抗拉材的端構件總重量，會小於截面面積相同的**單一**條抗拉材的端構件重量。*由此可推得，一般來說，如果將拉力荷載分配到兩個或更多個抗拉構件上，會比只用一個抗拉構件節省重量。

如寇克斯所說，端構件的應力分布永遠十分複雜，而且必定會有大大小小的應力集中，裂縫只要一有機會就會擴展。因此，端構件會有多重、成本有多高，除了要看設計師的功力外，也要看材料有多強韌，也就是材料的破裂功。材料的破裂功愈高，端構件就會愈輕、愈便宜。但如第五章所述，拉力愈強時，韌性就有可能漸漸降低。以鋼或其他工程常用的金屬來說，拉力增加時，破裂功會大幅降低。

因此，我們在挑選抗拉構件的材料時，經常會因為不同的需求陷入兩難。為了減少拉桿中間或平行部分的重量，我們會想要用抗拉強度高的材料。至於端構件，我們通常會想用韌性高的材料——但這樣多半抗拉強度低。一如許多難解的問題，若要解決這個問題，我們必須妥協；以這種情況來說，這主要看的是抗拉構件的長度。如果抗拉構件非常長，像是現代吊橋的鋼纜，使用高拉力鋼通常會比較好，即

*因為抗拉材截面面積與荷重成正比，但端構件的體積會以荷載的3／2次方增加。

使我們固定鋼纜兩端時需要用重量和複雜度更大的端構件。畢竟，端構件只有頭、尾兩端各一個，但中間可能還有一英里長的鋼纜。此時，即使兩端的重量比較大，我們在中間鋼纜部分減輕的重量還更多。

但是，如果是短的鏈條，情況就完全不一樣了。每個短鏈條的端構件重量，可能會超過鏈條本身的重量，因此必須謹慎考量才行。支撐老吊橋的鐵鏈就是如此：這種鏈條往往使用強韌、延展性高、抗拉強度低的鍛鐵。如第十章所述，在泰爾福德設計梅奈吊橋裡，板鏈條的拉應力不到現代吊橋鋼纜的十分之一，其原因就是這個。以相對小片的鐵或鋼拼成的殼結構，像是船舶、水槽、鍋爐、桁梁等等，或是用鉚釘接合的鋁製結構，像是一般的飛機，也需要考量相似的事情——這些結構都可以看成鏈環不太大的二維鏈條。此時用韌性低、延展性高的材料反而更好，不然接合的重量會拖垮結構（見第五章，圖十三）。

整體而言，帆船和雙翼飛機裡大量的繩纜有助於減少重量，而不是讓重量增加。*當然，使用這般錯綜糾纏的繩索，代價就是風阻高、維護成本高、整體複雜度高。若要減少結構的重量，就必須付出這個代價。我們在動物身上也看得到這個原則：大自然絲毫不猶豫，大量使用了肌肉和肌腱等抗拉構件，而且為了降低端構件的重量，大自然的手法和伊莉莎白一世時的水手一樣。許多肌腱的末端會展開成扇性，航海家法蘭西斯．德瑞克爵士（Sir Francis Drake）會說那像「烏鴉腳」。肌腱的每一條分支各以一個小小的接合銜接到骨頭，重量因此降到最低（代謝成本也有可能最小化）。

比較抗拉和抗壓結構的重量

如上一章所述，同一個固體受拉和受壓時的破壞應力往往不一樣，但在許多常見的材料裡，像是鋼，兩者的差異並不大，因此當構件長度較短時，不論該構件的作用是抗拉或抗壓，重量應該都差不多。事實上，抗壓構件很可能不需要笨重的端構件，但抗拉構件一定需要，因此當其他條件相同時，抗壓的短柱很可能比拉桿來得輕。

但當柱子愈來愈長，尤拉博士的身影就會漸漸浮現。我們應該還記得，長柱子的挫曲荷載會跟著 I/L^2 變化（L為柱子長度），這表示當柱子的截面面積不變時，柱子的長度愈長，抗壓強度會快速降低。因此，若要支撐相同的重量，長柱子就必須大幅加粗，也因此會比短柱子重很多。如上一節所述，抗拉構件就不會有這個問題。

我們不妨用一個例子來看看，假設有一個十公尺長的構件要支撐一噸（一千公斤，或一萬牛頓）的荷載，當此一荷載分別為拉力和壓力時，兩者的情況會有什麼差異。

抗拉狀態：鋼棒或鋼纜承受拉力時，可用的工作應力大約為三百三十MN／m²，或五萬psi。若再加上

＊若使用代數，用n條平行抗拉材，長度L、荷載重量P，公式如下：

$$Z=\rho\frac{P}{s}\left(1+\frac{k}{WL\sqrt{n}}\cdot\sqrt{\frac{P}{s}}\right)$$

其中，Z＝每單位長度所有抗拉構件的總重量

P＝承受的總荷載　s＝安全工作應力

k＝與設計師才智有關的係數　W＝材料的破裂功

n＝抗拉構件的數量　ρ＝材料的密度

此一公式的證明，參見寇克斯的《最輕量結構的設計》。此處的公式稍有修改。

端構件的重量，總重量大約是三．五公斤，或大約八磅。

抗壓狀態：用一根那麼長的實心鋼棒承受那樣的壓力荷載是一件愚蠢的事，因為鋼棒若要粗到不會發生挫曲，就必須非常笨重才行。我們在實務上可能會改用鋼管，這樣的管子大約需要直徑十六公分（六英寸），管壁厚度五公厘（〇．二英寸）。這樣的管子會重達兩百公斤，或大約四百五十磅。換言之，大約是拉桿重量的五十至六十倍，所需的成本很可能也會等比例增加。再者，抗壓結構分散開來時，問題不會解決，反而會更嚴重。假如我們想要支撐一噸的荷重，但不是用一根柱子，而是像桌腳一樣，用四根各長十公尺的柱子，這樣柱子的總重量就會是單一根柱子的兩倍，也就是四百公斤，或九百磅。支撐結構分散得愈細，重量就會一直增加——事實上，會以$\sqrt{n}$增加，n為柱子的數量。（見附錄四。）

相反地，假如長度不變，但荷載增加，那麼抗壓結構的重量變化就相對沒那麼可怕。舉例來說，假如荷載變成一百倍（從一噸變成一百噸），抗拉構件的重量需要等比例增加（從三．五公斤變成三百五十公斤），但單一根十公尺長的柱子若要承受這樣的壓力，柱子的重量只需要變成十倍（從約兩百公斤變成約兩千公斤）。因此，如果承受的是壓力荷載，荷載大比荷載小更經濟（圖一）。簡易的柱子和桿子會是如此，板、殼、薄膜亦是同理（附錄四）。

帳篷、帆船等結構會長成那個樣子，就是基於這方面的考量。以這樣的結構來說，把壓力荷載集中到少數幾根柱子或桅竿上，而且讓柱子或竿子的長度愈短愈好，絕對是最佳的作法。在此同時，如上一節所述，拉力荷載則最好分散到許多繩索和薄膜上，而且愈多愈好。鐘型帳篷（bell tent）只有一根支撐桿，但有多條拉索，因此在所有相同體積的「建築」形式裡，它很可能是重量最輕的一種。不過，和以木材或石材打造的實體建築相比，幾乎所有的帳篷都會比較輕，也比較便宜。同理，和雙桅帆船或桅竿更多、更複雜的帆船相比，單桅帆船一定重量更輕，索具的效率更高。這也是為什麼古埃及人的A形桅和維多利亞時期鐵甲艦的三腳桅（第十一章）會那麼重，效率又那麼低。

同理，一般脊椎動物像是人類的整體結構比較接近鐘形帳篷或帆船。身體裡有少量的抗壓構件如骨頭，而且大多集中在身體中間處，外面包覆著各式各樣、用來承受拉力的肌肉、肌腱和薄膜，這些比全帆裝備帆船上的帆和索還要複雜。另外，以結構的觀點來說，兩條腿比四條腿好。蜈蚣之所以不會完全無法運作，只因牠的腳非常短。

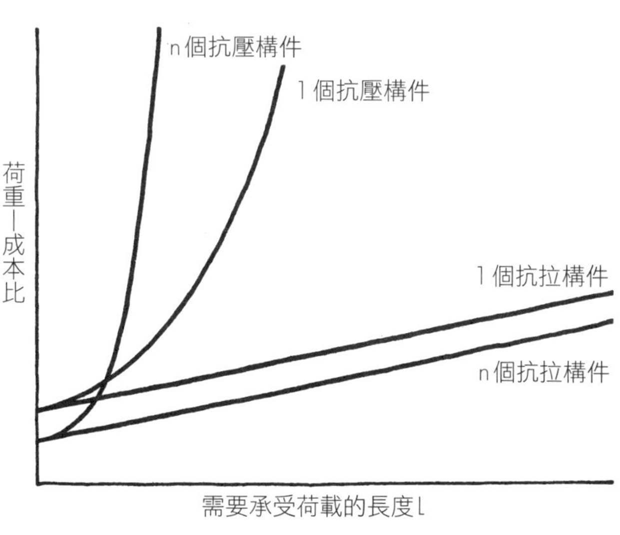

圖一／以不同的荷載方式支撐相同的荷重時，需承受荷載的長度l與荷重——成本比之關係示意圖。

等比例縮放效應——或稱重新思考「平方—立方法則」

回想一下：很久以前，伽利略發現，當結構的長度增加時，其重量會以長度的立方增加，但承受荷載的構件的截面面積只會以長度的平方增加，所以在幾何形狀相似的結構裡，結構材料內的應力應該會和長度成正比。因此，假如結構自身的重量就有可能直接或間接導致拉力破裂，進而使得結構破壞，當這樣的結構變得愈大，結構內的構件就需要變得愈粗、愈厚重。事實上，各個構件加粗的比例需要比這個原則還要大，因為這當中有一種類似「複利」的效應。正因如此，所有結構的大小理論上都有嚴格的上限。

長久以來，生物學家和工程師都會一再提到平方－立方法則。生物學家赫伯特・斯賓賽（**Herbert Spencer**）和達西・湯普森先後指出動物的大小會受限於這個原則，工程師也用這個原則來說明船舶和飛機不太可能做得比現有的實例更大。雖然如此，船和飛機都愈做愈大。

事實上，完全遵守平方－立方法則的事物，大概只有古希臘神廟的門楣（以笨重但強度低的石材製成）、冰山和浮冰（以笨重但強度低的冰製成），和果凍、牛奶凍一類的東西。

如前文所述，在許多複雜的結構裡，抗壓構件的重量很可能是抗拉構件的好幾倍。由於抗壓構件比較容易因挫曲導致破壞，當它們需要承受的荷載愈大，也就是結構蓋得愈大，它們的效率就會愈高。正因如此，當大小增加時，重量增加的速度雖然確實更快，但真正的負面影響其實比平方－立方法則預期的來得小，而且在現實中，這些負面影響可能會被「規模經濟」的效應抵銷掉。舉例來說，假如我們看一艘船、一條魚、一架飛機，或一隻鳥，它們運動時遇到的阻力差不多會和它們的表面積成正比。當它們的大小增加時，表面積與重量的比例會愈來愈小。伊桑巴德・金德姆・布魯內爾就是因為這樣猜測，才會促使他打造大東方號（*SS Great Eastern*）。這艘巨大的遊輪雖然沒有成功，但我們現今會有辦法建造超級油輪等巨無霸的大船，就是因為有這個原則。另外，如第五章所述，大型動物的大小上限主要不是因為平方－立方法則，而是與骨頭「格里菲斯裂縫臨界長度」相關的因素。

立體構架（space frame）和單殼結構

工程師常常面臨這樣的抉擇：要用一個個支柱和拉桿，像Meccano組合玩具一樣拼成格狀結構，這樣稱為「立體構架」。或是應該做一個外殼，用大致上連續的板來承受荷載，這樣稱為「單殼結構」。這兩者有時候無法一眼就分辨，因為立體構架會被一層連續的外皮包覆，但這層外皮並不會荷重。傳統木屋是如此，現代鋼架棚舍和穀倉（以浪形鐵皮包覆）亦如是，外面包著硬殼或鱗片的動物當然也是如此。

有時候，決定該用哪種形式不全然是結構的關係。這樣的例子包括高壓電塔，因為使用空間桁架有助於將風阻減到最低，需要上漆的鋼材面積也最小。另外，如果要蓋一個大水箱，用空間桁架支撐一個不漏水的袋子或薄膜可能重量比較輕，而且大自然在製造胃和皮囊時通常也會這樣做，但實務上最好的方式是用厚片的鋼板製成外殼。

有時兩種建造法的重量和成本都差不多，所以用哪個都可以，但有時兩者的差異甚大。如前文所述，當建築的體積相同時，帳篷幾乎一定比使用連續板、混凝土，或石材的建築來得更輕、更便宜。一九三〇年代左右的「魏曼」（Weymann）老式轎車車體採用木製立體構架，外面包覆加厚的布料，這種車體遠比日後常規的模壓金屬外殼來得輕。在油價飆漲的今日，我們可能要復興魏曼車體才對。

不過，有一種想法在流傳：不知為何，單殼結構好像比立體構架更「現代」、更進步，立體構架有時被人認為太原始，或太大費周章。許多聰明的工程師照理來說應該更懂事才對，卻也信奉這個看法，但從結構學來看，這個看法其實沒有任何客觀的依據。假如主要需要荷載的是壓力，立體構架**一定**會比單殼結構輕，通常也會比較便宜。不過，當荷載與結構的長寬尺寸相比顯得很重時，單殼結構多餘的重量影響就沒那麼大。假如還需要顧及其他考量，有些時候使用單殼結構確實有合理之處。不過，像硬式飛船（rigid airship）等荷重不高的大型結構，唯一能使用的只有立體構架或空間桁架。假如想要打造比空氣輕的飛船，但不想採用立體構架，解決的辦法不是工程師夢想的閃亮亮鋁製單殼式飛船，而是一個充氣的袋子，也就是軟式飛船（blimp）。

早期的飛機以桿子、繩子和布料製成，現今的飛機則是單殼結構。這個轉變不是因為流行潮流突然轉變，而是當飛行有辦法達到一定的荷重和速度後，完全根據邏輯思考而來的改革。前面提過，當承受壓力和彎矩的能力相同，單殼結構的重量一定超過立體構架，但當荷重增加時，結構本身需要增加的重量會相對比較低。反過來說，如果看的是抵抗剪力與扭矩的能力，單殼結構的效率比立體構架高。*飛機的速度愈來愈快時，抗扭矩的強度和勁度也必須增加。因此，我們在一九三〇年代到了一個轉折點，此時飛機的結構從立體構架轉變為單殼結構，結構雖然必須更重，但此時卻值得付出這個代價，單翼飛機更是如此。所以，現代飛機通常是連續的殼體，外殼採用鋁板、三夾板或玻璃纖維。反過來說，現代滑翔翼依照相同的邏輯，反而轉回去使用立體構架，這樣可以讓結構非常輕。

會需要抵抗極高扭矩荷載的結構，幾乎只有像船、飛機等人造結構。如第十二章所述，大自然幾乎一定會設法避免扭矩，因此單殼結構或外骨骼不太常見，至少在大型動物裡不常見。大多數體形有一定規模的動物是脊椎動物，因此是極精巧、極成功的立體構架，其結構哲學與雙翼飛機和帆船十分相似。我們看鳥類、蝙蝠，和翼手龍的結構，可以明顯看到牠們竭盡所能避免高扭矩，也因此能以那麼輕盈的立體構架在空中飛行。飛機設計師們，請多多參考牠們。

膨脹式結構

我們在看科技史的時候，「假如當時是這樣……」有時是個相當有趣的問題。假如伊桑巴德．金德姆．布魯內爾開始蓋鐵路的時間早了幾年，世界上大多數鐵路的標準軌距可能就會是七英尺，而不是他死對頭喬治．史蒂芬生根據古羅馬戰車的輪距，訂定出的四英尺八．五英寸「運煤車軌距」。如布魯內爾所料，史蒂芬生的軌距日後變成障礙。假如鐵路的軌距比現在更寬，鐵路的技術和財務狀況可能會比現在更好，這樣全世界可能會跟現在有些差異。[1]

相較之下，假如一八三〇年左右就已經有高效率的充氣輪胎，我們可能就會跳過鐵路的階段，直接使用機械化的道路車輛了，這樣的話世界就會跟現在的差異更大。事實上，充氣輪胎晚了大約十五年才發明出來。一八四五年時，年僅二十三歲的羅伯特．威廉．湯姆森（Robert William Thomson）獲得充氣輪胎的專利。從科技層面來看，湯姆森的發明出乎意料地成功，但此時鐵路早已成為常態，鐵路和馬車利益團體聯合起來推動一些荒謬的限制法案，導致機械車輛到了十九世紀末才開始發展。

沒有人覺得自行車會威脅到火車或馬，所以維多利亞時期的法規沒有限制自行車的發展。到了一八

---

* 當扭矩盒截面面積相同時。

1 本書原文於一九七〇年代末出版，當時英國鐵路公司（British Rail）為經營全國鐵路網的國營企業，但由於路線和設備老舊——路網有一大半是維多利亞時期興建的——公路建設又導致鐵路載客量長年持續下滑，英國鐵路公司即使在一九六〇年代末大量裁撤營運路線後仍然一直虧損，到了一九九〇年代導致英國鐵路公司被拆散，全國鐵路民營化。據說喬治．史蒂芬生的兒子羅伯特曾說，假如他能再來過，他會將當時在英國已經開始普及的「標準軌」（standard gauge）再加寬一些，也許就是看到四英尺八．五英寸（即一四三五公厘）軌距的限制。

八八年，約翰．波伊德．登祿普（John Boyd Dunlop）將此時已被遺忘的充氣輪胎用在自行車上，而且非常成功。登祿普因此發了大財，但此時湯姆森已經過世，專利也過期了。卡車使用實心的車輪時，車速最高只能到達每小時十五英里（約每小時二十四公里）左右，小型車輛也不能比這個快多少。有了湯姆森的發明，快速、廉價的道路運輸得以實現，而且飛機也有辦法從陸地起降。沒有充氣輪胎的話，我們大概只能用水上飛機。

輪胎的功能當然是讓車輛的重量在車輪下緩衝、分散開來，在這一方面它們非常有用。不過，輪胎只是膨脹式結構的一種而已。膨脹式結構可不只有緩衝的作用。除此之外，假如我們想要讓輕量的荷重產生彎矩或壓力，再長途運送，膨脹式結構是一種大幅降低重量和成本的解決方案。這種結構承受壓力時，不是用容易挫曲的實心板或柱子，而是壓縮氣體、水等流體，如此一來實體的部分只需要承受拉力即可，而如前文所述，抗拉所需的重量和成本遠低於抗壓。

在科技中靈巧使用膨脹式結構並非現代才有的事。在公元前一千年左右，底格里斯河和幼發拉底河上游的船伕已經會用獸皮製造船筏，並用它們載運貨物航行至下游，貨物除了農作物外，還有驢子、騾子等馱獸。到了目的地後，他們會把獸皮船裡的氣放掉，用馱獸將皮囊以陸路載回出發地。充氣船現今相當常見，充氣帳篷和家具也是。這些充氣設備常常會打包起來，用汽車載運。

工程巨擘弗雷德里克．威廉．蘭徹斯特在一九一〇年發明充氣屋頂。這種結構很簡單，只是一個四周固定在地上的薄膜，充氣時用簡易的風扇設備以低壓撐起。雖然進出這種結構時必須使用氣密閘門，但跟種種優點相比，這一點不便通常不算太嚴重。蘭徹斯特發明的屋頂讓我們能輕易以低成本的方式覆蓋大片面積，但現今只會用在溫室、室內網球場等建築物。工廠和房屋不能使用，因為被老阿嬤般的建築法規禁用。

當然，要充滿這種結構不一定要用氣。沙包其實只是用另一種方法做到相同的效果，所謂的「龍式」彈性駁船（Dracone barge）也只是會漂浮的長條形袋子，裡面裝滿油或水。這種駁船在亞馬遜河上游會用來運油，運完後會攤平運回出發地，和幼發拉底河上的獸皮船十分相似（只是運回的時候不會用驢子）。希臘小島上的旅館也會用這種駁船運送淡水，供旅館房客洗澡使用。

人類科技裡使用的膨脹式結構不太多，在這方面我們可能還有發展的空間。不過，最善用這種結構的東西是自然界的動植物。動物和植物體內都有如化學工廠，因此充滿各種複雜又難處理的液體。打個比方，若要用最「自然」、最省成本的方式製造一隻蚯蚓，莫過於用一個長條形的袋子，把蚯蚓濕黏的內臟裝在裡面。

這種作法顯然非常管用，而且再自然、省成本不過，不禁會讓人想到一個問題：既然如此，動物又何必演化出又脆弱又笨重的骨頭？假如人類的形體像章魚、烏賊，或大象的鼻子，這樣不是更便利嗎？肯尼斯．辛姆克斯（Kenneth Simkiss）教授跟我提到一種看法：也許動物本來不該有骨骼才對，最早的骨頭也許只是讓動物體內有地方可以安全棄置不必要的金屬原子。動物在體內堆積的礦物質硬塊到了一定的數量後，就乾脆把肌肉架在上面。

鋼絲輪

婚禮不會豪奢，
我租不起馬車，

但在雙人腳踏車上
你一定是個美嬌娘！

哈利・戴克（Harry Dacre），《黛西・貝兒》（*Daisy Bell*）

在傳統木製馬車的車輪裡，各個輪輻會交替承受馬車的重量。因此，馬車其實有點像一隻有許多長腳的蜈蚣，但這些長腳全部加起來又重又沒效率。頭腦裡最先冒出這個想法的人，可能是鬼怪奇才喬治・凱萊爵士（Sir George Cayley，一七七三—一八五七）。凱萊是早期飛行先驅人物中的佼佼者，他想替自己的飛行器打造更好、更輕的著陸輪。早在一八〇八年，他就想到可以設計出一種新的輪子，讓輪輻不是受壓，而是受拉，這樣輪子的重量就能大幅減輕。他的想法最後演變成現代的自行車輪，其中金屬的輪輻承受拉力，由輪圈來承受壓力。由於輪圈抗挫曲的穩定性夠，因此可以做得非常輕薄。

加上充氣輪胎之後，鋼絲輪讓一般人都有辦法騎自行車——從《黛西・貝兒》的時代以來，這一點對社會的影響非常顯著。但用這種方式來減輕車輪的重量，一般只適用於荷重輕的大型輪子，像是自行車輪。輪子愈小、負荷愈大時，使用抗拉的輪輻通常沒有什麼優勢。現今賽車使用的壓製鋼輪只比鋼絲輪重一點點，所以通常沒有必要刻意多花力氣和成本使用鋼絲輪。

如何挑選更好的材料——還有，什麼樣的材料才算「更好」？

大自然在製造生物組織時，顯然知道要怎麼在眾多選擇中挑選最適合的。但區區人類對於材料似乎有些再奇怪不過的想法，即使是偉人也一樣。根據荷馬的說法，阿波羅的弓是銀製的，*但這種金屬幾乎沒有辦法儲存應變能。多年之後，有人說天堂的地面是黃金鋪的，或者也有人說是玻璃。但這兩個都是非常不適合的材料。讓詩人談論材料幾乎一定毫無道理可言，但一般人其實也好不到哪裡去。事實上，很少人會去理性思考這個議題。

我們在挑選材料時，似乎有一大半會被時尚潮流和地位象徵左右。黃金其實不太適合拿來打造手錶，鋼也不適合用來製作辦公家具。維多利亞時期的人堅持要用鑄鐵製造各種難以想像的東西，像是雨傘架。另外，還有一位非洲國王用鑄鐵打造一整座宮殿。[2]

我們挑選材料的方式有時沒道理又怪異，但通常會非常保守、遵循傳統。當然，採用傳統上選用的材料往往有合理的原因，但同時又有太多不合理的因素摻雜其中，使得兩者難以分辨。包括路易斯・卡羅（**Lewis Carroll**）、薩爾瓦多・達利（**Salvador Dalí**）等藝術家紛紛發現，光是暗示某個常見的物體可以用橡膠、奶油麵包等看似完全不適合的材料來製造，就足以讓人心理受到衝擊。工程師非常容易受到像這樣的衝擊。現今跟他們說用木頭打造一艘大船，他們鐵定會嚇一大跳，但對我們的老祖先來說，用鐵造船反而才會讓他們嚇一大跳。

世人對各種材料的接受程度會隨著時間改變，而且改變的方式相當有趣，茅草就是一個好例子。茅草曾經是最廉價、最被人看不起的屋頂材料，但在貧窮的鄉下地方，連教堂的屋頂往往也得用茅草搭

---

* Neque semper arcum tendit Apollo!（「阿波羅也不會一直拉他的弓」，賀拉斯〔Horace〕，《頌歌》〔Odes；拉丁文：*Carmina*〕卷二，x, 19。賀拉斯也許知道，銀好發潛變的程度幾乎和鉛相當）。

2 這裡指的應該是尚吉巴（Zanzibar；隸屬現今坦尚尼亞）蘇丹王巴格什（Barghash bin Said）建造的「珍奇宮」（Beit-al-Ajaib）。

表六　生產各種材料約略所需的能量

材料	η ＝生產所需的能量 10^9 焦耳每噸	等同的耗油量 口頃
軟鋼	60	1.5
鈦	800	20
鋁	250	6
玻璃	24	0.6
磚	6	0.15
混凝土	4.0	0.1
複合碳纖維	4,000	100
雲杉木	1.0	0.025
聚乙烯	45	1.1

註：以上都是非常約略的數值，而且一定有爭議，但我認為大致上應該接近。在此必須坦承，複合碳纖維的數值只是推測，但這是從多年開發類似纖維的經驗而來的推測值。

建。十八世紀時，這些教區變得比較富裕後，當地人就會推動定期捐款，把茅草換成石板或瓦片。有時候募得的資金不夠翻修整個屋頂，所以路人看不太到的地方就會保留原本的茅草屋頂。到了現在，兩者的地位對調了，倫敦周圍各郡經商致富的家戶紛紛以茅草屋頂自豪。

材料、能源和能量

未來的人回頭看二十世紀，可能會稱之為「鋼與混凝土的年代」，其他可能的稱呼包括「醜的年代」或「浪費的年代」。對鋼與混凝土執迷不悟的人不只有工程師而已，政客和一般大眾好像也有相同的偏執。這個疾病應該是從兩百年前工業革命開始的，這時開始有廉價的煤，因此有了廉價的鐵，因此有了鐵製的蒸汽引擎將煤變成廉價的機械能。如此一再循環，使用的能量愈來愈密集。如此一來，煤和石油就是將大量能量集中在一個體積小的物體裡。引擎會在小空間裡將這些能量轉換、濃縮成電力或機械功，並傳送出去。我們的現代科技仰賴這種濃縮的能量，而現代科技使用的鋼、鋁、混凝土等材料本身就要耗費大量能量來生產。表六列出生產這些材料所需的能量。由於製造非常耗能，若要使用這些材料，必須在一個能量高度密集的經濟體系裡才有辦法獲利。製造科技裝置時，我們投入的不只有金錢方面的資本，還有能量資本，因此不論金錢或能量都必須獲利才行。

雖然能源成本昂貴又愈來愈稀有，能量密集的程度卻一直不斷增加，不見任何消退。先進的引擎，像是燃氣渦輪會在愈來愈小的空間裡，以愈來愈激烈的方式，轉換愈來愈多的能量。先進的裝置需要先進的材料，而這些先進的材料，像是耐高溫的合金和碳纖維塑料，在製造過程中又會消耗更多的能量。

這種循環八成不能再維持多久，因為整個體系完全仰賴廉價又集中的能源，像是石油。活生生的大自然可以看成一個巨大的能源體系，只是能源沒有集中在少數幾種，而是四處分散。大自然在取用這些能源後，又能以最經濟的方式利用它們的能量。現今有許多人嘗試汲取各種不同的能源出處，像是太陽、風，或海。但這些嘗試有一大半很可能會失敗，因為假如我們採用鋼或混凝土，製造傳統的結構來收集能源，這樣我們投入的能量過多，不可能有經濟獲利。我們必須重思「效率」的概念才行。大自然在處理這種問題時，看的是「代謝投資」，我們很可能也得採用類似的觀點才行。

生產一噸的金屬或混凝土需要耗費大量的能量（表六）。除此之外，能量密集度低的體系通常會使用荷載分散或低荷載的結構，但這種結構如果使用鋼或混凝土來製造，實際的重量可能會比使用更合理、更文明的材料還要高好幾倍。

我們等下就會看到，單純從結構的角度來看，木材的「效率」可能名列前茅。當結構的尺寸龐大，荷載又不高時，木製結構會比鋼製或混凝土製結構輕好幾倍。但過去木材的問題是，樹木需要花很久才

表七　各種材料在不同用途下的效率

材料	楊氏模數E MN/m^2	密度ρ g/c.c.	（註：比重沒有單位，這個是密度單位） E／P	$\sqrt{E}$／P	$\sqrt[3]{E}$／P
鋼	210,000	7.8	27,000	59	7.7
鈦	120,000	4.5	27,000	77	11.0
鋁	73,000	2.8	26,000	99	15.0
鎂	42,000	1.7	25,000	120	20.5
玻璃	73,000	2.4	30,000	114	17.5
磚	21,000	3.0	7,000	48	9.0
混凝土	15,000	2.5	6,000	49	10.0
複合碳纖維	200,000	2.0	100,000	225	29.0
雲杉木	14,000	0.5	28,000	240	48.0

能成長，而且乾燥的過程又慢又昂貴。

近年開發出來最重要的材料，可能是植物基因科學家培養出快速生長的樹種。現今種植的五葉松（Weymouth pine，學名*Pinus radiata*）在適合的條件下，直徑一年可以增加高達十二公分，可能只需要六年就能長成，供人砍伐。如此一來，木材很有可能變成一種生長周期短的作物。樹木生長時，所需的能量幾乎全部由太陽免費提供，而且木造結構的壽命結束後還能焚燒，將樹木成長過程中收集的能量釋放出來。鋼或混凝土當然做不到這一點。

另外，木材以前需要在烘乾爐裡才能乾燥，這樣既耗時又昂貴，而且需要使用大量能量。近年的研究已經開發出新方法，可以在二十四小時內乾燥相當大片的軟木材厚板，而且成本非常低。這些新發展對結構和全世界的能源危機影響甚大，我們必須正視。

附錄四列出各種材料在不同的用途下的結構效率與重量關係。許多高科技結構像是飛機的設計取決於E／ρ，也就是與整體撓曲的重量成本有關的「比楊氏模數」（specific Young's modulus）。正好大多數傳統上會使用的結

表八　各種材料的結構效率（以製造這些材料所需的能量而言）

材料	讓以該材料製作的結構具備一定勁度所需的能量	讓以該材料製作的板具備一定抗壓強度所需的能量
鋼	1	1
鈦	13	9
鋁	4	2
磚	0.4	0.1
混凝土	0.3	0.05
木頭	0.02	0.002
複合碳纖維	17	17.0

以上數值以軟鋼為1當作基準，所有數值皆為約略值。

構材材料，像是鉬、鋼、鈦、鋁、鎂、木材等等，其E／ρ差不多維持不變。正因如此，過去約二十年以來，各國政府紛紛砸下重本，用硼、碳、碳化矽等奇特的纖維開發新材料。

這種纖維在航太工程中是否有效率還見仁見智，但可以肯定的是，這些纖維不僅價格昂貴，製造過程還需要耗費大量能量。因此，這種材料在未來的用途很可能相當受限，我個人認為短期內不會成為一般人常用的材料。

整體的撓曲應該不需要花大錢來嚴格控制。但如前文所述，柱子承受壓力荷載時，重量成本經常非常高，也因此金錢成本往往也很高。柱子承受壓力荷載時，決定重量成本的項目不是E／ρ，而是$\sqrt{E}$／P；承受壓力負荷的板則是$\sqrt[3]{E}$／P（附錄四）。表七簡要列出各項數值。由此可知，低密度的材料在這方面極占優勢，因此鋼的效率不太高，即使與磚塊和混凝土相比都算差。另外，以許多重量輕的應用方式而言，像是飛行船或義肢，木材甚至比碳纖維材料好，更別說遠比碳纖維輕。

表八以能量成本來表示材料優點，此時傳統材料木

材、磚塊，和混凝土享盡所有優勢。看到這個表格不禁要懷疑，我們追求用新穎、奇特的纖維製造材料，到底有沒有道理。日常生活大部分用途的最佳方案不是碳纖維，而是洞。大自然老早就有這個認知，因此發明了木材，羅馬人用空酒瓶建造教堂也是如此。跟任何可以想像得到的高勁度材料相比，洞的金錢和能量成本都低了很多。假如我們花在研發硼纖維或碳纖維的時間和金錢都少一點，改去研發更多多孔的材料，效果可能比較好。

第15章

一整章的意外

（罪惡、失誤和金屬疲勞的研究）

你可曾聽聞那奇妙的單馬車，
它完全合乎邏輯製造，
它運轉整整百年，日子不差半個，
然後突然間，它就——

奧利佛．溫德爾．霍姆斯（Oliver Wendell Holmes），《單馬車》（*The One-Hoss Shay*）

如果用最正確的方式來看整個實體世界，應該將它視為一個巨大的能量系統：在這個巨無霸的市場裡，各種能量不斷依照固定的規律和計算方式互相轉換、交易。只要某個行為在能量上會有優勢，它遲早一定會發生。就某方面來說，「結構」的作用是延緩能量上有優勢的事件發生。舉例來說，重物掉到地上，藉此將應變能釋放出來，就能量而言其實有利。這個重物遲早**一定會**掉到地上，應變能**一定會**釋放出來。但結構的作用就是讓這件事情延遲發生，延遲的時間可能是一季、一輩子，或是幾千年。到了最後，所有的結構一定會破壞或毀滅，就像沒人逃得了一死。醫學和工程學的用意，就是將死亡或毀滅延遲一段充足的時間。

問題來了：「一段充足的時間」是多久？在打造所有的結構時，我們都得設法讓它在我們認為適當的壽命內能「安全」運作。至於適當的壽命有多長？火箭可能是幾分鐘，汽車或飛機可能是十年或二十年，大教堂可能是一千年。霍姆斯筆下的單馬雙輪馬車，打造的時候就是要運作一百年，一日都不差；它最後也確實依照原訂計畫，在一八五五年十一月一號那一天，正當執事撰寫講道稿寫到「第五點」的時候解體。但這一切當然都是鬼扯。同理，在內維爾・舒特（Nevil Shute）的小說《無航道》（*No Highway*）裡，膽大過頭的英雄角色狄奧多・哈尼（Theodore Honey）預言「馴鹿式客機」飛行剛好一千四百四十小時後，可能加減大約一天，機尾就會因為「金屬疲勞」而斷裂。這種說法當然也是鬼扯，而且舒特一定知道這是鬼扯，因為他自己就是經驗豐富的飛機設計師。

在實務上，我們不可能讓結構的「安全」壽命剛剛好是多少個小時，或者多少年。我們只能根據累積的資料和經驗，用統計的方法來思考這個問題，然後再抓個合理的安全係數，根據這個來打造結構。在這整個過程裡，我們看的都是機率和推估值。把結構弄得太弱，我們也許能減輕重量、節省成本，但結構過早破壞的可能性就會太高，這樣我們無法接受。反過來說，把結構弄得非常堅強，讓人覺得它「永遠」不會倒——一般大眾會想要這樣——它可能就會太重又太昂貴。以下會提到不少案例是強度增加後，隨之增加的重量反而讓結構更危險。由於我們的依據只有統計資料，我們為真實的世界設計出實際可用的結構時，必須接受這個結構一定會有過早破壞的風險，就算這個機率再怎麼小，都一定存在。

阿佛烈德・波格斯利爵士（Sir Alfred Pugsley）在《結構的安全性》（*The Safety of Structures*）＊一書中指出，到了這個地步就有趣了，因為我們的思考方式不能再只看邏輯了。如波格斯利所言，人類的情緒對結構破壞特別敏感。一般人總是頑固抱持一個想法，認為跟自身有關的結構或裝置都應該「不會壞」才對。這樣會連帶出各種情況，在有些情況下，這種想法不會帶來壞處，但有時又會造成反效果。第二次世界大戰時，飛機設計師多多少少有些調整的空間，可以選擇犧牲結構安全性，以便讓飛機具備一些其他的性能。此時被敵軍射下的轟炸機數量很高，每次出動可能就會有二十分之一被擊落。** 跟被擊落的機率相比，因結構破壞而折損的飛機數量很少，比例小於一萬分之一。飛機的總重量裡，差不多有三分之一和結構相關，因此將結構減輕，以換取其他優勢，此時當然是合理的選擇。

假如真的這樣做，結構性意外的比例可能會稍稍升高，但由此減下來的重量可以拿去配置更多禦敵用的槍，或是更厚的裝甲，如此一來折損的淨值或總量一定會顯著降低。但是，這一番話飛行員完全聽不進去：他們寧願冒著更大的風險被敵人擊落，也不願意賭上飛機在空中因結構問題而解體的小風險。

波格斯利認為，我們之所以覺得結構破壞讓人無法接受，有可能是從住在樹上的老祖先遺傳下來的，因為牠們最害怕的是樹巢在腳下破壞，這樣大人、小孩、大小家當就會全部墜地——而且一旦墜地，大人和小孩可能就會落入劍齒虎或其他天敵的口中。不論這是不是真正的原因，工程師一定得顧慮到這方面的恐懼，即使增加的重量本身也有可能造成危險。

* Arnold, 1966。

** 轟炸司令部（Bomber Command）轄下飛行員每一次的「任務期」是三十次戰鬥任務或任務飛行，因此這樣的任務期格外危險。德軍潛水艇船員喪生的比例出了名的高，但轟炸司令部飛行員的死亡比例也不相上下。

強度計算的準確度

當工程師用理性的方式分析強度與安全性時，我們一定會認為他有辦法預期結構全新時的強度有多高，即使他不太確定這個結構能維持多久，而且他的預期必然有一定的準確度。如果是簡易的結構，像是繩索、鏈條，或單純的梁柱，這樣的認知也許大致上沒錯。但如第四章所述，當我們碰到更複雜、更重要的結構時，像是飛機、船舶等等，這個認知就完全不適用了。

我們從歷史經驗裡，累積了許多和各種結構有關的資料。我們也有大量的文獻資料，以精密的數學分析結構。另外，學院裡的彈性力學家還會自信滿滿，不停講授結構理論的課程。從這幾點來看，上一段話的結論好像在自己找死。但是，上一段的結論確實沒錯。

我們不妨以飛機強度的統計數據為例。以飛機而言，減輕重量非常重要，而且結構破壞的後果不堪設想，因此我們當然會非常謹慎地設計飛機的結構，每一個細節都會細心檢查。最精湛的設計師、計算師，和繪圖師會用最科學的方法繪圖和計算，他們計算出來的強度會再由另一批獨立的專家來複驗，因此最後推估出來的強度極其準確又謹慎，差不多是人類能力的極限了。最後為了確保沒問題，我們還會製造一個實尺寸的飛機結構來測試，而且測試到它破壞為止。

要列出最新的數據實在有些困難，因為近年上市的新機型太少，因此相關數據在統計上無顯著性。但在以前飛機比較單純、成本比較低的時候，由研發直到原型階段的機型相對比較多。在一九三五年至一九五五年間，英國國內就有大約一百種不同的飛機製造出來，再測試到全毀。因此，這段時間的測試資料有一定的統計意義，算是相當可靠的數據。

這些飛機的大小和形式不一，所需的強度當然也因此不同，但各個設計團隊的強度目標大致相同，以飛航界的行話來說是「最大設計荷載的百分之一百二十」。*如果結構設計師真的是一種極其精確的行業，當我們把所有的測試結構畫成圖表時，我們會預期所有的結構會集中在百分之一百二十附近，相差的範圍不會太大。換句話說，測試結果應該會呈現狹窄、鐘形的「常態分布」，如圖一所示。

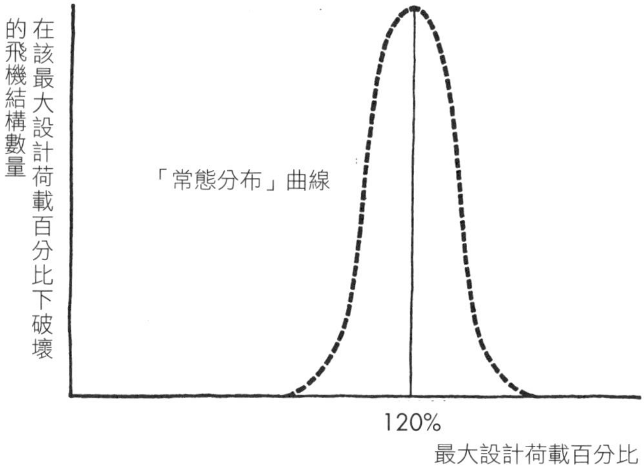

在該最大設計荷載百分比下破壞的飛機結構數量

「常態分布」曲線

120%

最大設計荷載百分比

圖一／實驗性飛機的強度之預期統計分布（示意圖）。

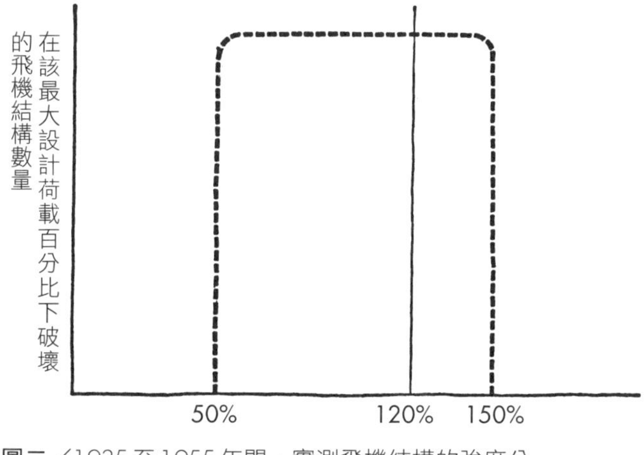

在該最大設計荷載百分比下破壞的飛機結構數量

50%　120%　150%

圖二／1935至1955年間，實測飛機結構的強度分布（非常粗略的示意圖）。

* 多出來的百分之二十是為了因應飛安單位的要求，以考慮到材料和組裝程序的變異。

但很多人已經知道，實際情況完全不是這樣。測試結果的分布圖比較像圖二，強度大多在最大設計荷載即所需荷載的百分之五十至一百五十之間隨機分布。換言之，即使由最菁英的設計師來預估飛機的強度，正確的機率也不到三分之一。有些飛機的強度不到所需的一半，有些則是強度太高，因此比實際所需重了很多。

假如我們看的是船，其實也沒有任何資料可以拿來下評斷，因為幾乎沒有人會用實驗的方式把船測試到全毀。因此，假如我們想知道造船師推算強度的能力有多強，我們其實無從評斷。但如第五章所述，結構出事的船非常多，若以每噸每英里的航運來看，現今意外的數量很可能還在增加。

以橋梁來說，在某些方面強度計算比船和飛機簡易一些，因為荷載條件變異比較小。即使如此，當今橋梁破壞的數量仍然不少。

靠實驗來設計

我跟你說，馬車不管怎麼設計，
一定會有地方最為不堪一擊——
不管是輪胎、彈簧、車轅或輪轂，
或板、橫桿、底板或窗框，
在螺絲、螺栓、懸吊皮帶裡潛伏，
你必須找到，它不能暗藏。

奧利佛・溫德爾・霍姆斯，《單馬車》

靠理論來設計太容易出錯，這就是為什麼所有的飛機都必須經由實驗來測試強度。不過，靠實驗來設計的好處不只有這個。依照我們的假設，在測試結構的強度時，設計師會希望，當荷載剛好達到結構應該無法承受的數值時，結構在第一次測試的時候就馬上破壞。但即使是設計方式最科學化的結構，各個部位的強度也不太可能都一致，就像詩中的那輛單馬車：

車輪和車轅一樣強，
底板和窗框一樣強，
面板和底板一樣強——

如此不斷下去，一行又一行詩句列出一個又一個構件。

上了測試架後，結構會在最弱處破壞。因此，其他地方的強度會比這裡強。假如在第一次測試的時候，荷載剛好到達規格要求的百分之一百二十時，飛機結構就破壞，我們可以知道在破壞的部位之外，整個結構大半都比實際所需來得強，這多餘的強度其實都白費了。但是，我們無法知道結構哪些地方可以減輕，或是要怎麼減輕。一再拿大型結構來測試既花錢又耗時，但假如時間和金錢都夠用，最好要設法在荷載遠低於百分之一百二十時，就讓結構開始破壞。如此一來，這樣找出來的弱處就能補強，整個結構再測試一遍又一遍。

二戰期間的蚊式轟炸機是史上極成功的頂尖機型。這個機型最初破壞的時候，荷載只有設計荷重的百分之八十八，破壞的位置是後翼梁。飛機後來經過一次又一次的補強，最後可承受設計荷載的百分之一百一十八。這個機型的性能會那麼卓越，有一部分是因為結構非常輕，又十分強韌。

這樣大致上是達爾文式的手法，也就是大自然開發各種結構的方式。不過，和人類文明的工程師相比，大自然顯然沒那麼趕時間，也沒那麼在意生命的價值。另外，汽車製造業和其他量產的廉價商品往往也採用這種方法。這些物品製造出來的時候，通常刻意比實際所需來得脆弱許多，廠商再從顧客的怨言裡找出最明顯的問題在哪裡。

因此，在設計的過程推估強度，其實就像是一個遊戲，看誰能找到荷載系統裡最弱的環節。結構愈複雜，這個遊戲就愈困難，也愈不可靠。幸好，不論是家具、建築，或是飛機，設計過程通常不會變得荒唐無比，因為許多結構往往對勁度的要求比對強度嚴苛。這樣一來，假如結構的勁度足以應付所需，強度很可能也夠。結構裡發生撓曲，看的比較是整個結構的特性，而不是某個「最弱的環節」，因此跟推估強度比起來，勁度更容易預測，而且預測起來也更可靠。我們講「靠肉眼」來進行設計，其實說的是這件事。

它能維持多久？

雅克．埃曼教授在談論石造教堂的強度和穩定度時，定下一個原則：「結構若能矗立五分鐘，就能矗立五百年。」假如石造建築是蓋在岩盤上，這個原則大致沒問題。但是，許多教堂和其他建築的基礎坐落於軟土，假如土壤發生潛變（第七章；事實上，潛變經常發生），就會形成各種奇特的現象，像是比薩斜塔。像這樣的位移需要經歷很久的時間才會發生，而且往往有辦法預測，但矯正起來非常昂貴。不論古今，有一些建築就是因為出現這種情況，終究倒塌下來，或是不得不被拆除。

在大多數的結構裡，腐爛與鏽蝕是導致結構傾頹的重要動力。英國的工程師和建築師之所以排斥木材，有一部分是因為擔心木材腐壞。不過，住在美國、加拿大、北歐、瑞士等地那些可憐無知的外國人，每年加起來總共蓋大約一百五十萬棟木造房屋，而且木頭腐化的程度好像完全沒那麼嚴重，這樣似乎應該好好看看他們是怎麼做到的。在這些國家裡，木材的使用率愈來愈高。

各種木頭天然的抗腐能力不同，勞氏集團會針對船體使用的木材種類，分別訂定壽命數值。不過，我們有現代的知識和處理方式，有辦法讓幾乎所有的木材都壽命無窮。

大部分的金屬一旦開始使用後，就會鏽蝕。現代的軟鋼比維多利亞時期的鍛鐵或鑄鐵更容易生鏽，因此就某方面來說，金屬生鏽是現代才有的問題。由於勞力的成本高，鋼製結構的上漆與維護成本會很高。這是使用鋼筋混凝土的理由之一，因為鋼嵌在混凝土裡就不會生鏽。事實上，像油輪等現代大型船建造時預設的壽命大約是十五年。整體來說，直接報廢拆解的成本比上漆來得低。汽車的壽命比這個更短，原因和船一樣。沒錯，有些結構可以採用不鏽鋼，但不鏽鋼有時不一定能抗鏽，而且生產成本高，生產過程也不便。除此之外，不鏽鋼的「疲勞特性」通常很糟。

有時基於以上種種原因，我們會選擇使用鋁合金。但鋁合金的成本比較高，而且鋁的勁度不足，有些情況下不適用。另外，鋁難以銲接，這又是另一個障礙。有些共產國家認為鋁的未來無窮，因此大量投資建造煉鋁工廠。一九六一年時，英國鋁公司（British Aluminium）被英國地鐵投資公司（Tube Investments）併購，對倫敦的股市造成相當大的衝擊。那時的商人預期鋁的市場會大幅拓展，才會進行併購交易，但市場成長的幅度並沒有他們想的那麼大。無論如何，煉鋁所需的能源比製鋼來得多。

即使結構的材料不會損壞，有一些統計學上的效應可能會影響結構的壽命，這些影響有時候有辦法計算，有時不行。許多結構非得到極不尋常的狀況下才會破壞，但這種狀況很可能要很久才會出現。這種例子包括船遇上滔天巨浪，或是飛機遇上非常嚴重的向上陣風。有些結構需要同時碰上好幾種不尋常的事件才會破壞。以橋梁為例，這可能是非常巨大的大風，同時車流遠比平常多。像這樣的不尋常狀況需要預先設想才對，但往往要過了許多年才會碰到。正因如此，一個不安全的結構可能會矗立很久，只因它一直沒有真正受到考驗。

負責任的工程師當然會設想這樣的狀況，並且在設計結構時特別針對這些狀況，但在許多情形下，這一類的荷載高峰值屬於保險業所謂「天意」的範疇。*假如一艘船撞上一座大橋，導致船橋皆全毀，像是最近在澳洲塔斯馬尼亞島（Tasmania）發生的事，[1]我們很難論斷造船工程師或橋梁設計師是否有辦法預期這種事發生，並且在設計結構時考慮這點。這種事不應該由結構工程師來負責，而是當地領航員協會該煩惱的事。同理，我們不可能把飛機設計成撞山也不會出事。我們的確會把汽車設計成撞上磚牆時，裡面的乘客不會因此喪命，但我們也不會預期汽車撞牆後還能繼續開。

金屬疲勞、哈尼先生，和其他有的沒的

在導致結構強度變弱的原因裡，極危險的一種是「疲勞」，也就是荷載一再變化，累積下來的效應。大眾文學首次探討金屬疲勞可能會多麼嚴重，是吉卜林在一八九五年描述葛羅特考號（Grotkau）的尾軸因金屬疲勞出現裂縫，導致螺旋槳在比斯開灣掉落。**吉卜林的作品後來退了流行，但內維爾·舒特在一九四八年出版的《無航道》讓大家再次關注金屬疲勞。這本小說和後來改編的電影之所以大賣，有一部分一定和「哈尼先生」這個典型刻板印象的科學家角色有關，但更有可能的因素是不久之後

發生的三起彗星型飛機空難。如畫家詹姆斯・惠斯勒（James Whistler）許久前所言，大自然會不斷跟上藝術的腳步。彗星型飛機的意外和《無航道》裡想像的情形十分相似，但喪命的人數遠比小說裡的多，對英國飛航產業的衝擊也非常大。

事實上，工程師早在一百多年前就已經知道疲勞效應了。早在工業革命開始後不久，就有人發現機械元件受到的荷載和應力在靜止狀態下理應沒有問題，但在運作時卻會斷裂。火車出現這種問題格外危險。有時候，火車運作一段時間後，車軸會突然斷裂，而且似乎沒有具體原因。不久後，這種效應被人稱作「疲勞」。十九世紀中葉，德國鐵路官員奧古斯都・佛勒（August Wöhler，一八一九－一九一四）對這個現象進行探討，成為這方面的經典研究。從照片看來，佛勒完全像個德國鐵路官員該有的樣子，但他的研究非常有用。

如第五章所述，就算裂縫或刻痕尖端有相當高的局部應力，只要裂縫的長度小於「格里菲斯臨界長度」，它就不會擴展，因為這樣擴展所需的功比物質本身的「破裂功」來得大。但是，假如材料內的應力一直在改變，金屬晶體結構就會慢慢出現變化，而且在應力集中處附近特別容易發生。這些變化所造成的效果，是讓金屬的破裂功減低，因此即使裂縫的長度小於「臨界值」，也有辦法緩慢擴展。

如此一來，受應力金屬的任何孔洞、刻痕，或不規則處都有可能出現小到看不見的裂縫，然後在整

---

* 依作家艾倫・派崔克・赫伯特（Alan Patrick Herbert）的定義，「天意」指的是「講理的人不可能預期的事」。

1 這裡指的是一九七五年一月五日，塔斯馬尼亞州首府荷巴特（Hobart）塔斯曼橋（Tasman Bridge）被一艘載礦的貨船撞上，導致橋面倒塌，並且造成十二人喪生。

**〈糧食撒在水面上〉，收錄於《每日的工作》（*The Day's Work*）短篇小說集裡。

個材料裡擴展開來，但又不會讓材料出現明顯的變化。這樣的「疲勞裂縫」（fatigue crack）終究會擴展到一般裂縫的臨界長度，此時裂縫會瞬間加速貫穿整個材料裡，後果往往不堪設想。當結構破壞後，我們通常很容易從典型的條紋狀特徵，判別出破壞是疲勞裂縫造成的。但是在破裂之前，剛剛發生的疲勞裂縫幾乎無法察覺。

冶金學家和其他專家當然會多方測試各種材料的疲勞特性，現在也有各種測試儀器可以用來做這件事。我們在測量金屬的疲勞特性時，通常會看「反覆應力」（reversed stress，±s），也就是旋轉的懸臂梁像車軸會承受的應力。（我們可以再把反覆應力的數值轉換成其他應力變化的情形。）繪成圖表時，其中一軸是反覆應力（±s），另一軸通常是測試樣本需要承受應力的次數（n）之對數，這種圖有時稱作「s－n線圖」（*s-n* diagram）。

普通鋼的s－n線圖有如圖三，從中可以看到「曲線」其實是一條折線，經過大約一百萬次反覆後會變成水平線——這樣大約等於汽車或火車車軸運轉三千英里（四千八百公里），或者一般汽車引擎運轉十小時，因為引擎轉動的速度當然比車輪快很多。鐵、鋼等材料有這種確切的「疲勞極限」，對工程師而言是一大福音：假如他知道引擎或車輛只能運轉10^6或10^7周圈，這可能只需要幾個小時就會達到，這樣他可能就有辦法讓它一直能安全運作。但無論如何，工程師一定都要顧慮到金屬疲勞的危險性。

鋁合金沒有明確的疲勞極限，而是像圖四那樣，曲線漸漸變平。因此，鋁合金運用起來比較危險。許多人偏好在機械和其他結構裡用鋼，這乍看之下好像是落伍的偏見，但背後的原因就是這個。

一九五三和一九五四年的彗星型飛機事故，當然讓人非常震驚。阿諾德・郝爾爵士（Sir Arnold Hall）率領龐大的團隊調查這些意外，調查工作確實是經典壯舉。除了工程學的分析外，還需要進行深海打撈作業。有一架飛機墜落到地中海裡，需要從超過三百英尺（五十噚）深的海域裡打撈出來。打撈團隊最後差不多將整架飛機撈起，無數的機骸碎片布滿了法恩堡一間巨大機棚的地面，我記得沒有任何一個碎片比二、三英尺寬。

彗星型飛機是最早有加壓機艙的機型之一，其目的當然是在飛航高度改變時，讓乘客不會因為氣壓改變而不適，或發生危險。早期的飛機飛越洛磯山脈時，乘客得戴著氧氣面罩吃午餐。現在這可以列為

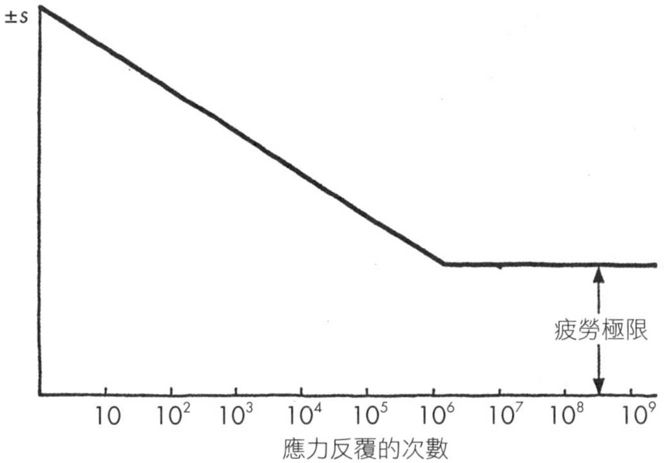

±s

疲勞極限

10 10^2 10^3 10^4 10^5 10^6 10^7 10^8 10^9

應力反覆的次數

圖三／鐵或鋼典型的疲勞曲線。

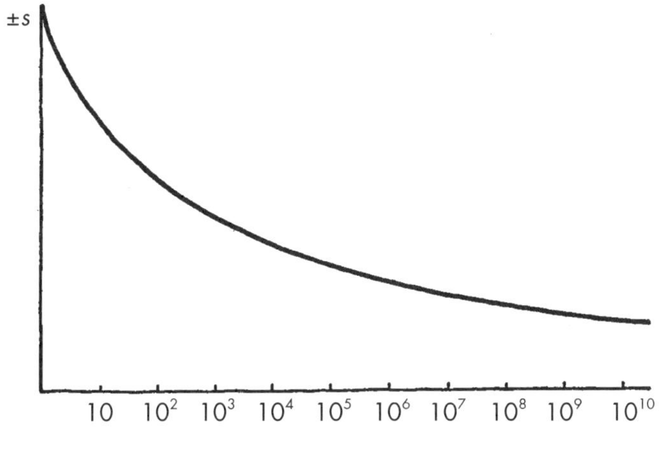

±s

10 10^2 10^3 10^4 10^5 10^6 10^7 10^8 10^9 10^{10}

圖四／黃銅、鋁等非鐵合金常常沒有明確的疲勞極限。

失傳的技能。機艙加壓時，基本上就像圓柱型壓力容器，有如一個薄壁的鍋爐，而且每次飛機起降就要加壓再減壓一次。

在彗星型飛機的設計過程中，致命的錯誤在於當時的人沒有確實發現，機身的金屬材料在那樣的條件下，會在應力集中處產生危險的「疲勞」情形。彗星型飛機以鋁合金製成，但德哈維蘭公司過去的機型大多是木造飛機，像是極為成功的蚊式轟炸機。在此必須澄清，我認為德哈維蘭公司的設計團隊非常出色，絕對不可能不熟悉金屬疲勞一事。但鋁合金疲勞有多麼危險，有可能還沒深深烙印在他們的集體意識裡。和金屬相比，木材發生這種危險的可能性小很多——這是木材的優勢之一。

在每次彗星型飛機空難裡，裂縫看起來都是從機身裡同一個小洞開始慢慢擴展，而且都沒人察覺。等到裂縫的長度到達「格里菲斯臨界值」，機身表面就整片撕開，機身像氣球一樣炸開。郝爾在法恩堡將一架彗星型機身放在大水槽裡，反覆加壓之後，產生出相同的現象，讓大家可以像看慢動作一樣觀察疲勞裂縫怎麼產生。

彗星型飛機之所以會發生意外，其中有一個問題是機身上一定有疲勞裂縫，但檢查人員從來沒有發現。這也許是因為他原本並未預期會有這種裂縫，但更有可能是因為裂縫還太短，沒辦法一眼就看出。現今的機身會設計成能安全容納大約兩英尺長的裂縫。照理來說，像這麼長的裂縫不可能在出事之前看不出來。但是，有這麼一個小故事：倫敦機場有兩位女清潔工，某天深夜清掃一架淨空的客機機艙，掃完之後就關上機艙門，走下階梯到停機坪上。

「瑪莉，你忘了關廁所燈了。」

「你怎麼知道？」

「從機身的裂縫裡看得到有燈亮著，不是嗎？」

木船的意外

在鐵路發明以前，幾乎所有的重物貨運都要靠水路。除了遠洋貿易、英國與歐陸的貿易，和自然河流與運河的內陸水上貿易外，還有規模更大的沿海貿易。幾千艘像航海文學作家W. W. 雅各布斯（W. W. Jacobs）筆下的雙桅帆船，紛紛載運各種貨物到沿海的溪流和港口，也運往各處平緩或險峻的海灘，在漲潮時擱淺在海灘上，等退潮時貨車再停到船旁，載運船上的煤、磚、石灰、家具等貨物。下次漲潮時，船就會再回到海上，航行到別處再來一次。

當然，這麼做需要冒相當大的風險，但在十八世紀時，大多數比較小的貨船在嚴冬時停航、整修，也不會有太多的損失——此時船員還可以和家人團聚，或是走訪各地的酒館。這種情境有些愜意，也不會太危險，但到了充滿競爭的十九世紀，這種作法就行不通了。由於有商業貿易的壓力，貨船必須在整個冬季出海貿易，原則上無法等候天氣轉好。事實上，有些小型貿易帆船出海的時間非常規律，連現代許多貨運火車都比不上。

但是，這樣當然會有代價。在一八三〇年代中期，英國沿海每年平均發生五百六十七次船難，導致每年平均八百九十四人喪生。若以每噸每英里的載貨量來看，這樣的意外數據和現代的卡車相比到底是好是壞，我並不清楚。無論如何，當時輿論十分不安，國會因此指派專責委員會來調查「沉船原因」。委員會聽取大量證詞之後做出報告，指出除了少數例外事由，英國大部分的沉船原因是下列三個：

一、建造有瑕疵。

二、設備不足。

三、維修不周全。

委員會認為：「勞氏集團在一七九八至一八三四年間採用的分類法，亦即船隻投保時需要遵守的建造與維修規範，導致建造瑕疵大幅增加。」

委員會還說，政府為了課稅測量噸位的方式，導致許多船身的形狀完全不適合出海。不論古今，官僚的心態好像都沒什麼改變。

不過說實話，不論是針對船或任何其他結構，訂定強度與安全規範都極其困難。從一八三〇年代以來，我們當然有些進展，但在此同時，從另一方面來說，又有不少科技進展受到阻礙——特別是各種建築規範所造成的。如波格斯利在《結構的安全性》所言，在制訂結構強度相關的規範時，一方面要能防止笨蛋做蠢事，另一方面又要避免阻撓或干擾創新，根本就是不可能的事。結構安全性想必一定要有規範，但有些規範不只是愚蠢無用，甚至還會直接造成意外。

回到木船——各種飛剪式帆船、雙桅帆船、頂桅式帆船、駁船等等，不論是外表或運作都十足讓人愉悅。但它們全消失了，以往打造它們的造船廠都改做遊艇。和比較大型的木船相比，木製遊艇的結構問題有些比較嚴重，但有些比較輕微。遊艇不會載著石塊或煤塊擱淺在礫石灘上，但它們的船殼比較薄，承受局部撞擊的能力比較差，因此這方面的問題更大。

用小型遊艇長途航行已經蔚為風潮，船體抗撞擊的能力就變得十分重要。在深海航行的遊艇一再被虎鯨擊沉。虎鯨的體重約有六噸，在水中的速度大約有三十節，而且好像特別痛恨小型遊艇，會在遊艇船體的水線之下撞出洞來。這種事情發生的頻率高到不能再說是「天意」（或者說，是古希臘海神波賽頓〔Poseidon〕的旨意），而是一個必須設法預防的嚴重災害。

小型遊艇的船壁不太可能為了預防這樣的攻擊，變得又厚又強韌。比較好的作法應該是裝設充氣式的浮力裝置，讓遊艇船體破洞後還能漂浮，最好也還能駕駛。到目前為止，在這種攻擊之下倖存的人都要靠救生艇，這樣可能需要漂泊好幾天或好幾周，才會被輪船救起，這段時間當然非常不好受。

更多關於鍋爐和壓力容器二三事──裡面還有滾燙熱油

在鐵路系統完成以前，客運和快速貨運長久以來靠的是蒸汽船。十九世紀前半時，往來歐陸港口的貨船遠比現在多，而且也有許多在英國境內的城市穿梭。若要從倫敦前往新堡（Newcastle）、愛丁堡或亞伯丁（Aberdeen）等地，蒸汽船的票價遠比其他方式低廉，而且往往也最快、最舒適。

蒸汽船出的意外比帆船少，但這只是因為蒸汽船的數量遠比帆船少。無論如何，在一八一七至一八三九年間，英國水域總共有九十二起嚴重的蒸汽船意外，其中有二十三起是鍋爐爆炸。這跟幾年後美國大河蒸汽船的慘狀相比不算嚴重，但也夠糟了。

早年的鍋爐有些採用不適合的材料，像是鑄鐵。在各個意外事件中，至少有一起是船上鑄鐵鍋爐爆炸，如諾里奇號（S. S. *Norwich*），導致多人喪生。即使後來的人改用比較適合的鍛鐵製造鍋爐，往往也會因為疏於維護，最後導致鍋爐生鏽、爆炸。一八三八年時，福法夏號（*Forfarshire*）在法恩群島（Farne Islands）外發生船難，就是因為鍋爐這樣爆炸。幸好燈塔看守員的女兒葛蕾絲・達林（Grace Darling）駛船能力出色，在大浪中救起五名乘客。*

國會再一次組成專責委員會，在一八三九年提出了極其全面詳盡，幾乎讓人難以置信的報告。蒸汽機快速竄起時，就算薪資再怎麼高，引擎機房幾乎找不到清醒、不酗酒的工人，有能力、有擔當、有頭腦的人手更是不可能找到。這些工人對待引擎和鍋爐的方式非常無知又無心，狀況可怕到讓人幾乎無法相信。舉例來說：

有一艘從愛爾蘭到蘇格蘭的輪船，在夜間寧靜的海面上航行，船長發覺航行的速度遠比正常快。工程師不在崗位上。船長問機房的火伕，引擎運轉的速度為什麼那麼快。據火伕的說法，「他不知道，因為他一直責命補燃料，卻一直沒什麼蒸汽冒出來。」船長於是四處檢查，靠近煙囪的時候（安全閥位於此處，沒有東西遮蔽），看到有一位乘客睡倒在那裡，整個人壓在安全閥扁平、乳酪狀的重錘上。這位乘客用行李在那裡堆了一個臥鋪來取暖。船長把乘客叫醒、趕走後，蒸汽就轟隆一聲竄出，表示引擎內部的壓力過高。

機房的火伕習慣讓蒸汽維持在接近爆炸的壓力，但引擎沒有**水銀壓力計**讓火伕知道內部的壓力有多大。由於他沒聽到蒸汽洩出，他以為汽壓太低，因此奮力把火加大。但他的知識不足，否則光從引擎轉速加快，就應該要知道情況不太尋常。

從多位證人的證詞，我們得知機房工人、火伕，甚至機房工頭，經常被人發現**坐**在安全閥上，或甚至**站**在安全閥上。或者在控制桿上懸掛重物，或把身體倚靠在控制桿上，以便在啟動的瞬間升高汽壓。

調查報告還指出，常見的習慣是將燃料庫裡多出來的煤放在安全閥上。海克力士號蒸汽船（*Hercules*）就是因此爆炸的。整體來說，在委員會調查的區間裡，英國蒸汽船鍋爐爆炸意外全部加起來只有七十七人喪生，這已經要相當慶幸了。

鐵路的安全紀錄和蒸汽船差不多，意外的原因也大致相仿。大約七、八十年間，曾經接連發生非常嚴重的意外，最後一件大概是一九〇九年的事故：一輛火車頭的鍋爐爆炸，但壓力計顯示壓力為零。調查結果發現，有位工人把安全閥接反了，所以安全閥根本無法洩汽。壓力計的數值看起來是零，只是因為指針整整繞了一圈貼著阻銷的另一邊。這起事故總共造成三人喪生，另有三人重傷。

到了現代，鍋爐爆炸的事故已經大幅減少。這有一部分是因為法律嚴格和保險公司規範蒸汽鍋爐的製造和維修過程，但更有可能是因為現役中的蒸汽機數量不多，而且幾乎都位於發電廠或其他大型設施內，這些地方的員工想必專業技能足夠。

但是，「鍋爐」到了什麼地步就不再是鍋爐了？這是個耐人尋味的法律問題。各種工業製程裡充斥著各種壓力容器，其中有不少的結構比傳統鍋爐更複雜，而且可能更不容易察覺到危險之處。一般來說，和普通的鍋爐相比，這種壓力容器的製造過程與使用方式沒有受到那麼嚴格的規範。但許多壓力容器是透過加壓的製程蒸汽或熱油來加熱的，因此一旦出現破裂，下場可能會一樣可怕。這裡需要再次留意，當軟鐵結構暴露在蒸汽中，熔接金屬的疲勞極限可能只有正負兩千 **psi**。

* 她在二十七歲時因肺結核而死。她其實非常睿智，又熟諳水性，才有辦法做出那樣的壯舉，這是一般流傳的民間故事和圖畫看不到的。

在我調查的一次事件裡，有兩個銅版紙製造過程中使用的旋轉筒，原本以低壓的熱油加熱，後來改成以製程蒸汽加熱。保險公司的檢查人員為了確保安全，要求旋轉筒的內部必須「補強」，用軟鐵板製作三角形的板銲到筒身上。

改用蒸汽加熱沒多久以後，兩個旋轉筒都爆破了。我根據草圖來計算，兩個旋轉筒內總共有四十八個地方可能會發生結構破壞；但我太悲觀了，因為實際破壞的地方只有四十七個。幸好上帝保祐，沒有人死亡或受到重傷。不過，保險公司的檢查員想必是個勤奮工作沒有惡意的人，但這起意外卻是因為他才發生的。

另一起意外就是悲劇了。一間化工承包商替某個客戶蓋工廠時，從別的地方弄來一個混合槽，安裝在工廠裡。這個混合槽是設計以受壓的油來加熱的，所以受壓的加熱設備先用冷水進行安全試驗，確認可以承受六十五psi的壓力而沒有明顯損壞。但是，等到工廠開始運作，加熱設備灌入滾燙的熱油後，壓力只到了二十三psi，加熱設備用了幾個小時就破了，高達280℃的熱油濺到一個人的身上，幾天後就傷重不治。

據官方調查報告，這起意外一定是因為化工承包商，也就是我的客戶有嚴重的管理疏失，這間承包商也因此被迫在高等法院裡進行訴訟，既麻煩又花錢。

事實上，官方調查人員誤判了意外後的殘骸，因此調查報告的錯誤不小。混合槽會破裂，不是因為我的客戶有疏失，而是因為設計與製造過程有問題。從技術層面來看，意外發生的原因其實相當複雜，需要花點頭腦才能理解，但不論是我的客戶，或當初製造這個混合槽的公司，都認為設計這種容器不是什麼難事。事實上，那個容器根本沒有真正給人「設計」，而是在一間地下工廠裡「靠肉眼」拼裝銲接起來的。

加熱設備銲接完成後，關鍵的銲接處其實在安全試驗的時候就嚴重變形了，但當時沒有人發現。事實上，這些銲接處已經快要破壞，使得加熱設備內的壓力大幅降低，進而導致應力反向了幾次後就因疲勞而破壞，後果不堪設想。照理來說，工程師只要有接受過合格的訓練，就應該要看得出這個危險性才對。從法律來看——論公平性可能也是如此——大半的責任要落在製造混合槽的人身上。但我始終覺得，合格的化工**工程師**應該要看得出這個危險才對。我有次造訪這間公司時，公司的常務經理帶我出去吃午餐。在閒聊的時候，我問了他：「你們公司內有多少個工程學系畢業生……？」

「感謝老天，半個都沒有！」

論在東西裡打洞

一般來說，在現成的結構裡打洞不太明智，但有些人好像抗拒不了打洞的誘惑。一個例子是麥爾斯M.9大師飛機（Miles M.9 Master），這是一款替英國皇家空軍生產的高級教練機，引進的時間正好在第二次世界大戰前不久，其性能和操控特性與颶風戰鬥機（Hawker Hurricane）和噴火戰鬥機（Supermarine Spitfire）有些相似。一九四〇年英倫空戰期間，有些大師教練機的機翼裝載六架機關槍，轉作戰鬥機使用。教練機原本的操控介面由金屬絲牽動，使用起來雖然完全沒問題，但和真正的戰鬥機相比反應比較「軟」一些，因此改裝成戰鬥機時，有人就把連結介面從金屬絲改成桿子。機身隔框後方得切出縫隙，讓操控方向舵和升降舵的桿子通過。

過了沒多久，我們就碰到三起死亡意外，都是機尾在空中脫落。我們把機身放在測試架上，發現機身的強度只剩最大設計荷載的百分之四十五。我想，這個案例告訴我們一件事：沒事就不要亂動。

同類型的意外還有另一個更為知名，死亡人數也更多。伯肯黑德號（HMS Birkenhead）在一八四六年建造時，原本是一艘船體強度夠、防水艙壁貫穿全船的戰艦，但改裝成運兵船後，陸軍部要求在貫穿全船的防水艙壁裡打出非常大的開口，*讓士兵有更充足的光線和新鮮空氣，也讓空間感覺起來比較大。

一八五二年時，伯肯黑德號經由好望角前往印度，船上載有六百四十八人，包括二十位婦女和兒童。由於領航員出了錯，船在南非海岸外大約四英里處撞上一顆孤岩，船首破了大洞，但由於防水艙壁被切開了，船首各層甲板很快就進水，許多士兵躺在吊床上（此時是凌晨兩點）還來不及起來就被淹死了。

在大量進水之下，船首因為過重而斷裂，幾乎馬上就沉入水底。船尾沉得比較慢，所有倖存的人都擠在這裡。此時天色黑暗，海裡到處是鯊魚，救生艇的數量也不足，但士兵們展現極佳的勇氣和紀律，將婦女和兒童送上少數僅有的救生艇，自己擠在船尾。船上所有的婦孺都生還，但倖存的士兵只有一百七十三人，其他的不是淹死，就是被鯊魚吃掉。

在艙壁裡打洞，最明顯的後果當然是船會迅速進水。在這起船難中喪生的人數會那麼多，這無疑是主要原因。但是，假如船沒有斷成兩截，喪生的人也許不會那麼多。就這一點而言，在艙壁打洞也會削弱船體的強度，所以船之所以會斷成兩截，這至少也是一部分的原因。

伯肯黑德號沉沒的故事傳開來後，馬上就成為英勇與紀律的典範。消息傳到柏林後，普魯士國王還將他的軍隊全部集結起來，向所有的士兵宣讀這件事。但他也許更應該命令他的陸軍部不要亂動船體的結構，因為軍人不一定有這個認知。

據著名造船工程師卡尼斯·C·巴納比（Kenneth C. Barnaby）所言，多年以來，軍方一直將運兵船的安全性視為次要，讓空間開放比較重要。他說，即使晚至一八八二年，船商還會抱怨，他們依照海軍部的要求加裝艙壁，但負責運兵的單位卻說這樣的船不合格，因為艙壁之間的空間太小。**

論重量過重

幾乎所有的結構都有同一個結局：最後的重量都會超過設計師原本的規畫。這有一部分是因為他們在估算重量的時候往往太樂觀，但也有一部分是因為大家都會「為了保險起見」，把每一個構件都做得比實際所需更厚重。在許多人的眼裡，這樣是好事，代表誠實不欺。在口語中，說一個東西「打造得厚實」是讚美，但「打造得輕盈」幾乎等於「脆弱」或「品質差」。

有時候輕重的差異沒什麼，但有時卻又至關緊要。以飛機來說，早從草圖階段開始，趨勢是把飛機做得愈來愈重。飛機的重量增加後，燃料容量或載重量當然會受限，但除了淨重增加之外，飛機的重心還會不自覺地往後跑。換句話說，機尾重量增加的速度往往和其他部位不成比例。這樣可能帶來相當嚴重的後果：假如重心後移太多，飛機的飛行特性就會變得十分危險，有可能進入無法回復的死亡螺旋。正因如此，有許多飛機包括一些非常著名的機種的機頭永遠有笨重的鉛錘栓在裡面，只為了將飛機的重心維持在還算安全的位置上，而且這樣的飛機出乎意料地多。我們不需多言，這種作法當然不太好。

* 當然，只有引擎機房的艙壁沒有打穿。

** K. C. Barnaby, *Some Ship Disasters and their Causes* (Huchinson, 1968).

船如果過重，後果和飛機一樣糟糕，甚至可能更糟。所有的船體通常一定會過重，而且重心也會漸漸偏移，但不是往後偏，而是往上偏——而且是無可避免地往上偏。一艘船要能穩定，換句話說，浮在水面上的時候是正面朝上，不是倒過來或躺到一側，看的是船的定傾高（metacentric height），它是一個微妙但關鍵的定傾中心（metacenter），與重心之間的垂直距離。即使是大船，定傾高通常不會太大，事實上多半在一、二英尺左右，可能還比這個更小；這個距離不能太大，背後自然有一些好理由。總之，重心只往上幾英寸，定傾高就會顯著減少，這將嚴重影響船的安危。有不少船首次下水就沉沒，原因就是這個，而且船廠的領班或者其他把船弄得頭重底輕的人，想必完全不覺得自己有錯。

我們在第十一章提過上校號的事。這起事故在當時引起非常大的爭議和政治風暴。我想，很少有意外事故會對歷史帶來那麼大的影響。上校號是蒸汽戰艦演進的一個轉捩點，現今「世界強權」這個概念也可能由此而來。不懂造船技術的歷史學家常常會批評英國海軍部，認為海軍部從帆船改為蒸汽船的動作太慢。同樣的歷史學家往往也最愛批評「帝國主義擴張」等等。

我們必須記得一件事：一直到相對近代為止，蒸汽戰艦的引擎不可靠、耗煤量高、航程短，因此一旦駛出近海，就必須仰賴海軍基地、加煤站和「殖民地」。蒸汽海軍艦隊在發展世界強權的方式，和十八世紀帆船艦隊所需的策略和後勤補給截然不同。英國海軍部之所以堅持，而且堅持到現在活著的人可能還有記憶，在蒸汽引擎之外，必須保有完全靠帆航行的能力，基本上就是基於這個原因。

讓船同時有帆和蒸汽引擎，技術上的難處不是因為引擎或帆本身的特性，而是因為十九世紀槍砲和裝甲的發展。砲塔非常沉重，而且射角需要非常寬。因應而生的裝甲又比砲塔更重。大砲需要有一定的射界，船身又必須穩定，而且還要能完全靠帆航行，在當時成為造船工程一大難題，一八六〇年代的海軍部當然會想要謹慎行事。假如他們真能如願謹慎行事，一切可能就沒問題，歷史很可能也會完全不一樣。

但這一切都被一位卡波・寇爾斯（Cowper Coles）上校打亂了。寇爾斯是那種非常擅長吸引眾人目光又讓人議論紛紛的人。他發明了一種新型的砲塔後，就想辦法說服海軍部用這個砲塔打造一艘戰艦，而且這艘戰艦備有整套的帆，因此航程完全沒有限制。寇爾斯不僅拉攏海軍部，還把國會上下議院、王室、《泰晤士報》的總編輯，基本上整個英國權貴階級都拉了進來，變成一個占盡媒體版面的超級盛事。

由於全國大概一半的報紙和超過一半的政客都指責海軍部「反對革新」，海軍部最後受不了，只好同意了一件空前又百分之百絕後的事：他們讓一位完全沒有造船經歷的海軍軍官，為他自己設計一艘專屬的戰艦，而且還花費公帑建造出來。

這艘戰艦由伯肯黑德（Birkenhead）的雷德氏（Laird's）造船公司製造，其設計完全沒有經過正規的檢查，而且建造過程飽受爭議。寇爾斯在這段時間大半都在生病，無法離開懷特島上的住處去關切建造工程。正因為一切都亂七八糟，船的重量最後超出原本預計百分之十五。假如戰艦沒有過重，也許它還有辦法成功，也能相對安全。

最後完成時，上校號吃水太深，重心又太高。根據後來的計算，這艘船只要橫傾超過二十一度就會翻覆。雖然如此，上校號在一八六九年熱熱鬧鬧地成軍，接著進行了兩次遠海航行，除了獲得《泰晤士報》的讚許外，第一海軍大臣也十分滿意，甚至還把自己在海軍官校的兒子調到這艘戰艦上。這下看來，英國就算財政負擔沉重，海外基地也不怎麼樣，還能繼續發展世界強權。

上校號在一八七〇年進行第三次航行時，和英倫海峽艦隊一同從直布羅陀返國，在比斯開灣碰上一陣不太強的暴風，竟然就翻覆沉沒了，總共有四百七十二人喪生——這個人數比特拉法爾加海戰中陣亡的英軍還多。寇爾斯上校和第一海軍大臣的兒子也葬身海底，總共只有十七位士兵和一位軍官獲救。

英國海軍後來會加速汰換帆船，或者說完全放棄在大型戰艦上設置全套帆具，上校號的沉沒當然不是唯一的原因，但確實是非常大的動力。不論這次船難對科技的影響如何，對政治的影響非常深遠。蘇伊士運河在上校號成軍之前不久才剛剛啟用，但實質上原本由法國控管。當時的首相班傑明・迪斯雷利（Benjamin Disraeli）替英國政府買下了蘇伊士運河的股分後，英國政界就視全世界的加煤站供應鏈為必須。上校號的悲劇是一個複雜的故事，但技術上的直接原因，絕對是當時的人堅持船桅和船身的強度一定要足夠才行——不管重量有多少。像這樣的諸多意外事故，當中雖然沒有任何東西斷裂，但成因一樣與「結構」有關。

氣動彈性力學（aeroelasticity）——在風中搖曳的蘆葦

空氣、水等流體流過障礙物時，可能是一棵樹，或一條繩子，後方會產生渦流。蘆葦如果長在流速緩慢的河裡，仔細觀察會發現渦流往往會先在一邊形成，再換到另一邊。這樣的結果是流體壓力有規律的變化，從障礙物的一邊換到另一邊，一直交替下去。這樣連續交替的渦流「街道」稱作「卡門渦列」或「卡門渦流道」（Kármán vortex street），以第一位描述這個現象的氣動力學家西奧多・馮・卡門（Theodore von Kármán；匈牙利文 Kármán Tódor）為名。這個現象很容易在平靜的水面上看到，但空氣裡的渦流要有煙霧、枯葉，或其他東西被吹動才能看得見。事實上，只要風吹過一面旗子、一棵樹，或一條電線，卡門渦流道同樣會出現。由於渦流會先在一邊作用，再換到另一邊，我們會因此看到旗子飄蕩、樹隨風搖擺、電線在風中哼哼作響。也正因如此，帆面一旦放鬆就會搖擺拍打，很有可能會裂成兩半，或者打傷人。我曾經看過有人被鬆動的拉索滑動打昏。這些東西擺動起來時，能量十分巨大。大船在風中變換方向時，聲音大到有如槍響，實在非常驚人。

假如渦流造成的氣動刺激頻率剛好和障礙物的某一個自然振動周期相符，擺動的振幅可能就會加大，一直到有東西斷裂為止。樹之所以會被風吹倒，通常不是因為一直有強力的風壓，而是因為這個現象所致。飛機和吊橋也很容易發生這種狀況，只是情形比較複雜。若要避免這種狀況發生，我們可以適度增加結構的勁度，特別是抗扭矩的勁度。如前文所述，現代飛機的設計，以及飛機結構的重量，主要看的是抗扭勁度相關的需求。

泰爾福德的梅奈吊橋蓋好不久後，就因為在風中擺盪而嚴重受損。即使如此，橋梁設計師過了將近一百年後，才真正理解這種情況有多危險。經典的案例發生在一九四〇年，美國的塔科馬海峽吊橋（Tacoma Narrows Bridge）跨距兩千八百英尺（八百四十公尺），但抗扭勁度不足，因此即使在徐徐微風中都會大幅搖擺，當地人馬上就稱它為「飛奔的葛麗」（Galloping Gertie）。吊橋落成後沒多久，就擺盪到蜷曲、倒塌，但這時的風速只不過時速四十二英里（六十七公里）而已。幸好，吊橋倒塌的時候，剛好有人手上有一台攝影機，而且裡面剛好有膠卷，攝影機也剛好有運作。那位仁兄花錢買膠卷鐵定非常值得，因為全世界差不多所有的工程學院都放過這段影片（照片二十）。

正因如此，我們現今在蓋吊橋時，勁度特別是抗扭的勁度必須足夠，而橋本身的重量有一大部分是為了符合勁度相關的需求，這一點和飛機一樣。以塞文橋（Severn Bridge）為例（照片十二），橋面板是以軟鋼板製成扁平、六邊形截面的巨大鋼管，在興建時分段送到河面上，到定位後再架高、銲接，形成一個連續的結構。

工程設計為應用神學

我們在分析意外時，幾乎都一定要區分兩種層次的成因。第一個層次是直接的技術或機械原因；第二個是背後的人為原因。設計確實不是一種百分之百精準的行業，意外確實會發生，而且確實會有人犯錯等等。但意外的「真正」原因，往往是可以避免的人為疏失。

現今的潮流認為，拿這種疏失來責怪人不太公平，畢竟他們都「盡力」了，或是他們被自己的成長環境或社會體制害了。但是，疏失會漸漸形成另一種現象，只是現在不流行把這種現象稱作「罪孽」。不論是好是壞，我的職業是研究材料和結構，因此在整個職業生涯期間調查了許多意外，其中有不少造成人員死亡。我只能得到這個結論：很少有意外只是剛好「發生」，不牽聯到任何道德責任。十場意外有九場的成因不是難以理解的技術原因，而是老掉牙的人性罪惡——有些幾乎可說是刻意居心不良。

這裡指的當然不是蓄意殺人、高額詐騙、性交這種腥膻色的罪孽。真正會殺人的罪惡，是心不在焉、怠惰、「我不想學也不想問」、「別告訴我我的工作應該怎麼做」、高傲自負、嫉妒、貪婪等等。英國有些工程公司確實有非常出色的設計團隊，但有太多根本能力不足，而且無能到根本是犯罪的地步。許多像這樣的人是從低階勞工一路升上來的，拉不下面子也見不得別人好，因此只要有人建議他們尋求專業協助，或者聘用有專長的人才，他們就會全力抗拒。

從我的經驗來看，每周發生的意外次數遠比報紙上報導的多。這些意外的成因通常是欠缺該有的維護，和專業能力不足。我不覺得解決之道是訂定更多規範，而是增進公眾意識，促成輿論認定這種「疏失」應負道德責任。有人在木造飛機的翼梁上鑽錯一個洞，自己把洞補起來後就沒跟別人說，最後被無罪釋放了——陪審團八成覺得這不該以道德論斷。

我們需要讓更多人知道像這樣的事，但誹謗罪是一大阻礙。在大多數的情況下，一旦將意外真正的成因公開，有人就會非常面紅耳赤，他的公司或專業信譽會受害。絕大多數執業工程師都知道這一點，因此不能張揚，否則自己會受到重創。我認為，我們應該要找到解決方法，因為將意外和疏失公開符合社會公眾的利益。

絕大多數的結構意外都發生在檯面下，見不得人。當然，也有一些意外非常引人注目，而且會完全占據媒體版面一段時間。這一類的意外包括一八七九年的泰鐵路橋（Tay Bridge）破壞，一八七〇年上校號翻覆，和一九三〇年**R101**飛船空難。這些災難的成因往往都是嚴重的人性和政治因素，基本上就是為了面子和野心。上校號翻覆就是如此。最需要負道德責任的人付出非常高的代價，一位是賠上自己的性命，另一位是賠上兒子的性命。不幸的是，他們還賠上許多人的性命。

R101飛船於一九三〇年墜落法國博韋（**Beauvais**）近郊後燒毀，整體情況大致相同。內維爾・舒特在自傳《計算尺》（*Slide Rule*）裡對這起空難有精采的描述。在技術方面，直接釀成意外的原因是飛船外皮布料撕裂。布料使用的摻雜劑顯然有問題，導致布料變得易碎。但是，意外真正的原因是面子、嫉妒和政治野心。空難的責任追究到底，要落在工黨政府的空軍大臣湯普森男爵（**Christopher Thomson, 1st Baron Thomson**）身上。他在空難中被火燒死，喪生的還有他的侍從和將近五十名工人。

舒特描述空難之前的種種環節，和我自己在類似情形下的經驗非常相似。在這整個故事裡，我們一眼就會看到各個主角的魯莽草率，最後的下場絕非偶然。在自尊、嫉妒、野心，和政治角力的壓力之下，舒特的敘事卻專注在日常小細節上。官員的各種大話和工程團隊領導者想做的事情，到了最後都不可能實現，整個事情最後停不下來，在眾目睽睽下變成災難。神明的旨意於此實現。人不會因為只顧技術層面的事情，就對自古以來或宗教警告的人性弱點免疫。有些災難有如古希臘悲劇，既戲劇化又讓人覺得無可避免。有些教科書應該要找艾斯奇勒斯（Aeschylus）、索福克里斯等悲劇作家來寫才對——這些作家不是人文主義者。

第16章 效率和美學

（或稱：我們被迫居住的世界）

「總統先生，您的內閣裡怎麼沒有史密斯先生？」
「我不喜歡他的長相。」
「可是他的長相又不是他能控制的！」
「任何年過四十的人都能顧到自己的長相。」

林肯總統的對話（據說）

多年以前，我在炸藥實驗室裡工作。主管單位當然嚴禁未經許可的人進入實驗室，因為這些人就算不是來偷炸藥再變賣賺大錢，也有可能把整個地方炸毀。因此，整個園區處處有鐵絲網、警鈴、警衛、警犬，幾乎所有的保全機關和設備都用上了。

許多實務上會用的炸藥以硝酸甘油（nitroglycerine）為基底，而硝酸甘油本身就是一種極危險的液體，不論是儲藏或使用都要非常小心。只要稍有干擾，像是搖一下瓶子，就有可能導致它爆炸，後果十分恐怖。硝化甘油炸藥（dynamite）等一般常用的安全炸藥內含大量的硝酸甘油，但添加其他物質後才能安全使用，這些配方全有賴佛雷德里克．阿貝爾（Frederick Abel）、阿佛烈德．諾貝爾（Alfred Nobel）等大膽的科學家研發而成。需要直接拿硝酸甘油做實驗的研究人員必須採取超乎想像的保護措施，而且由於實驗太危險，他們經常還會精神崩潰。使用硝酸甘油的實驗室會和其他建築隔開，中間還會有土堆和大片空地，而且實驗室的工作人員往往得穿上特定的裝備，包括一種能讓人輕踩地板，不會產生電荷、因此當然不會有放電火花的特製實驗靴。

有一天晚上，附近的小孩子不知怎麼，竟然有辦法從安全護欄下鑽進來，還躲過了警察和警犬。他們看看四處沒人，就闖進了一間硝酸甘油實驗室，但裡面的東西對他們來說太無趣了，所以就把一堆裝硝酸甘油的瓶瓶罐罐打翻到地上，偷走幾雙實驗靴，然後循著原路溜走，至今都沒人知道他們是誰。

以上是真實故事，但我覺得這也應該當作警世寓言才對，因為眾多工程師、計畫擬定人員、官員、心意良善的人、各種思想前衛的人，也許全像是在硝酸甘油實驗室裡嬉鬧的小孩子，心裡完全不知道他們可能會引爆大災難。注重「效率」、讓東西可以運作當然是好事，而且我們當然也需要滿足各種物質需求——但我們的物質需求其實比我們想像的還要有彈性。但是，人還會有主觀需求，這些主觀需求更重要，而且假如受到批判或被人忽略，可能會引爆社交炸彈。

我聽工程學的同事講話時，有時不免暗自顫抖。這不只是因為他們覺得自己做的東西是否有美感不重要，更是因為他們根本對美感不屑一顧。但我認為，當我們在物質上愈來愈富足後，假如我們在美感上不能滿足，長久下來才會釀成真正的大災難。

我還在學校讀工程學的時候，有時候會覺得喘不過氣來，蹺課溜到附近的美術館裡。我蹺掉了不少堂數學課，只為了去格拉斯哥美術館看畫。美術館裡的畫作當然有幫助，但這種東西只是微不足道的必需品，在絕望之時只能在此避難，逃離的不只是課堂上的枯燥分析，還有格拉斯哥這城市俯拾皆是的醜陋。

當然，沒頭腦又沒品味的行政官員不會覺得把「藝術」關在博物館、美術館、劇院等小盒子裡有什麼錯。一九八四年起的新政策除了讓畫廊裡有更多畫作外，也增加音樂與芭蕾的表演，從中可以看到這樣的思維在運作。但是，這種「高級藝術」在一般人的生命裡只能偶一為之。這樣的藝術也許可以當作避風港，但無法取代一個本身就能讓人心滿意足，又永久存在的大環境。大多數的人到了鄉下會覺得身心平復一些，但我們每天必須面對城市、工廠、加油站、機場等等乏味無趣的日常，多半也早就認命了。被迫住在污水裡的魚也許遲早有辦法習慣一些，但人類如果被迫接受這種條件，應該要起身反抗才對。

我們會「譴責自己不接受之事／來加重自身傾向之罪」。[1] 另外，如威廉．麥克涅爾．狄克森（William Macneile Dixon）教授所言，

> 比較一下歐洲歷史中獨樹一格的中世紀，和文藝復興以後的數百年。這兩個時期的世界觀有多大的差異，信仰體系有多麼相反！但這兩個時期各自的信念，在當時的人都分別認為是絕對必然、不可挑戰的。每一個時代都會認為，以有教化的人類而言，只有這個時代的觀點才是

1 出自十七世紀英國詩人山繆．巴特勒（Samuel Butler）的諷刺長詩《胡狄布拉斯》（*Hudibras*）。

唯一的真理。*

因此，每個時代對於至關重要事物，都有著高度的堅持。今日唯物主義掛帥，我們對於老祖宗們願意承受物質匱乏導致的痛苦，不免十分震驚。但是，相信這些老祖先們如果知道今日每天有幾百萬人要忍受倫敦、紐約等無情的大都市，或者必須付高薪才能讓在煉獄般工廠工作的人，忍受各種不必要的噪音和醜惡，他們很可能也會一樣震驚。即便是現代醫院那種冰冷、臨床情境，也讓他們對死亡更恐懼。因此，許多人會想到大自然裡尋求慰藉，有辦法的時候就會逃到鄉下，因為我們覺得鄉下比城市、道路和工廠更宜人。有不少人深信大自然的本質就是美好的，而且也許天生就是「善良」的。這種觀點到了極點就會變成像泛神論，像喬治．梅瑞狄斯的長詩《魏斯德明的森林》（*The Woods of Westermain*）所描繪的情境。但我認為，只要我們能拿掉浪漫色彩的眼光，真正從各方面來思考，我們一定會看到大自然不僅在道德上是中立的，在美學上也是中立的。山、湖、夕陽也許是美的，但海洋往往凶狠又醜惡。另外，就我個人的經驗來說，原始森林常常處處驚悚。歐洲的地表其實大半根本不「自然」：能生長在地表的植物與樹木，往往都經過細心挑選與控管，許多物種更是被人工培育成現今的樣貌，和被人類馴化的動物十分相似。植物生長的模式，以及田野、林地、樹叢、村莊在地表上的景象，更別說排水系統和土地改良，全是人類選擇、操作出來的。

在十八世紀之前，地表大半還比較原始，此時受教育的人十分憎惡「大自然」。對他們來說，「大自然」不僅代表身心不適，還代表赤裸、瘋狂的野性，只有城市才是宜人、適合居住的，鄉下是醜陋又無法居住的地方。我們現在欣賞英國鄉間美景時，其實欣賞的是一種被人刻意創造出來的景象，創造者是英國十八世紀受過文明薰陶的大地主。

在美學的世界裡，鄉下的地位升高了，但城市下降了。我們現在抱怨英國的城市和工廠有多麼醜陋，而打造這幅醜陋畫面的人，是那些粗鄙、欠缺教養的改革人士、工程師、建築師、商人、城鎮議會裡穿灰色西裝的小政客，和國會裡穿灰色西裝的大政客。若要談論這些人犯了什麼樣的罪惡，我們光說「他們不知道自己所做的事」是不夠的。柏拉圖早已熟知，吾人所為即吾人天性。我們至少可以說，鄉下會比城市宜人，不是因為鄉下比較「自然」，而是這兩種地方是由兩種截然不同的人創造出來的。但是我們必須先認清一件事：醜陋就是醜陋，不能再覺得本來就該是如此。

吾人所為即吾人天性。這個世界對「理性」有一種非理性的崇拜，也因此我們容易忘記一件事：人類的頭腦有如一座冰山，理性、有意識的部分其實很小，而且需要有更大的潛意識來支撐。

到了這個地步，我深知這已經是屬於藝術家、哲學家和心理學家的領域，甚至連藝術評論專家都不敢踏入，我更是沒有資格。我只能說：人性之必須，無從以律法約束之。現代的人造世界醜陋不堪。我身為一位不得志的造船工程師，出於絕望，不得不鋌而走險。我認為，就算工程師或科技專家的美學觀有所不足，我們必須讓他們提出自己的觀點，來闡述科技、工程和結構的美學。以下我只得將自己託附給雅典娜與阿波羅——願祂們賜福，召喚出比我更有能力的人，把這件事情做得更好。

我們現在看看人類美學接收的過程，也就是為什麼我們會對一個沒有生命的物體有特定的反應。潛意識大腦裡儲存了大量潛在的反應，和「被遺忘」的記憶。這些有一部分是從遠古遺傳下來的，也就是

* W. M. Dixon, *The Human Situation* (Penguin, 1958)。

榮格（Carl Jung）所謂的「集體潛意識」（collective unconscious）。另有一部分是個體自己在人生中累積下來的，大多數來自看似已經被遺忘的經歷，有時候還會是不好的經歷。我們的視覺、聽覺、嗅覺、觸覺等身體感覺不斷向大腦提供關於周遭環境的資訊，有意識的大腦無法接收或理解那麼大量的資訊，但潛意識的大腦隨時都在監視，任何形狀、線條、顏色、味道、觸感、聲音，都有可能觸動潛意識裡的接受器或開關。我們也許對此無知覺，但它一直在發生，在我們心裡累積主觀的情緒經驗，無論這樣是好是壞。

無生命的物體會讓我們有主觀的感受，多多少少可能是因為上述的過程造成的。以我們現在討論的主題而言，我們指的是「人造物品」。人造物品既為人類製造的，在製造過程中一定有某個人選擇了某個樣式和設計。

製造物品的過程必然是一連串的陳述。即使只是一條直線，也會告訴人：「看好了，我是直的，不是彎的。」就算一件人造物品再怎麼單純，也包含許多人做出的各種陳述。

沒有任何經驗是完全客觀的。同理，沒有任何陳述是完全客觀、不牽涉任何情感的。一切陳述皆是如此，不管陳述的方式是用文字、音樂、顏色、形狀、線條、觸感，或者工程師所謂的「設計」。

在這裡我們從「美學接收過程」跳到「美學傳遞過程」。換句話說，為什麼東西會設計成那個樣子？製造或設計某個人造物品的人，會在裡面放進什麼樣的元素，才會讓我們有那樣的美學感受？簡單的回答：「他個人的個性和價值。」

因此，我們一切所作所為，幾乎都一定會留下我們個性的印記，而且通常只有潛意識的大腦有辦法解讀。舉例來說，我們說話的聲音、筆跡，和走路的模樣，都帶有個人的特性，通常難以掩飾或模仿。

但實例遠遠不只有這些我們熟知的現象而已。在某一個黑夜裡，我在一艘遊艇上，地點是蘇格蘭某個偏僻的湖上。在三、四英里外，有另一艘帆艇順著地形繞了過去。這艘船我從沒見過，對它完全不知情，不可能知道船名是什麼，或是船上有誰。但我轉身跟我妻子說：「那艘船是托姆教授開的。」果然沒錯——一個人迎風駕船的方式，就跟他的聲音或筆跡一樣帶有個人色彩，只要看過就很難忘記。同理，我們往往可以看出某個輕型飛機是哪個朋友在飛的，因為飛行的方式絕對會有個人印記。在繪畫方面，技術不精的業餘畫家就算傳達不出他們描繪的主題，往往也會透露出關於自己的種種。另外，若要模仿某一位畫家，而且要模仿得讓別人信服，必須有非常高超的技術才行。當然，繪畫和科技上的設計並沒有明確的分野，幾乎所有的人造物品多多少少會帶有製造者的個人色彩。

個人如此，社會、文明、時代往往亦是如此。考古學家看到陶片等人造物品，往往可以根據物品的「風格」推斷出年代，而且誤差不大。在龐貝、赫庫蘭尼姆（Herculaneum）等古城走一圈，可以強烈感受到這些古城的居民是什麼樣子。這種感受和排水系統等科技成就幾乎無關，歷史資料再多也無法表達。到目前為止，電腦也還無法理解這種模式辨識法；但願它一直無法理解。

我最近和一位我十分敬重的同事喝罐裝啤酒。我說——現在看來大概不太聰明，又太自以為是——「像這樣的啤酒罐，我覺得是把現代科技的無趣、商業化，和所有問題集於一身。」

這位我十分敬重的同事真把我罵慘了。「你大概是想把啤酒裝在陶罐或木桶或皮囊裡來賣吧。都什麼年代了，啤酒除了裝在鋁罐裡還能怎麼賣？你到底可以多笨、多麼不切實際、多麼反對改變？」

但我必須帶著十二萬分的敬意指出，這位我十分敬重的同事沒搞懂重點。重點不是你做了什麼事，而是你做這件事情的方法。啤酒容器是美是醜，不是容器的材料決定的，甚至也不是因為它們是不是量產出來的。不論它們是什麼材料，一定都會傳達負責製造它們的人的價值觀。不巧的是，我們所屬的社會剛好不知道怎麼做出好看的啤酒罐。我擔心，我們所屬的年代明顯缺乏優雅與魅力。

古希臘的雙耳陶瓶之所以美，不是因為它們是陶製的，或是用來裝酒，而是因為它們是古希臘人製造的。在當時，它們只不過是最廉價的酒瓶而已。假如古希臘人有生產啤酒罐，搞不好現在的博物館就會收藏各種古典啤酒罐，而且受到藝術家推崇。

我認為，人造物品很少會因為功能而有美醜之分*。它們有如鏡子，讓我們看見某個時期的樣貌和價值觀。十八世紀的種種條件，其實和古希臘十分相似——這無疑是因為十八世紀崇尚古典時期，因此刻意以古代為模範。十八世紀的工匠製造出來的物品，幾乎都相當優雅，而且不只有奢侈品如此，整個社會皆然。

這樣當然就會讓人質疑：美學裡有沒有「絕對」的標準？就算你覺得我的品味有多糟、多麼不文明，「我的」價值觀應該和「你的」一樣好才對？我個人強烈覺得美學**確實有**絕對的標準，而且隨著時間只會稍稍改變。現今的美學觀講求「民主化」，但依我來看，這種虛無主義的論調是在顛倒是非，大半只是為了想打擊既有菁英權貴而已。我認為美學如同倫理，有一套延續至今的傳統。這個傳統歷經各個時代和潮流緩慢累進，像科學一樣根據過往的經驗逐步建立起來。若非如此，我們怎麼可能建立文明的價值？

另一個爭執點是：「就算古希臘的雙耳陶瓶真的有絕對的美感，古希臘人自己**覺得**它美嗎？」這讓我想到《泰晤士報》有一篇文章，內容大概是：「印刷排版做得好，就有如一片乾淨無痕的玻璃，看過去的時候不會覺得受到干擾。但如果要這樣，印刷排版本身必須要有低調、不會引人注意的優雅和美感。」我想，常見的人造物品要等到已經沒有人在日常生活中使用後，我們才有辦法欣賞它們的美。但這不代表它們沒有絕對、永恆的美感。

更何況，工業革命是十八世紀的人發明的。這裡需要指出，許多工業革命的先驅並非無文明的魯莽之士，而是有品味、有美感的人，其中包括馬修．博爾頓（Matthew Boulton，一七二八－一八〇九）和約書亞．威治伍德（Josiah Wedgwood，一七三〇－一七九五）。他們賺了不少錢，製造出來的東西有美感，而且至少這兩位有善待他們的勞工。害群之馬當然有，但工業革命的惡處不是十八世紀的文化，或崇尚古典的精神，而是新興的粗俗與貪婪，我認為這在當時的文化精神之外。

量產的產品，和用來生產這些產品的機械，本身都不是醜陋的。第一台真正用來量產產品的機械，是馬克．布魯內爾爵士在一八〇〇年左右架在樸茨茅斯造船廠的滑輪製造機，這些著名的機器除了十分美觀之外，還非常有效率，不論是對抗拿破崙戰爭期間或多年之後，英國海軍帆船使用了幾百萬個滑輪，全是它們製造的。這個過程還省下了不少錢，因為滑輪並不便宜，而且一艘戰艦可能就需要一千五百組。現今有一部分的機器在倫敦的科學博物館（Science Museum）展示（照片二十一），但即使過了一百八十年，還有一大半還在樸茨茅斯，而且仍然替海軍生產現今需求量不多的滑輪。美觀的不只有機

* 一個例子：尿壺，近年來收藏這種器具蔚為風潮。古希臘喜劇作家阿里斯托芬（Aristophanes）認為希臘人的油瓶實在荒謬，但他從來沒有說油瓶看起來醜陋；事實上，現在收藏在博物館裡的油瓶有許多人欣賞。（譯註：語出阿里斯托芬的諷刺喜劇《蛙》（*The Frogs*；希臘文：Βάτραχοι），劇中描寫尤里比底斯（Euripides）和艾斯奇勒斯兩大悲劇作家在冥界爭奪文豪頭銜的競賽。尤里比底斯想要朗誦自己的作品，但每一次講了前半句，艾斯奇勒斯就插嘴「……弄丟他的小油瓶」，藉此諷刺尤里比底斯使用的格律千篇一律。「弄丟他的小油瓶」一句在希臘文原作中是七個長短交替的音節，而古希臘的油瓶稱作lekythos（λήκυθος），這種七個長短音節交替的格律也因此稱作lekythion。）

械而已，連這些機械生產出來的滑輪都十分堅固和優美。滑輪能不能稱得上「美」倒見仁見智，但至少它們看起來賞心悅目。

馬克．布魯內爾爵士的兒子是鼎鼎大名的伊桑巴德．金德姆．布魯內爾。馬克爵士本人是法國保王派，大革命時逃到英國，各方的說法都認為他十分有魅力。有人這樣說：

> 這位可愛的老人保有法國舊制度紳士的禮儀風範，但又比當時的人多了不少溫暖。他甚至連衣著都不變，服裝雖然有些老舊，卻相當體面。我第一次和他見面，深深感受到他的魅力。老布魯內爾先生讓我最愛的地方，是他廣泛的品味，即使是他不理解或沒時間學習的事物，他仍然會熱愛或深感興趣。我最欣賞他性格謙遜脫俗，不願逐利，和他那真心沉醉、忘卻一切的樣子。在他的世界裡，惡人彷彿不存在。

像這樣的人物要在今日只講究績效的大公司找工作，個性顯然完全不適合。但是，過了將近兩百年後，他的機械仍然在生產滑輪——而且還很美。

一八〇〇年前後各個偉大的工程師不僅奠定英國繁榮的基礎，也確立科技在現代世界裡的地位。這些工程師當中不乏有品味之士。但是，等到維多利亞女王即位時，公眾的品味明顯變差了，到了一八五一年更是跌到谷底：即使早在那一年萬國工業博覽會（Great Exhibition）之時，萊昂．波雷費男爵（Lyon Playfair, 1st Baron Playfair）等觀察力敏銳的人就已經發現，英國工業漸漸失去動力，也失去創意。許多人認為，工業革命帶來量產的商品後，醜陋也隨之而來，而且無可避免。雖然有人認為這是個不證自明的真理，但假如真的用歷史學的角度去研究，我懷疑這種看法是否站得住腳。我認為，英國人的性格在改革法令時期開始轉變，變得沾沾自喜又讓人不愉悅，優雅與敬業精神也隨之漸漸消退。

到了一八七〇和一八八〇年代，唯美主義奮力反抗充斥各處的醜陋，但效果不彰。我覺得這不是因為當時的人看了吉伯特與蘇利文（Gilbert and Sullivan）嘲諷唯美主義的輕歌劇《耐心》（*Patience*），或是看了《膨奇》（*Punch*）雜誌的諷刺文章，而是因為唯美主義大半只是逃離現實，而且攻擊的目標錯了。這些可悲的人沒有發現，他們那麼痛恨的種種恐怖景象，其真正的根源不是機械，而是心態。他們和眾多唯美主義的改革者一樣反對科技，而不是和科技一起走。假如他們願意學習科技和工程學，他們八成就有辦法從體制內來改變，但這樣做需要勞心勞力，太多藝文人士彷彿覺得這與他們的地位不配。當然，威廉．莫里斯（William Morris）和他的追隨者有鑽研一些小規模的科技工藝。但他們真正需要做的，是要接受可真正量產商品的機械，以及認清萬物皆量產的社會有哪些經濟上的問題。

論效率和功能主義

門徒看見就很不高興，說：「何必這樣浪費呢！這香膏可以賣許多錢，救濟窮人。」

〈馬太福音〉第二十六章，第八—九節

我們指責現代工程師粗鄙無品味，也許確實言之有理，但在這個什麼事都能寬容的時代裡，工程師幾乎都堅守某些非常重要，但現在已經不流行的價值，其中最主要的是客觀性與責任感。工程師需要面對的，不只是有各種怪癖和弱點的人類，還需要面對具體的事實。我們也許還能和人爭論，而且騙人不是太難的事情。但面對具體的事實，再怎麼爭論都沒用，我們不可能霸凌它、賄賂它、立法禁止它、假裝事實是另一回事，或假裝這件事從沒發生過。一般人和政客可以自創幻想，但如果是工程師，「齒輪能不能嚙合，開關能不能到定位，都是他們的事。」簡而言之，他們做出來的東西必須有辦法運作，而且運作不僅要安全、具經濟性，還得一直持續運作。工程師的職責也許是要指出國王沒穿衣服，但不論這個事實有多麼讓人難堪，我們需要有更多像這樣的人，不是更少。

工程師為了在職業上追求客觀，發展出一些可以用來描述實際情況的概念，其中一個是「效率」。當我們把燃料注入引擎裡，我們會需要知道昂貴的能源有多少能轉換成有用的能量。能源轉換效率可以用簡單的分數或百分比來表示，而這個數字可以讓我們知道引擎實際運作時的一部分樣貌。同理，我們也要有辦法比較不同結構的重量、成本，和荷載能力。如第十四章所述，有好幾種方法能將這些化為數值，以便進行比較。

但是，「效率」這個概念太有用，在經濟學上的威力有時也太大，因此有可能被它沖昏了頭。如果我們把這個概念套用到某個狀況的**整體**，這樣多半要假設我們有全知的能力，知道關於這一切的所有事實，但區區人類實在不可能如此。我們在談論引擎的效率時，可以講耗油量、輸出功率等細節。但假如我們只講「引擎的效率」這麼一個東西，就不免太狂妄了。舉例來說，我們沒有想到引擎產生的噪音和臭味，或者負責啟動引擎的人可能會心臟病發作，或者引擎的外表看起來是否賞心悅目。

就算我們有辦法知道任何一項科技的所有實情（這是不可能的），我們還是無法權衡孰輕孰重，或是將它們量化，因為有許多事實無法化為數字來比較。不久之前，輿論為了埃塞克斯郡（Essex）沿海的一項機場興建提案吵得沸沸揚揚。泰晤士河出海口附近潮濕、帶狀的沙地是海鷗飛翔和吵鬧的地方，但這項計畫打算在沙地上丟一大堆怵目驚心的混凝土、建築和機械。政客、行政官員、經濟學家，和工程師紛紛拿著一大堆的數據資料，說這座機場有必要興建。但經濟學家和規畫人員宣稱的事情是海鷗的權利和沙地之美，不可能化為數字來進行比較。我個人毫無疑問站在海鷗這一邊。光是想到那綿延數英里的沙地和泥巴，我內心就愉快不已，而且沙地和泥巴本身完全沒有用處、沒有產值，這點又讓我更高興。到目前為止，海鷗和沙地好像占了上風。[2]

我想，如果想知道一座機場的「效率」，我們可以看它能承載的飛機與乘客流量，再拿這些數字去對照機場的資本和營運成本。就算這些數字和海鷗、沙地毫無關係，也還有一些實用價值。但對許多事情而言，「效率」這概念根本無關緊要：用「效率」來評斷一件家具或一座教堂完全沒有意義。雖然如此，工程師還是死守著同樣的想法，認為差不多所有的事物都「應該」有辦法測出「效率」。這完全是鬼扯。

「好吧，」工程師說：「但東西總要有功能才行，科技之美在於它的功能性。」假如他所謂的「功能性」指的是東西必須有辦法正確運作，那麼他只是在講大家都知道的事而已。但如果要把功能性當作一項美學指標，我們可能就會碰到大麻煩。有些像是橋梁的結構其功能非常簡單明瞭，只需看一眼就知道。這一類的結構有不少相當美觀，但也有一些看起來不美。另外，有一些非常昂貴的人造物品，像是

2 從二十世紀中期以來，英國一直不斷有人提議在泰晤士河出海口興建機場。作者此處指的是在泰晤士河北岸法爾內斯島（Foulness Island）興建機場的提案，工黨在一九七四年執政時便廢止此一計畫。但日後仍然有人提議在這個地帶興建機場，其中包括英國前任首相鮑里斯．強森（Boris Johnson）在擔任倫敦市長時，提出在此地填海造陸當作機場，英國輿論當時戲稱這個計畫為「鮑里斯島」。

協和號客機和勞斯萊斯汽車確實看起來很漂亮；但我們看它們的時候，欣賞的難道是不計一切代價，只為追求完美的工藝本領嗎？我們評斷一個東西的功能性時，應該也要把成本納入考量吧？

一輛福特汽車的售價可能是勞斯萊斯的十分之一，現實世界裡的人必須花錢來買東西，因此許多人會覺得和勞斯萊斯相比，福特的「功能」比較強。但福特汽車的外表和內部運作的元件幾乎沒有關聯。我們看到的只是製造和設計車體的人用個金屬盒子包住機械元件。現代量產汽車的機械，換句話說，就是有功能的部分一點都不好看，盡是一些金屬絲和彎曲的金屬板，就算它們再怎麼有用，也實在不會覺得賞心悅目。

同理，收音機等電器如果只看裸露的狀態，多半只會看到一堆可怕的電線，我們非得用黑色、灰色，或木紋狀的盒子把它們包起來才行。整體來看，我們可以說現代科技的功能愈來愈強，同時也愈來愈不耐看。

可是，大自然不是有許多美好的例子嗎？一個人或一隻動物的外表可能很美，但裡面通常讓人作嘔。我們會欣賞大自然，但我們是選擇性地欣賞。我們會欣賞某些生長階段（小羊很美，但羊胎不美）；看到東西腐爛、長蟲，我們多半會覺得恐怖。但是，腐爛和成長一樣有必要，也一樣有功能。

就功能主義和「效率」而言，大自然好像有點幽默感，或者也許只是懂得什麼時候適可而止。舉例來說，植物的莖非常節省代謝能量，簡直是高效率結構的奇蹟。但是，莖完工以後，大自然又會在上面放一朵巨大無比的花——而且看起來只為好玩，不為任何其他原因。同理，孔雀的尾巴、女生的頭髮，嚴格來說沒有真正的功能。如果有某個無趣的人說，這些東西的作用是為了促進繁殖，這樣並沒有完全解釋這個問題——即使是如此，這些裝飾又何必讓人覺得有性吸引力，或有任何其他方面的吸引力？

許多工程會認為，功能上的「效率」必須與外表密切相關，甚至幾乎把這個想法當作教規來看，但我個人不太相信。當然，效率極差的結構會讓人覺得難看，而且我們也應該要覺得難看才對。但我不太相信，當科技的效能日益精進之時，外表的樣貌是否也會跟著明顯變好。我們看到的情況往往剛好相反：為了擠出最後一點點的效能，外表就會變得乏善可陳，現代遊艇便是一例。我個人堅信一件事：一個人造物品帶給一個人的美學感受，有一部分來自物品製造者的人格特質，另一部分是製造者所屬時代的主流價值。走在街上，將眼睛和心胸打開，你就能自行評斷以上兩點。

打從文藝復興以來，「科學」飽受諸多戰線的攻擊。這些攻擊多半只是胡說八道。但有一件事我覺得奇怪，那就是很少有人講到一種真正可以批判科學的論點，或者最起碼很少有人直接提起。這個論點是科學教我們以徹底功能主義的方式來評斷，也因此在暗中導致我們扭曲的價值觀。現代人會問：「這個人或這個東西是**做什麼用的**？」而不是：「這個人或這個東西**是什麼**？」許多現代的弊病想必由此而生。與此相對，美學的評斷方式就算有所不足，也會要我們思考更廣義，也更有意義的問題。在這個時代裡，我們的主觀認知往往會和科學，或者說，欠缺品味的評斷相互衝突，此時如果我們對美學視而不見，我們得自負後果。

當然，一個物體可以看起來美觀，同時也有效率。我的重點是，數學家會稱這兩個為「獨立變數」。我想到傳說中愛爾蘭帆艇水手說的話：「一艘醜陋的船就算再怎麼快，也和醜陋的女人一樣毫無吸引力。」

形式主義與應力

現代藝術與建築界紛紛大肆張揚他們擺脫傳統形式與成規的束縛——這大概就是他們為什麼沒什麼成就可言。以設計和禮儀而言，注重形式並非壞處。這些成規能幫助弱者，增進強者。史上所有優美的船都是遵循某個傳統建造的，我不覺得它們的設計師會覺得傳統規範綁手綁腳。古希臘的劇作家在創作的時候需要遵守嚴格的規範，但如果我們就此認為《安蒂岡妮》被這些戲劇成規束縛，這樣有如認為珍·奧斯丁（Jane Austen）若能盡情用髒話和性愛場面，一定就會寫出更出色的作品。當然，如果我們要懂得欣賞遵循形式的重大成就，我們必須知道一些規則才行，看板球比賽是如此，欣賞教堂、橋梁、船舶亦是如此。這是一個學習工程學概要，與藝術和建築史的好理由。

伊克蒂諾斯（Ictinus）在公元前四四六年設計帕德嫩神廟時，遵循的是當時早已成為標準的多立克流派。帕德嫩神廟供奉處女女神雅典娜，毫無疑問是世界絕美的建築之一，甚至可能是史上最傑出的人造物品。雖然這是一座神廟，但我認為這是人文主義之集大成——科學家漢佛里·戴維（Humphry Davy）會說這是「關乎人類無窮不可證性之迷惑美夢」。另外，神廟建造的時間正是雅典城邦最強盛輝煌之時，神廟象徵這座處子之城是

富足、聞名、紫冠之城，
各國所望之雅典。

當然，正如一九一四年一般，烏雲就在不遠處。帕德嫩神廟剛剛落成時，白色大理石上有紅漆、藍漆和黃銅鍍邊，看起來可能有些俗氣，就像吉卜林有些作品流於俗氣。但是，偉大的藝術作品不是都要帶幾分俗氣嗎？倘若帕德嫩神廟是人文主義集大成之作，那麼一些較早的多立克式神廟，像是帕埃斯圖姆的神廟讓我覺得有比較虔敬的宗教感。雅典的赫菲斯托斯神廟（Temple of Hephaestus）則是完全相反，我不覺得有傳達什麼感受——也許像伯明罕市政廳（Birmingham Town Hall）一樣，帶有一絲絲的商業氣息吧。[3]這些建築雖然分別表達出不同的感受，但是建築師全都遵循同一套固定的語彙。

一如所有偉大的藝術作品，帕德嫩神廟有許多種詮釋方式。建築本身是一個極大的成就，這一點無庸置疑。但伊克蒂諾斯在恪守成規之時，到底是怎麼辦到這件事的？知道答案的人當然只有伊克蒂諾斯本人。他有寫過一本書，但已經亡佚了。雖然如此，我們還是能大略觀察和分析一下。

在遵循傳統形式的蒸汽艇上，船體和船舷的弧線極其優雅、精緻、和諧，透露出雍容華貴之氣——但是，船桅、煙囪，和上層結構的位置必須**完全精確**、細心確定（照片二十二）。這有如寫作，同樣需要完全精確、細心確定每個字的位置。造船和作詩的差別，只在於一個用到的數學比較多而已。同理，多立克式建築裡最重要的是對細節的重視。帕德嫩神廟看起來像長方形，但神廟裡幾乎沒有半條直線，真正平行的線也非常少。七十二根柱子分別稍微向內彎，假如把它們向上延伸，它們會在空中約五英里（八公里）處交會在一個點上。我們的肉眼預期看到一個單純的箱形結構，但絕妙巧思一個接著一個，讓人驚豔又著迷。帕德嫩神廟有如一位魅惑人的女子，牽引我們沉浸其中，卻不知它是怎麼辦到的，甚

3 伯明罕市政廳從建造之初即為商業表演場地。

至對此完全不自覺（照片二十三）。

但這跟應力有什麼關係？一方面關係非常大；另一方面來說，沒什麼關係。早在十七世紀時，法蘭索瓦．芬乃倫（François Fénelon）就發現古典建築看起來比實際上重，哥德式建築看起來比實際上輕。由此看來，誠實的功能主義沒有什麼美學的效果，因為看起來有多重，實際上就有多重。

古典流派特別是多立克式的建築看起來幾乎要被自身的重量拉垮，但柱子裡的荷重其實非常小，只是柱子中間膨脹、兩端收細的收分（entasis）線條讓人有一種帕松比的錯覺，感覺柱子好像因為壓應力而凸了出來。柱頭負責將壓縮負荷從楣轉移到柱頂，但這裡圓凸形（echinus）的柱頭又加強了隆凸的錯覺。最後，看起來過深的楣梁（architrave）又增加了重量感。

古典建築有一部分讓人主觀感受到應力的壓迫，因此刻意操弄人的情感。但是，古典建築的美感和現代講求的結構效率，像單馬車那樣幾乎毫無關係。事實上，這些建築徹徹底底效率極差：壓應力低得可笑，但楣梁裡的拉應力又往往太高，往往還非常危險（第九章）。如前文所述，古典建築的屋頂只能說是一場結構災難。但是，從美學的角度來看，這些建築多半沒問題。

到了哥德式建築，石材裡的壓應力通常遠比古典建築高，因此建築雖然看起來輕飄飄，整體的結構卻更穩固。輕盈的感受有一部分來自尖頂拱，但這種結構也算是「沒有效率」。以現代功能主義的眼光來看，哥德式築建實在複雜過頭了。哥德式教堂裡真正的英雄應該是雕像。它們站在尖頂和飛扶壁上面，用它們的重量穩定住推力線（第九章）。

古代建築的結構看似「沒有效率」，但如果看一棟建築時要感覺滿意，我們的眼睛多少要能主觀感受到應力。在現代建築裡，負責荷載的結構經常以鋼筋混凝土製成會被藏在建築內部，從外面看來只有一層薄薄的磚塊或玻璃，但這麼薄的一層包覆結構當然完全不可能荷載。我覺得這種建築看起來讓人不滿意，有時根本就只有醜，而且猜抱持這種看法的人不只有我。

但是，假設今天有個可以清楚看到支撐建築的結構，而且也符合現代「高效率」的定義，這樣的結構看起來會是什麼樣子？當然，這個問題可以讓人爭論不完。但是，假如我們以登陸月球採用的結構來看——這些結構不計成本，只求減輕重量，可謂單馬車之極致——答案很可能是醜到嚇死人。

擬真物（skeuomorph）、偽物，和裝飾

希臘現存最早的重要建築屬於邁錫尼文明，建造的時間大約在公元前一千五百年以前。這些建築是石造的，建築結構似乎經過思考和刻意設計，來搭配石材的特性。舉例來說，邁錫尼人熟知石楣拉應力過大的危險，因此有設法減輕石梁承受的彎曲荷載，邁錫尼的獅子門（Lion Gate）便印證了這一點（照片二十四）。至少就此而言，邁錫尼文明的建築可謂「結構有功能性」。

邁錫尼文明在公元前一千四百年左右瓦解後，希臘似乎進入一個黑暗、無文明的時代，此時沒有任何重要建築留存至今。當時的人想必住在木屋裡，宗教活動也在木造的建築裡進行。公元前八百年左右，古典時期早期又開始出現正式的建築，此時最早的神廟是以木材搭建的，有如新英格蘭地區的教堂。

這些早期的木造神廟當然都沒有保存下來，但建築材料從木材轉為石材的過程看起來是片斷的。木材逐漸愈來愈難取得，所以腐壞的木製構件就逐漸被石造的仿製品取代。羅馬帝國時期的旅遊作家保薩尼亞斯（Pausanias）寫道，即使在公元二世紀，奧林匹亞還有一座神廟保有原本的木柱，夾雜在新建的石柱之間。

因此，多立克式建築是以木造結構為範本的橫梁結構建築，就算日後全新的神廟完全以石材建造，建築師還是沿用適用於木材的形式和比例。到了古典時期後期的公元五世紀，此時的技術雖然相當先進，但建築師還是用強度低的石梁，來代替原本應該使用的木梁，而且甚至還費心在大理石裡模仿各種無關緊要的細節，像是原本接合木材用的榫頭。

照理來說，結果應該十分荒唐才對，但不然。這種建築非常成功輝煌，兩千年以來斷斷續續成為文明世界的典範。像這樣的擬真物會保存舊物的樣貌，在科技中十分常見。一個現代的例子是塑膠製的物品和家具，表面卻保有木材的紋理。

以工程學家只注重功能性的美學觀而言，擬真物必定品質差又粗俗，但這不盡然。現在有不少擬真物確實品質差又粗俗，但這比較是因為製作的過程有問題，不是這個想法有問題。

華生氏蒸汽艇就是一種極成功的擬真物。維多利亞時期晚期，史上最偉大的遊艇設計師喬治．林納克斯．華生（George Lennox Watson）改良了傳統大型蒸汽艇的形式。雖然華生的遊艇完全以蒸汽為動力，但他不僅保留快速帆船的優雅船首，甚至還保留了已經不再有作用的船首斜桅，一個格外美觀的造船慣例由此而生（照片二十二）。

若是如此，我們要怎麼看「誠實」的設計？我必須誠實地說：根本不用去管。既然古希臘的神廟和蒸汽艇都有擬真物的特徵，我們又要怎麼看徹徹底底的「偽物」？我們為什麼不可以把吊橋包裝成中世紀城堡，把汽車裝飾成馬車，或把杉木弄得像孔雀？

我個人其實十分贊成這樣做。畢竟，若和現代功能主義的產物相比，這樣做的結果不可能看起來更糟或更憂鬱，而且搞不好還更有趣。十八世紀的「哥德式」建築又有什麼不對？最出色的偽哥德式建築非常有趣，而且十分美妙。哥德式小說先驅霍勒斯・沃波爾（Horace Walpole）可不是笨蛋，布萊頓（Brighton）的英皇閣（Royal Pavilion）也非常賞心悅目。[4]

有些人看到「無意義的裝飾」會抱怨，但這個標籤絕對自相矛盾；裝飾再怎麼可怕，也絕對不可能「無意義」。假如這個批評指的是「與本體不搭或無關的裝飾」，那還說得過去。但**所有**的裝飾都一定會產生效果。依我所見，我們應該要有更多的裝飾才對，不是更少。老實說，我們好像害怕用裝飾物來表現自己：我們不知道該拿它們怎麼辦，深怕這樣一來，我們就會讓自己狹小的心胸和性靈袒露出來。中世紀的石匠就沒有被這種心態約束，他們的心理可能也因此更健康。

我們究竟能不能拜託科技專家除了給我們能正常運作的人造物品，也帶給我們美感，讓日常的大街小巷也能見到美。最重要的是，能不能也帶給我們**趣味**？否則科技會因無趣而死。讓我們有大量的裝飾——讓船首刻上人像，讓橋梁的小拱圈裡有金邊玫瑰花紋，讓建築上站著雕像，讓女人有襯裙，還有讓到處都有一大堆旗子在飄揚。我們已經打造出一整個世界，在裡面填滿各種新的人造物品、汽車、冰箱、收音機，天知道還有什麼。既然如此，讓我們坐下來想想，替這些東西弄上各種新的裝飾會多麼好玩。

後記（一九八〇）：寫完這一章後，我偶然間讀到作家亨利・詹姆斯（Henry James）說過的一句話：「個性若非決定當下者，又為何物？當下若非展現個性者，又為何物？」可惜亨利・詹姆斯那麼厭惡科技，不然他一定能在這方面貢獻良多。

4 英皇閣的設計刻意模仿印度、中國等異國風格，因此可以說是「偽物」建築。

附錄一　手冊和公式

過去150年以來，理論彈性力學家針對天底下幾乎所有形狀的結構，分析它們在各種不同的情形下荷載時的應力與變位。這樣固然很好，但他們發表結果時，原始的資料往往對一般人來說太「數學」、太複雜，如果只想趕快弄出一個簡單的東西，實在無法直接拿這些結果來用。

幸好，這方面的資訊已經有一大半簡化成各種標準案例，只需要用一些相當簡單的公式就能呈現。市面上有手冊列出這些公式，足以涵蓋一般會碰到的大多數結構，其中著名的例子包括R. J. Roark的*Formulas for Stress and Strain*（McGraw-Hill出版）。像你我這種一般人只需要具備一點常識、懂一點基礎代數，和讀過本書第三章，就能應用這些公式。以下的附錄二和三會列出一些這類的公式。

謹慎使用時，這些公式非常有用，而且大多數工程設計者和繪圖員在工作上也會用相同的公式。用公式完全不可恥，因為大家都在用。但是，公式**一定**要謹慎使用才行。

一、確定你真的知道公式的內容是什麼。

二、確認這個公式真的適用你當下碰到的情形。

三、記住，記住，記住：這些公式完全忽略應力集中或其他特殊的局部情況。

確認以上三點之後，把荷載和尺寸代進公式裡，同時確保各種單位是正確的，小數點的位置也正確。然後，再做一點基本的運算，你就會得到一個表示應力或位移的數值。

拿到這個數值後，再用狐疑的眼光多看幾眼：這個數值**看**起來是對的嗎？**感覺**起來是對的嗎？就算沒什麼不對，你最好也得驗算一下。你真的確定你沒有露掉某個數字嗎？

當然，數學和手冊上的公式不能「設計」出一個結構。我們必須根據自己的經驗、智慧和直覺，自己來進行設計。等我們設計好了，數學能幫我們分析，並告訴我們應力和位移應該會有多少，或者至少讓我們知道大約範圍。

因此，設計的實際過程往往如下：首先，我們先看結構可能會受到的最大荷載，和可容許的位移，找出這些的最大值；這些最大數值有可能是現有規範定義的，但如果沒有規範，可能就不太容易確認。此時就需要自行判斷，若有疑慮，寧可太過保守、謹慎。不過，如前文所述，過可能猶如不及，太多重量放在不對的地方也會造成危險。

荷載條件確定之後，我們就能依照正確比例繪出草圖，設計者通常會用方格紙來畫草圖，然後再用適當的公式看看應力和位移會如何。第一次計算時，這些數值通常會太高或太低，因此我們會繼續修圖，一直到數值看起來正確為止。

這些事情都完成之後，我們可能要繪製「真正」的圖說，由此來製造我們所需的物體。如果構件需要依照標準工業流程來生產，我們一定會需要正式的工程圖說，但這些製作起來非常耗時耗力，如果只是簡單或業餘的工作可能就沒有必要。但是，如果東西會拿來賣，或者可能有危險，從我個人的經驗就知道，假如一間公司被迫上了法庭，卻只拿得出畫在信封背面上的草圖，這間公司會讓人覺得非常荒謬。

假如你已經製作工作圖說，而且打算製作的結構相當重要，接下來要做的事情絕對非常正確：擔心吧，擔心到心焦！我們最初在飛機裡採用塑膠構件時，我擔心到每天晚上都睡不著覺。這些構件後來都沒有問題，我認為這完全是因為我一直在擔憂，最後對結果有幫助。自信會釀成意外，擔憂能避免意外發生。所以，算出結果、驗算個一兩次後，記得要驗算、驗算、再驗算。

附錄二　梁理論

若點P和中性軸的距離為y，在點P上的應力s如下列的基本公式：

故：

$$\frac{s}{y}=\frac{M}{I}=\frac{E}{r}$$

$$s=\frac{My}{I}$$

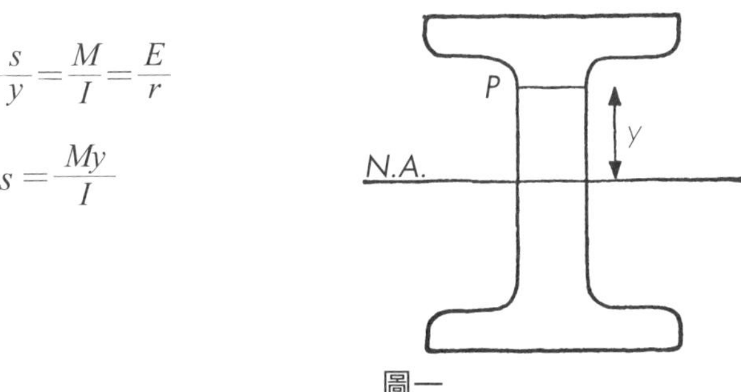

圖一

其中　s＝ 拉應力或壓應力（psi，N/m² 等等）

y＝與中性軸的距離（英寸或公尺）

I＝ 截面對中性軸之面積二次矩（英寸⁴，或公尺⁴）

E＝楊氏模數（psi，N/m² 等等）

r＝ 梁在某一處截面因彎矩M造成的彈性變位，導致的曲率半徑（M的單位為英寸—磅、牛頓—公尺等等）

中性軸的位置

中性軸（N.A.）一定會經過截面的形心（或者說「重心」）。如果是長方形、圓形管、工字形等對稱的截面形狀，形心會在「正中間」，也就是對稱中心。如果形狀不對稱，形心可以用數學方法計算出來。如果是某些比較簡單的不對稱截面像火車鐵軌，我們可以用厚紙板做出截面的形狀，再想辦法讓它在一根針頭上平衡，這樣找出來的形心還算精準。如果是像船體等極複雜的結構形狀，我們就必須完全靠數學來算出形心。

中性軸截面之面積二次矩I

這個經常被稱作「慣性矩」（其實這是誤稱）。

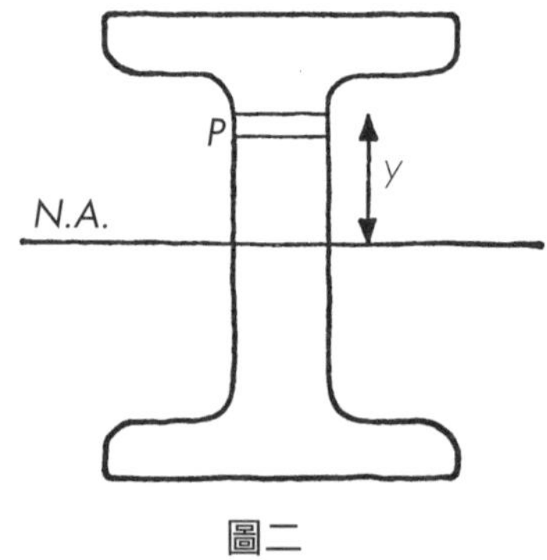

圖二

假如點P與中性軸的距離為y，截面此點上的一小塊面積為a，那麼這小塊面積對中性軸的面積二次矩為*ay*2。

故總I（一小塊面積二次矩之總合）即所有位置之加總，亦即：

$$I = \sum_{\text{底部}}^{\text{頂部}} ay^2$$

如果截面形狀不規則，我們可以用這個計算出來，或者也能用辛普生法則（Simpson’s Rule）來計算。

以下列出幾種簡單、對稱的截面形狀。

長方形截面對中性軸之I為：

$$I = \frac{bd^3}{12}$$

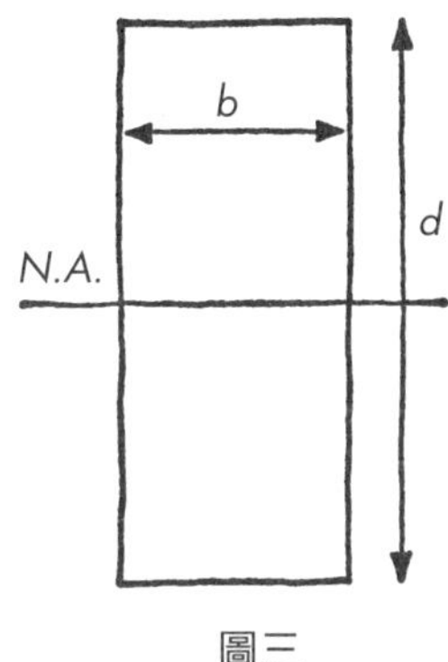

圖三

圓形截面對中性軸之I為：

$$I = \frac{\pi r^4}{4}$$

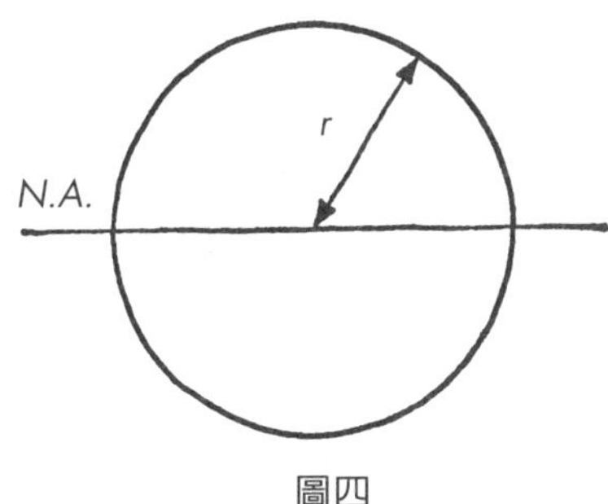

圖四

因此，當截面為簡單的箱形、工字形或中空的管狀時，我們可以直接用減法算出面積二次矩。

但如果是薄壁的管子，當管壁為t時：

$$I = \pi r^3 t$$

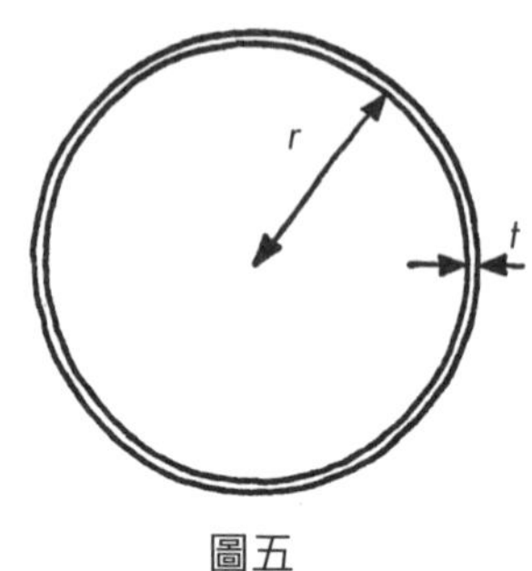

圖五

許多標準截面形狀的I值可以參閱參考書籍。

迴轉半徑（radius of gyration）k

有時候，我們需要知道梁截面的「迴轉半徑」，也就是截面面積作用的位置與中性軸的距離。

亦即：$I = AK^2$

其中：A＝截面之面積

K＝「迴轉半徑」

長方形（見上一段）	$k = 0.289d$
圓形（見上一段）	$k = 0.5r$
薄壁環	$k = 0.707r$

一些標準情況的梁

懸臂梁

一、末端受集中載重W

當距離梁末端為x時：

$M=Wx$; 最大 $M=WL$（在B處時）

x處之變位為：$y=\frac{1}{6}\frac{W}{EI}(x^3-3L^2x+2L^3)$

最大變位：$y_{max}=\frac{1}{3}\frac{WL^3}{EI}$（在A處時）

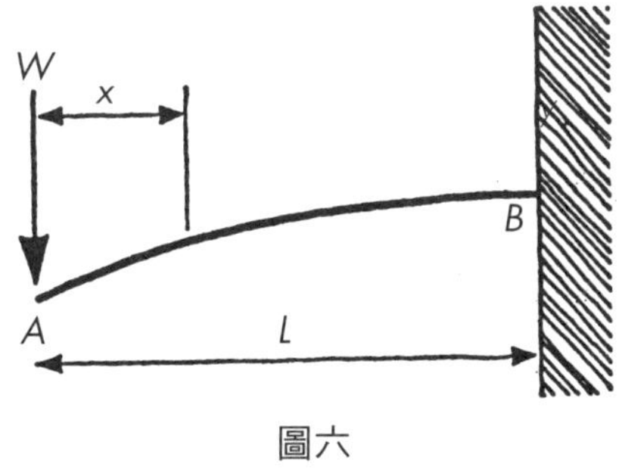

圖六

二、均布載重W=wL

$M=\frac{1}{2}\frac{W}{L}x^2$（在x處時）

$M_{max}=\frac{1}{2}ML$（在B處時）

x處之變位為：$y=\frac{1}{24}\frac{W}{EIL}(x^4-4L^3x+3L^4)$

最大變位在末端：$y_{max}=\frac{1}{8}\frac{WL^3}{EI}$

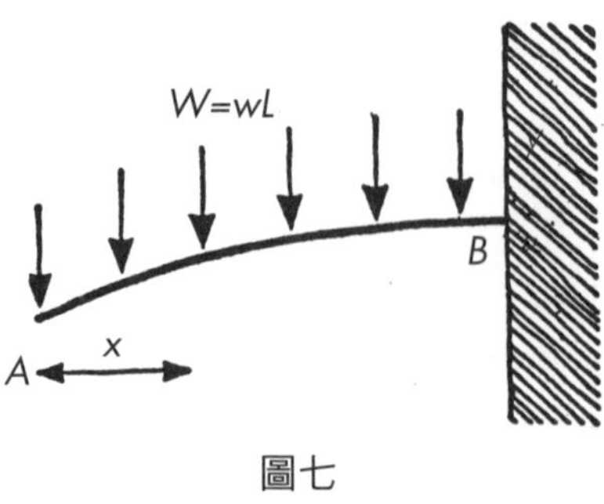

圖七

簡支梁

三、荷載在簡支梁中點

x處的彎矩M為：

（A到B）$M=\frac{1}{2}Wx$　（B到C）$M=\frac{1}{2}W(L-x)$

$M_{max}=\frac{WL}{4}$（在B處時）

x處的變位y為：

（A到B）$y=\frac{1}{48}\frac{W}{EI}(3L^2x-4x^3)$　$y_{max}=\frac{1}{48}\frac{WL^3}{EI}$（在B處時）

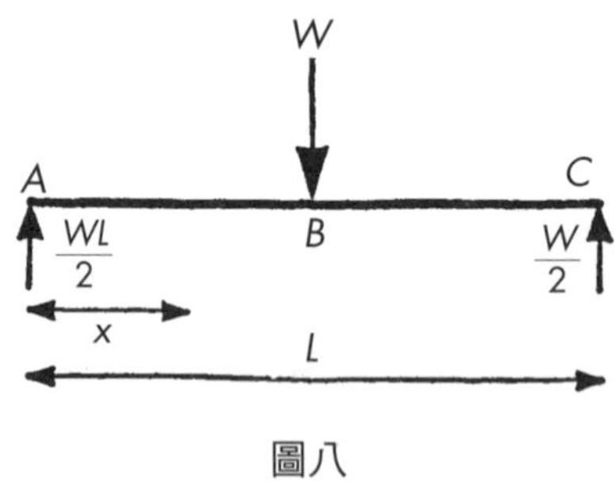

圖八

四、集中載重不在中心的簡支梁中點

x處的彎矩M為：

（A到B）$M=W\frac{b}{L}x$

（B到C）$M = W\frac{a}{L}(L-x)$

$M_{max} = W\frac{ab}{L}$（在B處時）

最大變位：$y = \frac{Wab}{27EIL}(a+2b)\sqrt{(3a(a+2b))}$

發生在x處：$\sqrt{\frac{1}{3}a(a+2b)}$（當a>b時）

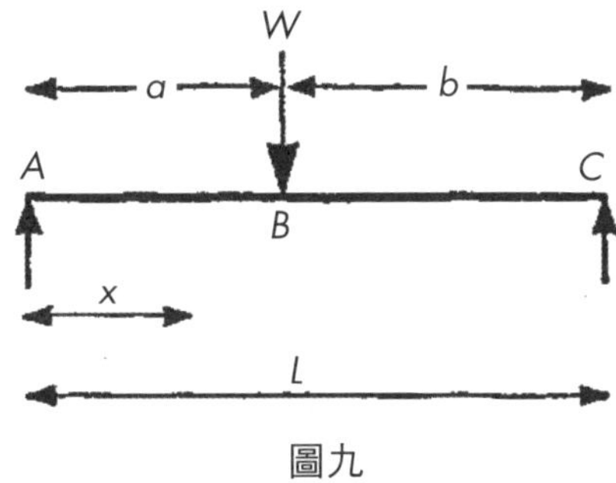

圖九

五、均布載重的簡支梁

$M = wL$

在x處：$M = \frac{1}{2}W\left(x - \frac{x^2}{L}\right)$

$M_{max} = \frac{WL}{8}$（在中間點時）

最大位移$y_{max} = \frac{5}{384}\frac{WL^2}{EI}$（在中點）

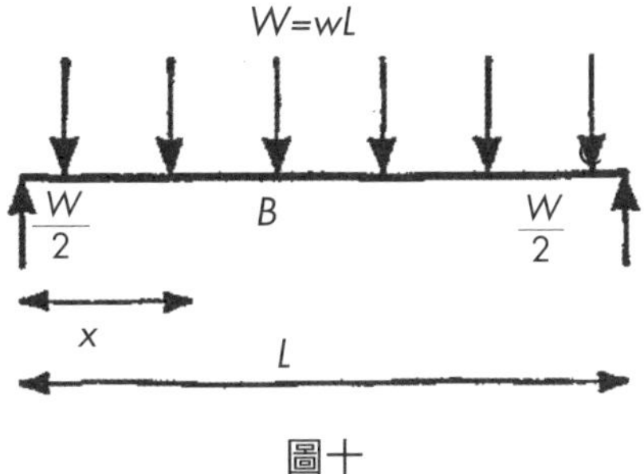

圖十

更多資訊請參見：Roark, R.J., Formulas for Stress and Strain（McGraw-Hill出版之最新版）

附錄三　扭矩

扭矩

平行桿、稜柱，或管受扭矩時，扭轉角或角變形θ（數值為徑度）為：

$$\theta=\frac{TL}{KG}$$

其中，θ＝扭轉的角度（數值為徑度）

T＝扭矩（英寸—磅、牛頓—公尺）

L＝受扭矩的構件長度（英寸或公尺）

G＝剪力模數（第十二章（N/m^2或psi）

K值見下表。

截面	K	最大剪應力N
實心圖柱		
半徑r	$\frac{1}{2}\pi\text{–}r^4$	$N=\frac{2T}{\pi r^3}$（在表面）
空心圖管		
半徑r^1和r^2	$\frac{1}{2}\pi(r_1^4-r_2^4)$	$N=\frac{2Tr_1}{\pi r_1^4-\pi r_2^4}$（在外部表面）
縱向切開的空心管（即切成C形）		
管壁厚t 平均半徑r	$\frac{2}{3}\pi rt^3$	$N=\frac{T(6\pi r-1.8t)}{4\pi r^2t^2}$
任何連續的薄壁管，壁厚為t，管周長為U，管內面積為A	$\frac{4A^2t}{U}$	$N=\frac{T}{2tA}$

如上，更詳細的資訊請參閱Roark。

附錄四　柱、板受壓力荷載的效率

柱

假設柱子尺寸比例可能因彈性挫曲而破壞（第十三章），臨界或尤拉荷載P為

$$P = \pi^2 \frac{EI}{L^2}$$

其中　E＝楊氏模數

I＝截面之面積二次矩

L＝柱長

假設柱子的截面可以變大或變小，但幾何比例不變，此時若以t表示柱子特徵尺寸。

則：

$$I = Ak^2 = 常數 \cdot t^4$$

其中　A＝截面面積

k＝迴轉半徑（附錄二）

如果柱子總共有n根，可以承受的總荷載為：

$$P = \frac{n\pi^2 EI}{L^2}$$

故：

$$I = \frac{PL^2}{\pi^2 nE}$$

故：

$$t^2 = 常數 \cdot \sqrt{\frac{PL^2}{\pi^2 nE}}$$

但n個柱子的重量＝常數 · nt^2xLp＝W，其中是柱子材料的密度。

故：

$$W = 常數 \cdot nLp\sqrt{\frac{PL^2}{\pi^2 nE}}$$

$$= 常數 \cdot \sqrt{n} \cdot L^2 \cdot p \cdot \sqrt{\frac{P}{E}}$$

故結構的效率：

$$= \frac{可承載的重量}{結構的重量} = \frac{P}{W} = 常數 \cdot \frac{1}{\sqrt{n}}\left(\frac{\sqrt{E}}{P}\right)\left(\frac{\sqrt{P}}{L^2}\right)$$

其中，參數$\left(\frac{\sqrt{P}}{L^2}\right)$一項稱作「結構荷載係數」（structure loading coefficient），完全只看結構的尺寸和承載。參數$\left(\frac{\sqrt{E}}{P}\right)$稱作「材料效率準則」（material efficiency criterion），只與材料本身的物理特性有關。

板

上列公式適用於厚度可在兩個維度變化的柱子。板的厚度只能在單一維度變化。

假設版每單位寬度的面積二次矩＝I＝常數 · t^3

$$= \frac{PL^2}{\pi^2 nE}$$（當有n個板時）

故：
$$t^3=\frac{PL^2}{\pi^2 nE}$$

每單位寬度n個板的重量＝W

$$W=ntpL\cdot\text{常數}$$

$$=npL\cdot\sqrt[3]{\frac{PL^2}{\pi^2 nE}}\cdot\text{常數}=\text{常數}\cdot n^{\frac{2}{3}}\sqrt{\frac{P}{\sqrt[3]{E}}}\cdot L^{\frac{5}{3}}\cdot\sqrt[3]{P}$$

$$=\text{常數}\cdot n^{\frac{2}{3}}\sqrt{\frac{\rho}{\sqrt[3]{E}}}\cdot L^{\frac{5}{3}}\cdot\sqrt[3]{P}$$

故：

$$\text{效率}=\frac{P}{W}=\text{常數}\cdot\frac{1}{n^{\frac{2}{3}}}\cdot\left(\frac{\sqrt[3]{E}}{\rho}\right)\left(\frac{P^{\frac{2}{3}}}{L^{\frac{5}{3}}}\right)$$

同理，$\left(\frac{P^{\frac{2}{3}}}{L^{\frac{5}{3}}}\right)$是「結構荷載係數」

是$\left(\frac{\sqrt[3]{E}}{\rho}\right)$「材料效率準則」。

建議書單

說到最後，結構學的最佳學習方法是透過觀察和實務經驗，也就是實際用眼睛去看，以及動手製作再破壞。當然，業餘人士很可能沒什麼機會打造真正的飛機或橋梁，但玩 Meccano組合玩具，或甚至老式的積木沒什麼好丟臉的。事實上，跟那些以各種精巧的方式相扣的現代塑膠玩具比起來，這些老玩具反而還更有教育意義。造好橋後，再用擬真的方式在上面加重物，看看橋會怎麼破壞，你可能會訝異又震驚。做了這件事情後，枯燥的結構學書籍可能會顯得有用多了。

業餘造橋者可能沒什麼發揮的空間，但我認為生物力學是個潛力無邊的領域。這是一個全新的學門，不論工程師或生物學家都所知不多，因此業餘愛好者只要有心的話，很有可能在這個領域成名。

現今關於生物力學的好書不多，但材料和彈性力學相關的著作多到數不完。以下列出少數選書。當然，我也承認這個書單是我個人的偏好。

關於材料力學

The Mechanical Properties of Matter, by Sir Alan Cottrell. John Wiley (current edition).

Metals in the Service of Man, by W. Alexander and A. Street. Penguin Books (current edition).

Engineering Metals and their Alloys, by C. H. Samans. Macmillan, New York, 1953.

Materials in Industry, by W. J. Patton. Prentice-Hall, 1968.

The Structure and Properties of Materials, Vol. 3 ‘Mechanical &Behavior’, by H. W. Hayden, W. G. Moffatt, and J. Wulff. John Wiley, 1965.
f'ibre-Reinforced Materials Technology, by N. J. Parratt. Van Nostrand, 1972.
Materials Science , by J. C. Anderson and K. D. Leaver. Nelson, 1969.

彈性力學與結構學

Elements of the Mechanics of Materials (2nd edition), by G. A. Olsen, Prentice-Hard, l966.
The Strength of Materials. by Peter Black. Pergamon Press, 1966.
History of the strength o/ Materials, by S. P. Timoshenko. McGraw-Hill, l9S3.
Philosophy of Structures, by E. Torroja (translated from the Spanish). University of California Press, 1962.
Structure, by H. Werner Rosenthal. Macmillan, 1972.
The Safety of Structures, by Sir Alfred Pugsley. Edward Arnold, 1966.
The Analysis of Engineering Structures, by A. J. S. Pippard andSir John Baker. Edward Arnold (current edition).
Structural Concrete, by R. P. Johnson. McGraw-Hill, 1967.
Beams and Framed Structures, by Jacques Heyman. PergamonPress, 1964.
Principles of SoilMechanics, by R. F. Scott. Addison-Wesley, 1965.
The Steel Skeleton (2 vols.) by Sir John Baker, M. R. Horne, and J. Heyman. Cambridge University Press, 1960-65.

生物力學

*On **G**rowth and Form*, by Sir D’ ArcyThompson(abridgod edition). Cambridge University Press, 1961.
Biomechanics, by R. McNeil Alexander. Chapman and Hall, 1975. Mechanical Design of Organisms, by S. A. Wainwright, W. D. Biggs, J.D. Currrey and J. M. Gosline. Edward Arnold, 1976.

箭術

Longbow, by Robert Hardy. Patrick Stephens, 1976.

建築材料

Brickwork, by S. Smith. Macmillan, 1972.

A History of Building Materials, by Norman Davey. Phoenix House, 1961.

Materials of Construction, by R. C. Smith. McGraw-Hill, 1966.

Stone for Building, by H. O’Neill. Heinemann, 1965.

Commercial Timbers (3rd edition), by F. H. Titmuss. Technical Press, 1965.

建築學

建築學的書籍有好幾百本，我隨機挑選兩本出來：

As Outline of European Architecture, by Nikolaus Pevsner. Penguin Books (current edition).

The Appearance of Bridges(Ministry of Transport). H.M.S.O., 1964.